Auto CAD
绘制三维实体装配图

胡起学　胡进　胡怡　编著

图书在版编目(CIP)数据

AutoCAD 绘制三维实体装配图/胡起学，胡进，胡怡编著. —武汉：武汉大学出版社，2014.7
ISBN 978-7-307-13416-4

Ⅰ.A… Ⅱ.①胡… ②胡… ③胡… Ⅲ.装配(机械)—AutoCAD 软件
Ⅳ.TH163

中国版本图书馆 CIP 数据核字(2014)第 107216 号

责任编辑：黄汉平　　责任校对：汪欣怡　　版式设计：马　佳

出版发行：**武汉大学出版社**　(430072　武昌　珞珈山)
(电子邮件：wdp4@ whu. edu. cn 网址：www. wdp. com. cn)
印刷：武汉中远印务有限公司
开本：880×1230　1/16　印张：11　字数：212 千字
版次：2014 年 7 月第 1 版　　2014 年 7 月第 1 次印刷
ISBN 978-7-307-13416-4　　定价：39.00 元

内 容 提 要

本书是以行星摆线齿轮减速机的传动部分为例，在 AutoCAD 模型空间里，绘制成三维实体零件图，并按照机械结构的原理及要求再将其装配在一起，构成三维实体装配图。

行星摆线齿轮减速机的传动系统由三部分构成：输入端、输出端及控制装置。输入端主要由偏心轴、轴承及摆线齿轮组成；输出端主要由输出圆盘套、阶梯轴、轴承、输出销轴及输出套组成；控制装置则主要由控制销轴、控制套及支撑座（在图中未绘制）所组成。

输入端的偏心轴，其上的左、右两个球轴承，一个安装在端盖上，另一个则安装在输出端圆盘套的轴承孔内，而左、右两个摆线齿轮分别安装在偏心轮上的滚柱轴承的外圈上，输出端上的两个球轴承及控制装置的支撑座均安装在机壳内。

当偏心轴以顺时针方向旋转完一圈时，左、右两个摆线齿轮只逆时针方向转动一个轮齿。其圆形驱动孔同时驱动其中的输出套及与之相连的输出轴转动一个对应的角度。因摆线齿轮的齿数为 29，所以每当偏心轴旋转完 29 圈时，输出轴便旋转一整圈，减速比则为 1/29，这就是行星摆线齿轮减速机的基本结构及工作原理。

行星摆线齿轮减速机体积小、结构紧凑、精密度高、传动比大、噪音小、故障少、寿命长，并具有独特的传动方式。

前　　言

随着我国国民经济的快速发展，在工业生产领域中的机械制造、航空、航天、造船、汽车、风电、高铁、国防、钢铁、核工业、石油、化工、建筑等各行业，以及各类设计院，都广泛地应用 AutoCAD 在计算机上进行着设计、绘图工作。

本书内容适用于爱好机械的读者，同时又爱好使用 AutoCAD 进行绘图的读者。应用 AutoCAD 为平台，可以绘制出二维图、三维图。三维图是一种具有代表现代设计元素的图元，在绘制较为复杂、精密的三维图及三维实体装配图时显得尤其重要。

当人们在桌面上移动着鼠标，点击 AutoCAD 平台上的各种命令，在屏幕上绘制出各种形状的图形及三维实体装配图时，就会感到 AutoCAD 的功能是如此之强大。现以行星摆线齿轮减速机为例（封面所示），将其绘制成三维实体装配图。此减速机具有机械结构的代表性：它由偏心轴、阶梯轴、轴承、摆线齿轮等所构成。

因幅面所限，行星摆线齿轮减速机的传动系统，将分为三部分来进行绘制：有输入端、输出端及控制装置。然后将其装配在一起，形成完整的机械结构。读者可以分成三部分来完成绘制的全过程，也可以在一条中心线上完成其绘制。

三维实体装配图是在西南等轴测环境中，以动态形式进行绘制的，并采用直接点击 AutoCAD 平台上的各种命令，先绘制二维图，再创建面域（多段线平面、圆、矩形均不用先创建面域），并将其旋转或拉伸为三维实体，再依靠事先设定好的一些辅助虚线及中心线的端点，将三维实体图形精准地装配在一起，构成一幅机械结构完整的三维实体装配图，并附上文字表述来说明其三维实体的创建过程及方法。

要将绘制三维实体装配图的过程表达清楚，往往重复地叙述着似乎格式化的语言，这是应用相同命令的类似表述。这同时也是形成概念、建立概念、固化概念的过程，以致能够熟练地应用这些概念来绘制三维实体装配图。有时为了使句子的长短恰到好处，在不至于引起误会的情况下，采取了减少或添加一些文字来调整其句子结构。又因排版需要，对某些段落调整了行间距，并对图形的下侧中心线进行了打断，读者在实际操作中不必打断下侧中心线。

作者早在 2005 年已用 CAD2005 在二维坐标系中，将行星摆线齿轮减速机绘制成三维实体装配图（连同机壳），一直存放在硬盘中。2014 年将其中已体着色的第一个图形复制到 CAD2007 中，以弥补其在三维动态观察下没有着色这一选项。在西南等轴测环境中完成了传动系统三维实体装配图绘制的全过程，附上 CAD2005 文字表述。武大出版社三审完毕，拿回书稿进行绘制，发现 CAD2005 在西南等轴测环境中有些图形不能绘制。于是改用高版本的 CAD2012 在西南等轴测环境中将传动系统绘制完毕，并将 CAD2007 中的文字表述修改为 CAD2012 的文字表述，所以本书是以 CAD2012 为作图平台。

采用高版本 CAD2012 进行三维实体装配的绘制，体验了对一些功能的改进与完善所带来的方便、准确及快捷。如用样条曲线绘制摆线齿轮轮廓图的首尾连接之圆滑，不用对其进行二次修改。而两个低版本在首尾连接后并单击，还需再向下继续按前操作法连接五个环扇形对角顶点均需单击，回车，回车，回车。并将不能形成圆滑连接的曲线段部分剪切掉。剪切时可在这部分曲线端点处，临时作两条直线为剪切边，对其进行剪切操作，剪切操作完成之后，再将两条直线删除。

图层设置简化了许多步骤：自由动态观察下的视觉样式中新加了着色这一选项。但也有不如意之处，如对阶梯轴三维实体的倒圆角却是美中不足，轴的一侧不可见内角就不能对其进行倒圆角。原因是当拾取框指向阶梯轴三维实体时，不能显示其内角的虚线框架，而两个低版本却能显示，就能进行填充操作。

对 A 型平键三维实体倒角，两个低版本的操作方法为，单击倒角按钮，根据提示：单击平键三维实体底面一棱边，单击右键，选择当前，输入基面的倒角距离值，回车，输入其他曲面的倒角距离值，回车。单击右键，选择环，再单击此棱边，回车，则底面各棱边完成倒角。单击右键，选择重复倒角，根据提示：单击平键三维实体顶面一棱边，单击右键，选择下一个，回车，回车，回车。单击右键，选择环，再单击此棱边，回车，则顶面各棱边也完成倒角操作。

如果读者用 CAD2005、CAD2007 为作图平台，绘制三维实体装配图，其图层设置与书中有些不同。单击图层特性管理器按钮，弹出图层特性管理器对话框，回车，出现图层 1。按照书中的方法修改图层 1 为中心线或其他名称，并进行颜色、线宽及线型的设置。回车，回车，回车，再次出现图层 1，并进行其颜色等的设置，依此方法可继续进行多个图层设置。图层设置完毕后，单击应用，单击确定，退出设置。并单击右上角关闭按钮，将图层存入机械绘图模板中。

如果创建的面域为隐形，可单击放弃按钮，并旋转 ucs 图标后再来对其重新创建面域，其实隐形面域同样可以创建为三维实体。

在 CAD2012 中绘制三维实体装配图时，不能将两个低版本的图形复制到 CAD2012 中，这会引起异常现象。图形可能产生变形，布尔运算不能进行等，这是作者遇到的难题，亲身体验。

应用计算机辅助设计（简称 CAD）绘制三维实体装配图，有各种不同的方法及路径，读者不必拘泥于书中所采用的绘制方法。

行星摆线齿轮减速机为定型设备，书中所绘制的传动系统三维实体装配图只表示其结构类型。

本书所绘制的各种机械图均符合国家标准。

由于作者的知识有限，难免存在着混淆的语言表达、三维实体装配图绘制不准确，甚至存在错误等问题，望读者批评指正。

作者

2014 年 4 月

目　　录

第一篇　创建输入端三维实体装配图

第一篇　创建输入端三维实体装配图

第一章　设置绘图环境

第一节　图形界面及作图原则

一、图形界面介绍

启动计算机，双击 AutoCAD2012 快捷图标，计算机显示器屏幕上，展现在读者眼前的是 AutoCAD2012 的图形界面。单击草图与注释工作空间，选择 AutoCAD 经典，图形界面切换为经典，并将处于屏幕中的工具选项板-所有选项板关闭。图形界面最上面一栏是“下拉菜单”，与“下拉菜单”相邻的下边两栏及左、右边与其相垂直的两栏是“工具栏”，右边上、下箭头及其下边左、右箭头是滚动条，最下面一栏是“状态栏”，与“状态栏”相邻的上边两栏是“命令行”，左下角相互垂直的箭头是“坐标系图标”，写有模型、布局 1、布局 2 的是“附签”，相互垂直的十字是十字光标，显示器屏幕为作图窗。

二、作图原则

作图之前，首先要设置一机械绘图模板，其模板将成为我们作图时的模型空间或图纸空间。下面介绍模型空间的各项设置及其作图原则的内涵：

（1）为各种不同形状的图形设置图层：如轴、齿轮、轴承等设置不同的图层、颜色及笔宽。使绘制出来的三维实体图形，安装在一起时，呈现出相邻图形之间有着鲜明颜色的对比性，有色差感及美学感。同时也会使绘制出来的三维实体装配图，具有机械设备的可观赏性。不仅如此，在绘图过程中，因绘图需要，可随时关闭某些图层，以便于观察与其相配合图形的状态及被三维实体所遮掩的辅助虚线、中心线的信息，之后再将其打开便可继续进行绘制了。

（2）在点击各种命令进行绘图时，应注意 AutoCAD 在命令行中的提示，并根据其提示的引导来决定下一步的操作，从而减少误操作的发生和提高工作效率。

（3）在绘制精密图形时，可随时从栅格显示进入草图设置对话框，重新设置捕捉间距为适当值，将原设定的 X 轴和 Y 轴间距进行修改，以满足绘图要求。

（4）绘图时要全程使用 1∶1 的比例来绘制图形，这样在绘图过程中易于操作。这同时，就需要设置一与所绘制图形尺寸相匹配的机械绘图模板。

（5）在模型空间与图纸空间的关系中，我们可以把 AutoCAD 在屏幕上显示出来的图形界面看成是一个平台，一个窗口，一个可以进行人与计算机对话的模式，一种可以进行交流的模型空间。当使用计算机进行设计、绘图时，其实就是在模型空间里完成的。模型空间如同是一张图纸空间，一张可以改变其大小并可移动的图纸空间，根据当前绘图环境来决定是否需要对图纸空间放大、缩小或平移，以满足绘图需要。

这时我们移动鼠标，点击屏幕上的各种命令，就能够绘制出一幅幅精确设计的图形来。这种设计、绘图方式是广大从事此项工作人员多年来梦寐以求的工作方式。

至于图纸空间布局，主要用来完成打印图纸，完成其图形的转换过程，图纸从打印机里打印出来，便是一张张可供实用的工程详图。

AutoCAD 图纸空间，是一个非常新颖而又别致的空间，当你在这一作图空间里工作时，只要按照你自己设计的绘图程序及路径去绘制，按照上述所讲的 1∶1 的比例及所设置的机械绘图模板来进行绘制就行。而不用去考虑诸多的其他问题：如采用多大规格的图纸、标题块的布置、使用多大的比例来打印。这些看起来似乎相互矛盾的问题，在 AutoCAD 图纸空间里却是协调的、统一的。而在图纸打印时则可以自由设置比例来进行打印，以达到满意的效果。这就是 AutoCAD 图纸空间与在图板上手执绘图仪进行绘图时，所展示出来的迥然不同的作图方式。

所谓自由设置比例来进行打印，当用 A4 图纸来打印时，先单击工具栏中的打印按钮，弹出打印-模型对话框，单击打印机/绘图仪名称的向下按钮，在下拉出的信息中选择打印机名。单击特性按钮，弹出绘图仪配置编辑器，选择自定义图纸尺寸，单击确定，退出此对话框。选择图形方向为纵向还是横向打印，并选择布满图纸，选择居中打印，选择图纸尺寸为 A4，单击打印范围中的下拉按钮，选择窗口并返回其绘图窗口，这时框多大就打印多大了，自由设置比例就操作完毕。框选欲打印的内容，再次弹出打印-模型对话框，单击预览，观察其内容的大小是否符合要求。再单击右键，单击打印，打印机便开始打印，这样就做到了以自由设置比例来进行打印图纸了。

第二节 设置机械绘图模板

一、设置图形界限、坐标显示单位、栅格捕捉和捕捉间距

1. 设置 1000×1000 的图形界限

单击格式下拉菜单中的图形界限，注意在“命令行”中的提示：其左下角点为 <0. 0000，0. 0000>,回车，默认左下角点为 0，0。在“命令行”中输入 1000，1000 为指定的右上角点，回车。在“命令行”中输入 Z，回车，再在“命令行”中输入 a，回车，则绘图范围为所设置的大小。

2. 设置坐标显示单位

单击格式下拉菜单中的单位，弹出图形单位对话框，单击精度下拉按钮，选择精度为 0. 0，单击确定，退出对话框，则在左下角状态栏中显示其精度为 0. 0。

3. 设置栅格捕捉和捕捉间距

右键单击状态栏中的栅格显示按钮，选择设置，弹出草图设置对话框，设 X 轴间距为 0.1、设 Y 轴间距为 0.1，并选择启用捕捉，单击确定退出。

二、设置图层

1. 设置中心线层

单击图层特性管理器按钮，弹出图层特性管理器对话框，单击新建图层按钮，出现图层 1，输入中心线为新图层名。鼠标箭头指向此图层颜色栏目的白色方框并单击，弹出选择颜色对话框，选择绿色，单击确定，则颜色设置完毕。单击此图层线宽栏目的默认，弹出线宽对话框，选择线宽为 0.2，单击确定，则线宽设置完毕。单击此图层线型栏目的 Continuous，在弹出的选择线型对话框内无中心线线型，需要加载建立此线型。

单击加载按钮，弹出加载或重载线型对话框，拖动右边滚动条，在移动的列表中选取 CENTER 线型，单击确定，返回选择线型对话框并选择出现的 CENTER 线型，单击确定，则已为中心线设置完具有绿色的点画线线型。

2. 设置偏心轴层

单击新建图层按钮，出现图层 1，输入偏心轴为新图层名。鼠标箭头指向此图层线宽栏目的默认并单击，弹出线宽对话框，选择线宽为 0.4，单击确定，则线宽设置完毕。单击此图层颜色栏目的绿色方框，弹出选择颜色对话框，选择红色，单击确定。并单击此图层的 CENTER，弹出选择线型对话框，选择 Continuous，单击确定，则已为偏心轴设置完具有红色的图层。

3. 设置截面层

单击新建图层按钮，出现图层 1，输入截面图为新图层名。默认此图层的线宽为 0.4、线型为 Continuous。单击此图层颜色栏目的红色方框，弹出选择颜色对话框，选择蓝色，单击确定，则已为截面图设置完具有蓝色的图层。

4. 设置虚线层

单击新建图层按钮，出现图层 1，输入虚线为新图层名。鼠标箭头指向此图层颜色栏目的蓝色方框并单击，弹出选择颜色对话框，选择白色，单击确定，则颜色设置完毕。单击此图层线宽栏目的默认，弹出线宽对话框，选择线宽为 0.2，单击确定，则线宽设置完毕。单击此图层线型栏目的 Continuous，在弹出的选择线型对话框内无虚线线型，需要加载建立此线型。

单击加载按钮，弹出加载或重载线型对话框，拖动右边滚动条，在移动的列表中选取 DASHED 线型，单击确定，返回选择线型对话框并选择出现的 DASHED 线型，单击确定，则已为虚线设置完具有白色（当背景为黑色时，虚线显示为白色，当背景为白色时，虚线显示为黑色）的虚线线型图层。单击图层特性管理器左上角关闭命令，退出图层设置。

以上四项是图层设置的基本方法：图层名称、颜色、线宽，如果是中心线等线型，还要对其进行加载。在绘制不同图形时，根据需要，可以进行其他图层的设置，从而绘制出各种不同颜色的图形来。所有图层均已设置完毕，读者也可以进行个性化设置。

图层设置，不仅对原本可以在外形上区分的图形，还可以从图元的颜色上来进行区分，不可省略。需要时，可以对一些图层进行关闭。图层关闭后，在此图层上的图形均不可见，因此图形不能被删除，也不能进行绘制，便于观察图形中的信息，以及在图形之间的相互切换时使用。下面插入其图层的可操作性的含义如下：

单击图层控制按钮，下拉出图层信息。鼠标箭头指向一灯泡形态图形时，显示出开/关图层并单击使其变暗，鼠标箭头移开图层并单击，则图层已关闭，反之图层打开。

鼠标箭头指向一黄色太阳形态图形，出现在所有视口中冻结/解冻，并单击使其变成雪花图形，鼠标箭头移开图层并单击，则图层被冻结，反之图层解冻。图层冻结后不能被显示及绘制，也不参与图形之间的运算。所以在绘制大型复杂图形时，将某些图层暂时冻结起来，便可以提高其系统的绘制速度。当前层不能被冻结，仍然能够进行绘制。

鼠标箭头指向一开状锁图形，出现锁定/解锁图层并单击使其变成锁上状态，鼠标箭头移开图层并单击，则此图层已被锁定，反之图层解锁。当前层锁定后图形可以显示，也可以对其进行绘制、改变其线型、颜色及对象捕捉，但不能进行编辑操作，如删除、倒角等。当绘图工作完成以后，可将所有图层锁定，避免误删除的发生。

由于图层具有可操作性的特点，通过对各图层的关闭或打开、冻结或解冻、锁定与解锁操作以决定各图层的可见性，从而可更好地操作三维实体装配图的绘制。

三、设置文字样式、对象捕捉及重置

1. 设置文字样式

单击格式下拉菜单中的文字样式，弹出文字样式对话框。单击新建，弹出新建文字样式对话框，修改样式 1 为 TEXT，单击确定。取消使用大字体方框内打勾，单击字体名向下按钮，拖动滚动条，选择仿宋_ GB2312 字体，则字体样式框内显示常规。默认宽度因子为原设定数值 1.00（以后根据需要，可随时进入文字样式对话框，对数值进行重新设置以改变其文字的宽窄），单击应用，单击关闭，结束文字样式设置。

2. 设置对象捕捉

右键单击对象捕捉按钮，选择设置，选择端点、中点、圆心及交点模式，单击确定退出。根据绘图需要，可随时添加或取消其中模式，按 F3 可打开或关闭对象捕捉。

3. 重置 AutoCAD 图形界面

将原有的一些工具条，如工作空间等从工具栏中撤下，换上实体、实体编辑、视图、

动态观察、修改、ucs 等工具条，这样使用起来比较方便。

四、保存机械绘图模板

单击工具栏中的保存按钮，弹出图形另存为对话框。单击文件类型按钮，下拉出 AutoCAD信息，选择 AutoCAD 图形样板（＊.dwt）文件。在文件名框内输入 3d 后，选择保存，弹出样板选项对话框。并在框内输入机械绘图模板，单击确定，单击右上角关闭按钮退出，则机械绘图模板已存入图形样板中。

五、存盘

由于所绘制的三维实体装配图较为复杂，不能一次绘制完成。当绘制出一部分后，可以对其进行存盘操作。单击右上角关闭按钮，弹出 AutoCAD 对话框，单击 Y，则图形存入硬盘中并退出。或者单击文件下拉菜单中的另存为选项，弹出图形另存为对话框，在文件名中显示 3d，单击保存按钮，再次弹出图形另存为对话框，单击 Y，弹出样板选项对话框，单击确定，则图形存入硬盘中。也可将其存入可移动磁盘中，这时单击文件下拉菜单中的另存为选项，弹出图形另存为对话框，单击 Template 向下按钮，在下拉出的信息中选择可移动磁盘，弹出图形另存为对话框，单击保存按钮，（重复存盘需点击出现的 Y）单击确定，则图形存入可移动磁盘中，再单击右上角关闭按钮退出。

上面已将绘图环境设置完毕并已存入图形样板中，再次双击 AutoCAD2012 快捷图标，单击打开按钮，双击 3d 后便可以开始绘图了。

现在就让读者与编者带着自己的历程、带着自己的理想、还有那魂牵梦萦的事业，在 AutoCAD 模型空间里，发挥出你的聪明才智、挖掘出你那丰富的空间想象力，从二维空间穿越到三维空间，任你驰骋，绘制具有代表现代设计元素的三维图。这就需要你正确地掌握和更好地应用 AutoCAD 这一计算机辅助设计来完成三维实体装配图的绘制。希望广大读者造访此书，并在其引导下，绘制出更为准确、更为复杂、更为精密的三维实体装配图来。

下面将对行星摆线齿轮减速机的传动部分的三维实体装配图，绘制的全过程，以动态方式，按步骤，按其所设计的路径进行绘制。

第二章 创建偏心轴及其组合三维实体

第一节 创建偏心轴毛坯

一、绘制中心线及偏心轴毛坯轮廓图

1. 绘制中心线

单击图层向下按钮，在下拉出的图层信息中，选择中心线层，单击直线按钮，根据提示：于左侧任意单击一点，在正交模式下，向右移动鼠标，输入长度272，回车，回车，则中心线绘制完毕。

2. 绘制偏心轴毛坯轮廓图及中心孔轮廓线

1）绘制偏心轴毛坯轮廓图

选择偏心轴层，单击直线按钮，根据提示：捕捉中心线上自动出现的左端黄色标记点，不点击。向右移动鼠标，当出现水平追踪虚线及左端黄色标记点时，输入长度30，回车。向上移动鼠标，输入长度25，回车。向右移动鼠标，输入长度4.8，回车。向下移动鼠标，输入长度1.5，回车。向右移动鼠标，输入长度2.2，回车。向上移动鼠标，输入长度1.5，回车。向右移动鼠标，输入长度26，回车。向上移动鼠标，输入长度12.5，回车。向右移动鼠标，输入长度32，回车。向下移动鼠标，输入长度12.5，回车。向右移动鼠标，输入长度26，回车。向下移动鼠标，输入长度1.5，回车。向右移动鼠标，输入长度2.2，回车。向上移动鼠标，输入长度1.5，回车。向右移动鼠标，输入长度4.8，回车。向下移动鼠标，输入长度2.5，回车。向右移动鼠标，输入长度34，回车。向下移动鼠标，输入长度2.5，回车。向右移动鼠标，输入长度80，回车。向下移动鼠标，输入长度20，回车。输入C，回车，则图形自动封闭，偏心轴毛坯轮廓图绘制完毕，其长度单位均为mm，如图2-1-1所示。

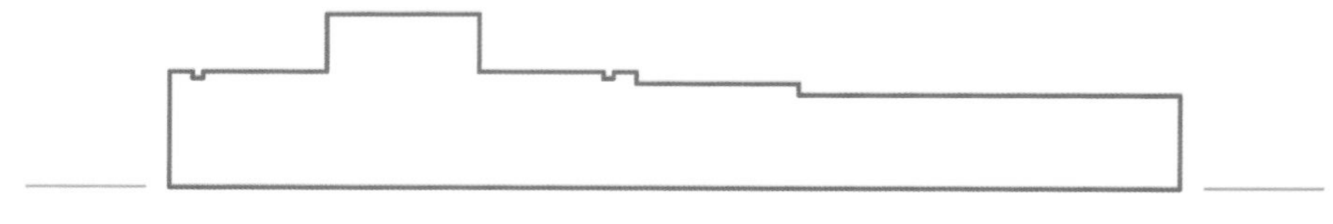

图2-1-1

2）绘制偏心轴毛坯两端B型中心孔轮廓线

单击直线按钮，根据提示：捕捉左下角顶点，不点击。向右移动鼠标，当出现水平追踪虚线及左端黄色标记点时，输入长度8.5，回车。右键单击极轴按钮，选择设置，输入增量角30°，选择启用极轴追踪，默认极轴角测量为绝对，单击确定，退出设置。移动鼠标，当鼠标标签角度显示为120°时，输入长度1.73，回车。按F8打开正交方式，向左移动鼠标，输入长度3，回车，按F10打开极轴方式，移动鼠标，当鼠标标签

角度显示为150°时，输入长度4.5，回车。移动鼠标，当鼠标标签角度显示为120°时，单击在左侧垂直线段上出现的交点，回车，则左侧中心孔轮廓线绘制完毕，并对其镜像如下：

单击镜像按钮，根据提示：框选左侧中心孔轮廓线，回车，结束选择。捕捉中心线中点为镜像线的第一点并单击，再捕捉在上侧线段上出现的垂足为镜像线的第二点并单击，回车，默认不删除原对象，则左侧中心孔轮廓线产生镜像，右侧中心孔轮廓线出现，其两条斜边恰与右下侧直角边分别相交，如图 2-1-2 所示。

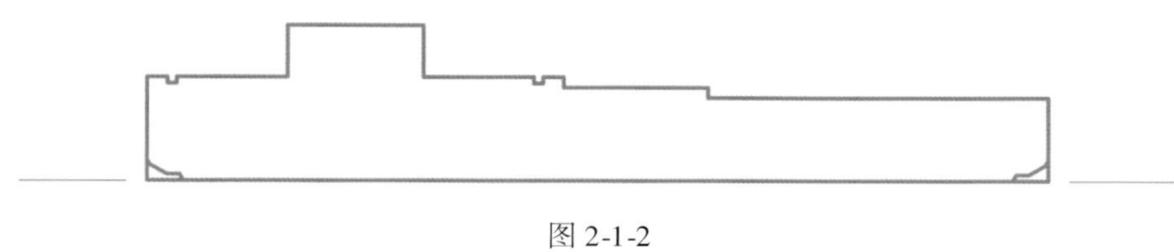

图 2-1-2

3）以中心孔轮廓线为剪切边，剪切与其相交的两直角

单击修剪按钮，根据提示：框选左侧中心孔轮廓线，使其成为剪切边，回车，结束选择。从顶点处多次单击其直角的水平边及垂直边，回车，结束命令。同理，对右侧直角进行相同的剪切操作，则偏心轴轮廓图的下侧两直角顶点处被剪切，形成中心孔，如图 2-1-3所示。

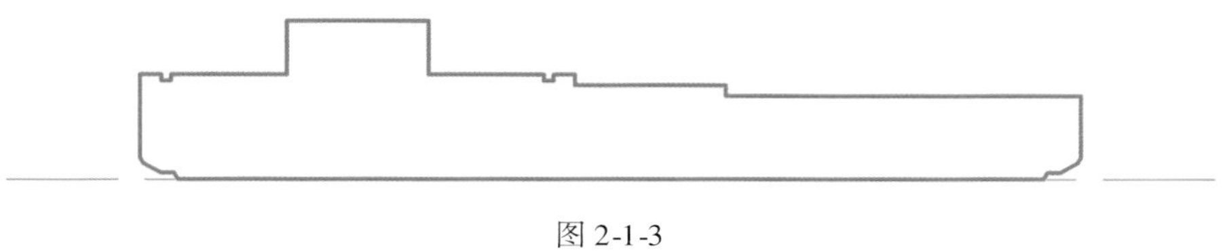

图 2-1-3

4）复制中心线及绘制辅助虚线

单击复制按钮，根据提示：单击中心线，回车，结束选择。捕捉其一端为移动基点并单击，向下移动鼠标，于下侧任意单击一点，回车，结束命令，则复制出一条下侧中心线。

选择虚线图层，单击直线按钮，根据提示：捕捉下侧中心线左端点，不点击。向右移劫鼠标，当出现水平追踪虚线及左端黄色标记点时（以下不再赘述“及左端黄色标记点”和类似的文字表达），输入长度 37，回车。向上移动鼠标，单击在中心线上出现的垂足，回车，结束命令，则第一条辅助虚线绘制完毕。

单击偏移命令按钮，根据提示：输入偏移距离 25，回车。单击第一条辅助虚线并于右侧单击一点，回车，则偏移出第二条辅助虚线。单击右键，选择重复偏移，根据提示：输入偏移距离 42，回车。再单击第一条辅助虚线并于右侧单击一点，回车，则偏移出第三条辅助虚线，同理，再相继偏移第四、五、六条辅助虚线，偏移距离分别为 99、166、235，则六条辅助虚线绘制完毕，并对其进行了编号，如图 2-1-4 所示。

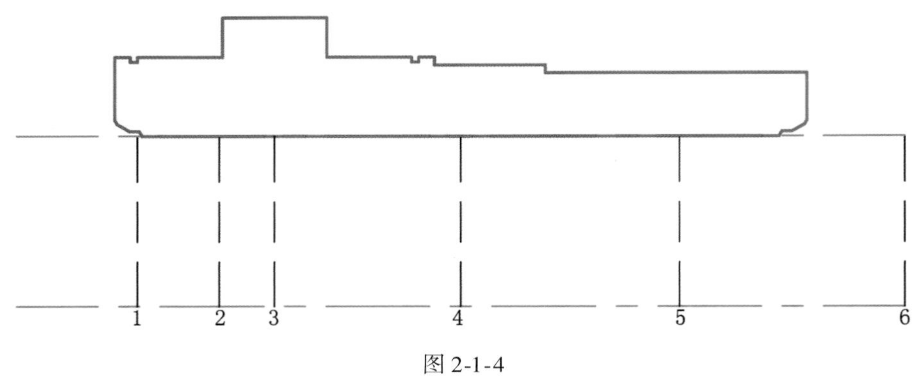

图 2-1-4

5）绘制辅助矩形

选择截面图层，单击矩形按钮，根据提示：捕捉第二条辅助虚线下端点，不点击。向上移动鼠标，当出现垂直追踪虚线时，输入长度 35，回车。现在用相对坐标形式来绘制矩形，其表达式为在绝对坐标表达式前加一@ 号，即在“命令行”中输入括弧中的@ 号、数字、逗号、数字，为（@16，15），回车，则左侧辅助矩形绘制完毕，并对其镜像如下：

单击镜像按钮，根据提示：单击左侧矩形，回车，结束选择。捕捉第三条辅助虚线一端为镜像线的第一点并单击，捕捉其另一端为镜像线的第二点并单击，回车，默认不删除原对象，则矩形产生镜像，如图 2-1-5 所示。

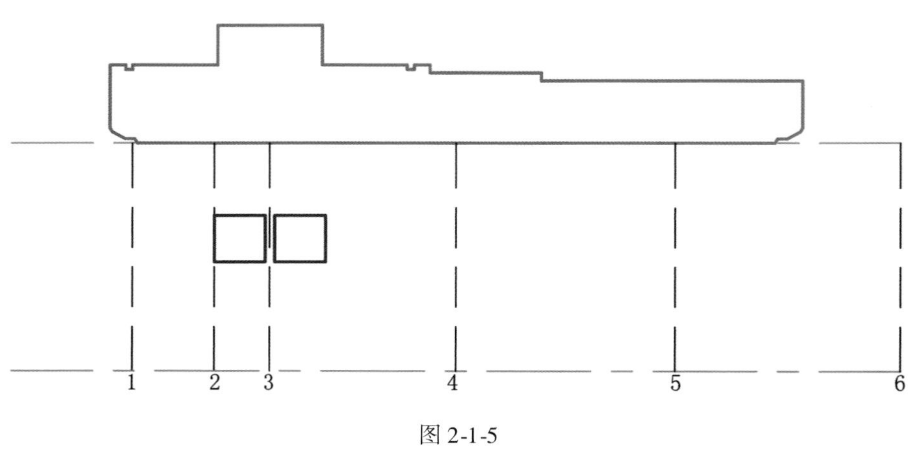

图 2-1-5

3. 将二维坐标系转换为三维坐标系

1）转换坐标系

单击西南等轴测按钮，则视图转换为立体视图模式。以下将在该环境中进行三维实体图的绘制，创建行星摆线齿轮减速机的传动系统的各类三维实体图形。

2）修改线型

在命令行中输入 LTSCALE，回车。再输入新线型比例因子 0.5，回车，则中心线及虚线的线型比例已改变，其间距变小，并将下侧中心线左部适当打断（此后不再赘述），如图 2-1-6 所示。

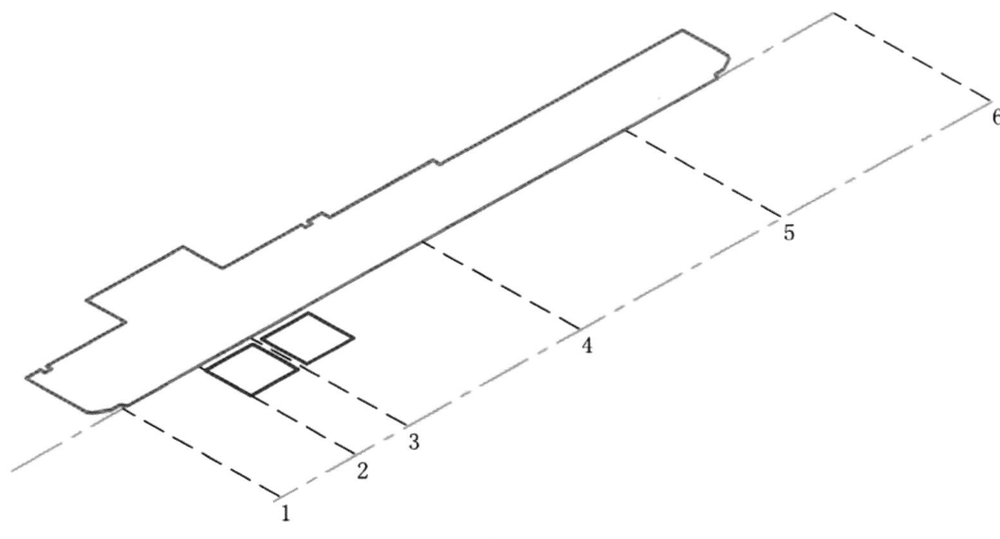

图 2-1-6

3）三维旋转视图及倒圆角

单击修改下拉菜单，选择三维操作中的三维旋转命令，根据提示：框选整个视图，回车。捕捉中心线一端点并单击，单击垂直于 *X* 轴的环带，输入旋转角 90°，回车，结束命令，则视图进行了 90°旋转。单击圆角按钮，根据提示：单击右键，选择半径，输入 1，回车。单击右侧内角相互垂直边，同理，对右侧另外两内角进行相同半径的倒圆角操作，则右侧三个内角倒圆角完毕，如图 2-1-7 所示。

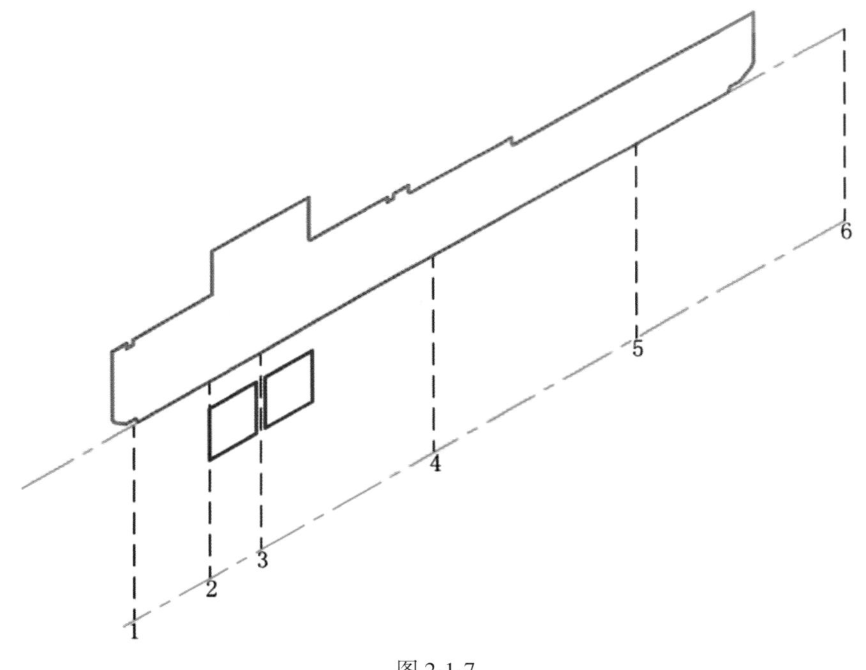

图 2-1-7

4）创建偏心轴毛坯轮廓图面域并着色

选择偏心轴图层，单击面域按钮，根据提示：分次框选偏心轴毛坯轮廓图或分别单击其每一条边，回车，结束命令，AutoCAD 提示：已提取 1 个环，已创建 1 个面域。单击自由动态观察按钮，弹出圆环，单击右键，选择视觉样式下的着色选项，则面域已着色，单击右键，单击退出，如图 2-1-8 所示。

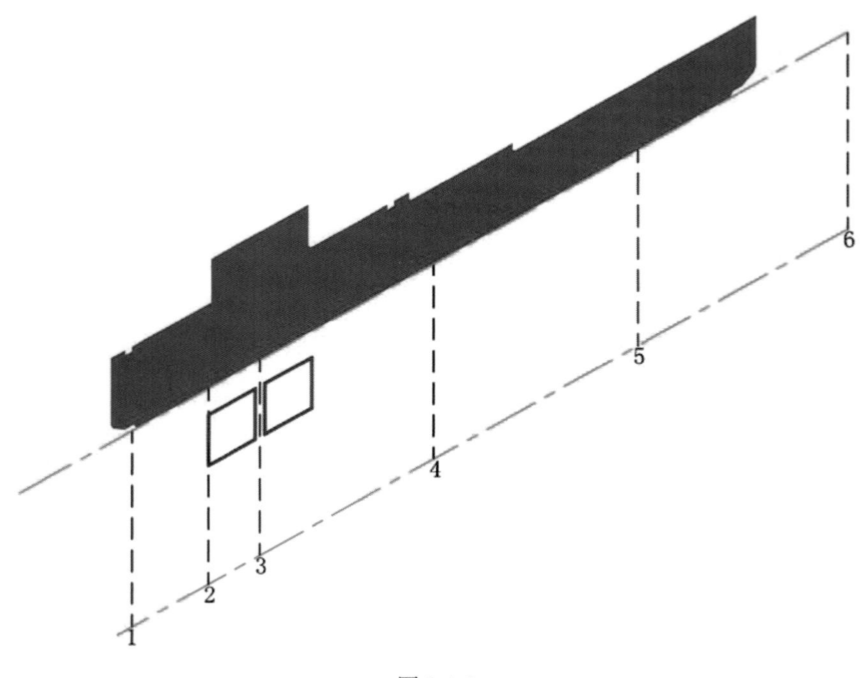

图 2-1-8

二、旋转面域创建偏心轴毛坯

单击旋转按钮，根据提示：单击面域，回车。单击右键，选择对象，单击中心线使之成为旋转轴，回车，默认回旋角为 360°，则偏心轴毛坯创建完毕，如图 2-1-9 所示。

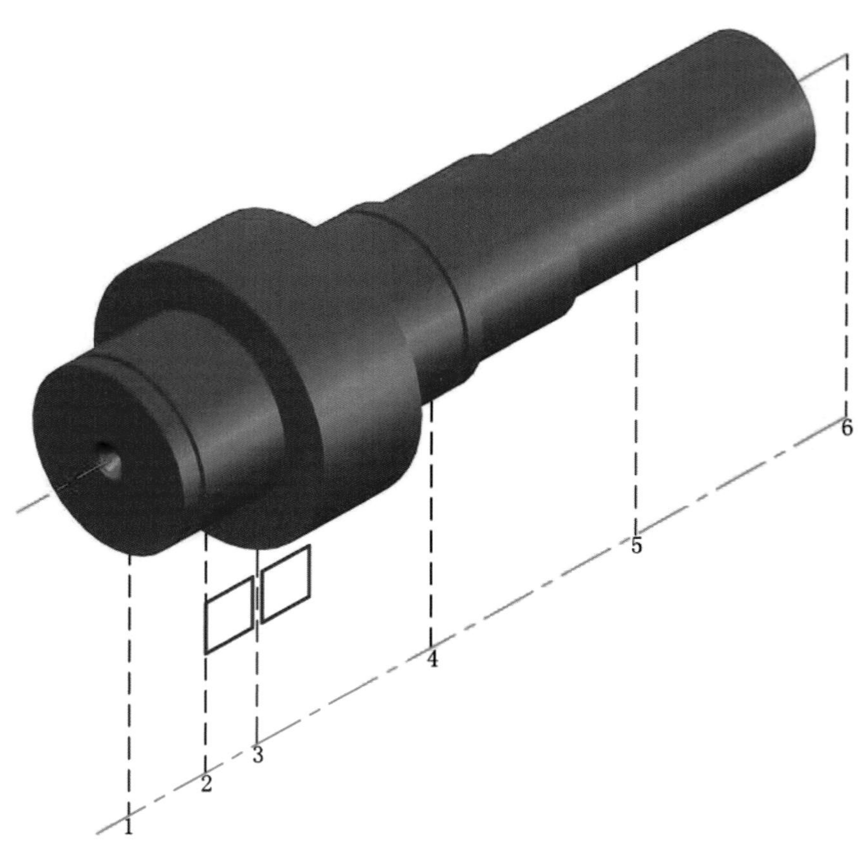

图 2-1-9

三、旋转辅助矩形及偏移偏心轴毛坯中心线

1. 旋转辅助矩形

选择截面层，单击旋转按钮，根据提示：分别单击左、右侧辅助矩形，回车，结束选择。单击右键，选择对象，单击下侧中心线，使其成为旋转轴，回车，默认回旋角为360°，则辅助矩形已旋转为左、右侧辅助圆环体。

2. 偏移偏心轴毛坯中心线

在偏移偏心轴毛坯中心线之前，先进行 ucs 图标的旋转。单击 ucs 工具条中的 *X* 轴按钮，回车，则 ucs 图标以 *X* 为轴旋转了 90°，此时的中心线与辅助虚线及其图形均在 *XY* 平面上，便可以在其平面上偏移中心线了。

单击偏移按钮，根据提示：输入偏移距离 2.5，回车。单击中心线，在上侧单击一点，再单击此中心线，于下侧单击一点，回车，则上、下侧对称偏移中心线出现。

根据绘图环境的需要，下侧中心线可随时移动其位置，与之相垂直的辅助虚线也随之而变，在以下的绘图过程中不对其进行说明，如图 2-1-10 所示。

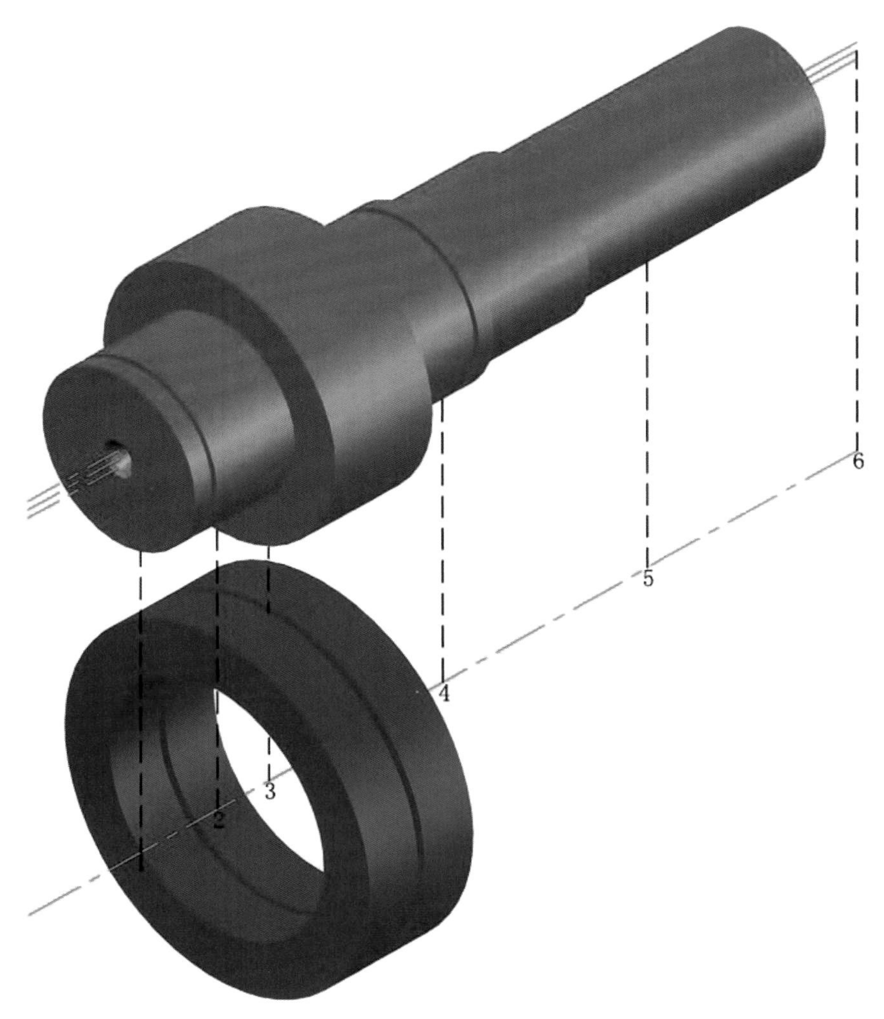

图 2-1-10

3. 分别将左、右侧辅助圆环体与偏心轴毛坯合并在一起

单击移动按钮，根据提示：单击左侧辅助圆环体，回车，结束选择。捕捉下侧中心线

左端为移动基点并单击，再捕捉上侧对称偏移中心线左端点并单击，则左侧辅助圆环体与偏心轴毛坯合并在一起。

单击右键，选择重复移动，根据提示：单击右侧辅助圆环体，回车，结束选择。捕捉下侧中心线左端为移动基点并单击，再捕捉下侧对称偏移中心线左端点并单击，则右侧辅助圆环体也与偏心轴毛坯合并在一起，成为合并三维实体，为下一步布尔运算做准备，如图 2-1-11 所示。

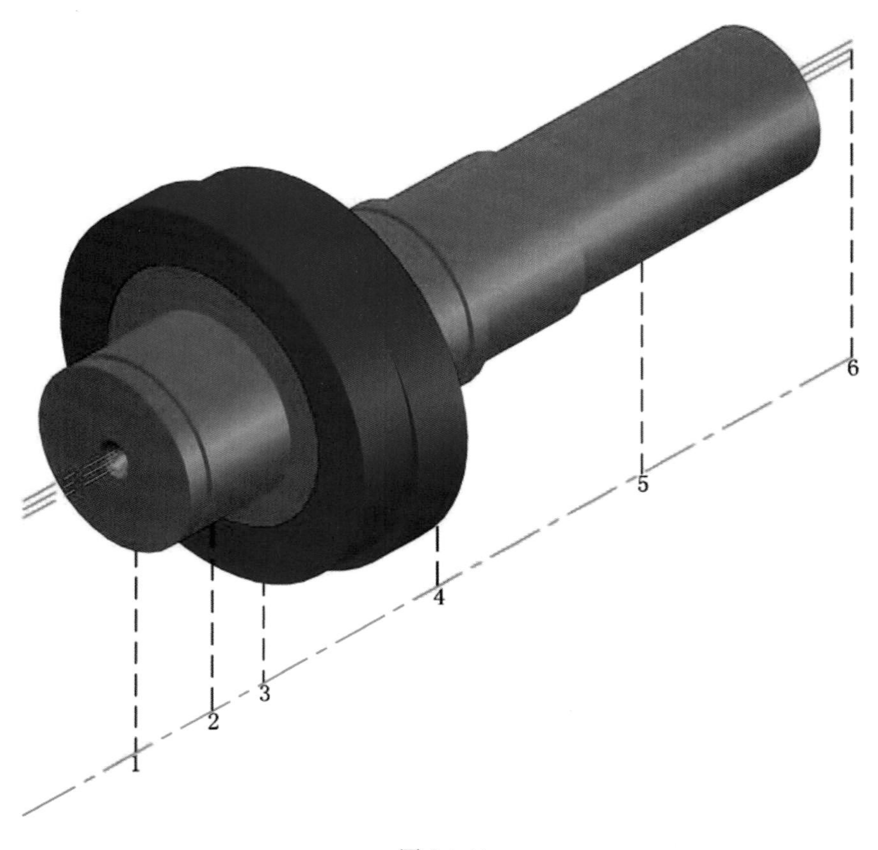

图 2-1-11

第二节　创建偏心轴三维实体

一、应用布尔运算创建复杂的偏心轴三维实体

1. 对合并三维实体进行布尔运算

单击布尔差集按钮，根据提示：先单击偏心轴毛坯，回车，结束选择。再分别单击左、右侧辅助圆环体，回车，结束命令。则从偏心轴毛坯中同时减去左、右侧辅助圆环体，偏心轴三维实体创建完毕。

2. 对偏心轴三维实体倒角、倒圆角

单击倒角按钮，根据提示：单击右键，选择距离，输入第一个倒角距离 2，回车，输入第二个倒角距离 2，回车。单击左侧端面边环，三次回车，再单击此边环，回车，回车。重复其倒角命令，单击右侧端面边环，三次回车，再单击此边环，回车，回车。重复其倒角命令，并对左、右侧偏心轮的左、右侧端面边环进行相同距离的倒角操作，回车，回车。单击右键，选择距离，输入第一个倒角距离 1，回车，输入第二个倒角距离 1，回车。单击右侧一轴肩处边环，三次回车，再单击此边环，回车，回车。重复其倒角命令，并对另一轴肩处边环进行相同距离的倒角操作，则偏心轴三维实体倒角完毕。

单击圆角按钮，根据提示：单击右键，选择半径，输入半径值 1.5，回车。单击左侧内角圆环，回车，回车，则左侧内角已填充完毕。

3. 在偏心轴三维实体上创建键槽

1）在下侧中心线上绘制圆

单击圆按钮，捕捉下侧中心线右端点，不点击。向左移动鼠标，当出现沿 X 轴追踪虚线时，输入长度 41，回车。单击右键，选择直径，输入 12，回车。同理，在下侧中心线上绘制另一等圆，其圆心距右端点为 99，则两等圆绘制完毕。

2）偏移下侧中心线与等圆相切

单击偏移按钮，根据提示：输入偏移距离 6，回车。单击下侧中心线，于上侧单击一点，再单击此中心线，于下侧单击一点，回车，结束命令，则上、下侧偏移中心线出现并与等圆分别相切，如图 2-2-1 所示。

图 2-2-1

3）剪切等圆及与其相切的偏移中心线为平键二维图

单击修剪按钮，根据提示：分别单击等圆及与其相切的上、下侧偏移中心线，使之相互成为剪切边，回车。再分别单击等圆的内侧圆弧部分及上、下侧偏移中心线的左、右部分，回车，结束命令，则对象已剪切成为平键二维图，如图 2-2-2 所示。

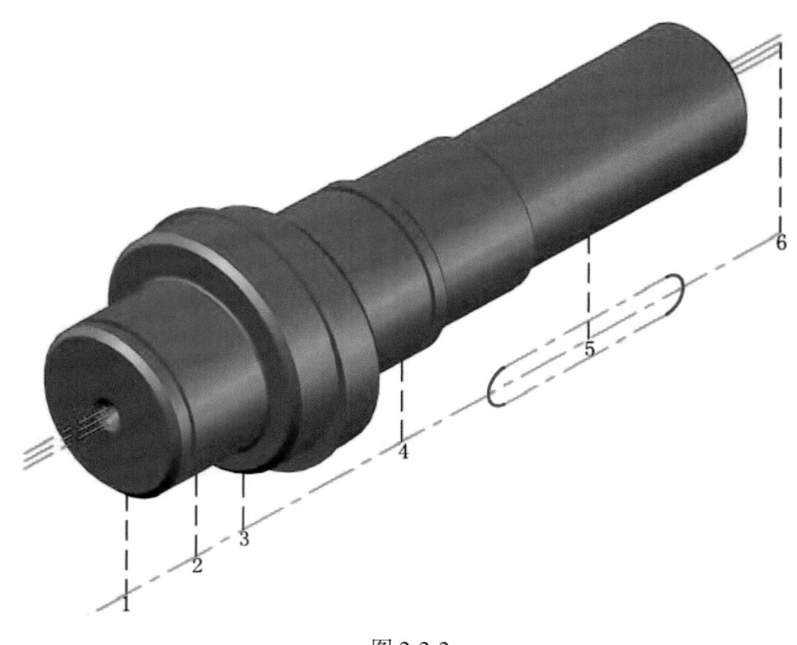

图 2-2-2

4）创建平键二维图面域

选择输入轴平键层，单击面域按钮，根据提示：框选平键二维图，回车，结束命令，命令行提示：已提取 1 个环，已创建 1 个面域，其颜色随当前层，如图 2-2-3 所示。

图 2-2-3

5）拉伸面域创建平键三维实体

单击拉伸按钮，根据提示：单击面域，回车。输入拉伸高度 8，回车，结束命令，则面域被拉伸为平键三维实体，如图 2-2-4 所示。

图 2-2-4

6）三维旋转平键三维实体

单击修改下拉菜单，选择三维操作中的三维旋转命令，根据提示：单击平键三维实体，回车，结束选择。捕捉下侧中心线一端点并单击，单击垂直于 *X* 轴的环带，输入旋转角−90°，回车，则平键三维实体进行了 90°三维旋转，如图 2-2-5 所示。

图 2-2-5

7）偏移下侧中心线及复制平键三维实体

①　偏移下侧中心线

单击偏移按钮，根据提示：输入偏移距离 14.8，回车。单击下侧中心线，于下侧单击一点，回车，结束命令，则下侧偏移中心线出现，并作为复制平键三维实体的基准线。

②　复制平键三维实体

单击复制按钮，根据提示：单击平键三维实体，回车，结束选择。捕捉下侧偏移中心线右端为移动基点并单击，再捕捉中心线右端点并单击，回车，结束命令。则平键三维实体复制完毕，并与偏心轴合并在一起，构成合并三维实体，为下一步布尔运算做准备，如图 2-2-6 所示。

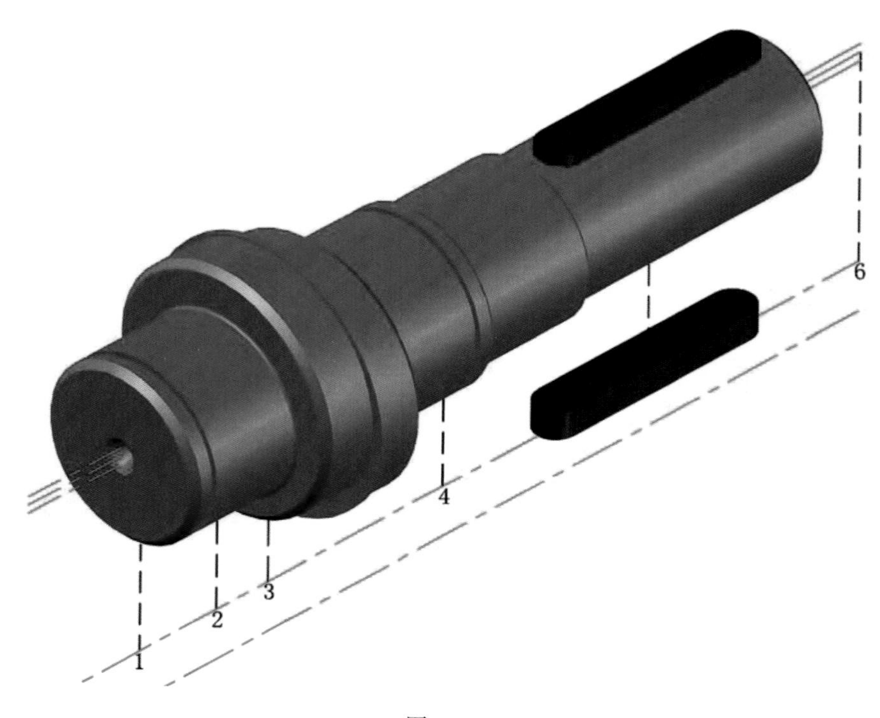

图 2-2-6

8）对合并三维实体进行布尔运算

单击差集按钮，根据提示：先单击偏心轴三维实体，回车，结束选择。再单击平键三维实体，回车，结束命令。则从偏心轴三维实体中减去一个平键三维实体，右侧键槽创建完毕。

9）对平键三维实体倒圆角

单击圆角按钮，根据提示：单击右键，选择半径，输入半径值 0.25，回车。单击顶面一棱边，回车，单击右键，选择链，再单击此棱边，回车，则顶面 4 个棱边倒圆角完毕。同理，对底面 4 个棱边进行相同半径的倒圆角操作，如图 2-2-7 所示。

图 2-2-7

二、将平键三维实体安装在偏心轴三维实体右侧的键槽中

单击移动按钮，根据提示：单击平键三维实体，回车，结束选择。捕捉下侧偏移中心线右端为移动基点并单击，再捕捉中心线右端点并单击，则平键三维实体已精准地安装在偏心轴三维实体右侧的键槽中，并删除下侧偏移中心线如下：

单击删除按钮，单击下侧偏移中心线，回车，则对象被删除，如图 2-2-8 所示。

图 2-2-8

第三节　创建滚子轴承三维实体

一、创建滚子轴承（外圈有单挡边的单列向心短圆柱滚子轴承）三维实体

1. 绘制轴承内、外圈二维图

1）绘制内圈二维图

选择滚子轴承层，单击多段线按钮，根据提示：捕捉第二条辅助虚线下端点，不点击。向上移动鼠标，当出现沿 *Y* 轴追踪虚线时，输入长度 35，回车。向右移动鼠标，输入长度 16，回车。向上移动鼠标，输入长度 5.5，回车。向左移动鼠标，输入长度 4，回车。向下移动鼠标，输入长度 2，回车。向左移动鼠标，输入长度 8，回车。向上移动鼠标，输入长度 2，回车。向左移动鼠标，输入长度 4，回车。输入 C，回车，则图形自动封闭，内圈二维图绘制完毕。

2）绘制外圈二维图

单击多段线按钮，捕捉第二条辅助虚线下端点，不点击。向上移动鼠标，当出现沿 *Y* 轴追踪虚线时，输入长度 47.4，回车。再向上移动鼠标，输入长度 2.6，回车。向右移动鼠标，输入长度 16，回车。向下移动鼠标，输入长度 5.5，回车。向左移动鼠标，输入长度 4，回车。向上移动鼠标，输入长度 2，回车。向左移动鼠标，输入长度 8，回车，输入 C，回车，则图形自动封闭，外圈二维图绘制完毕，如图 2-3-1 所示。

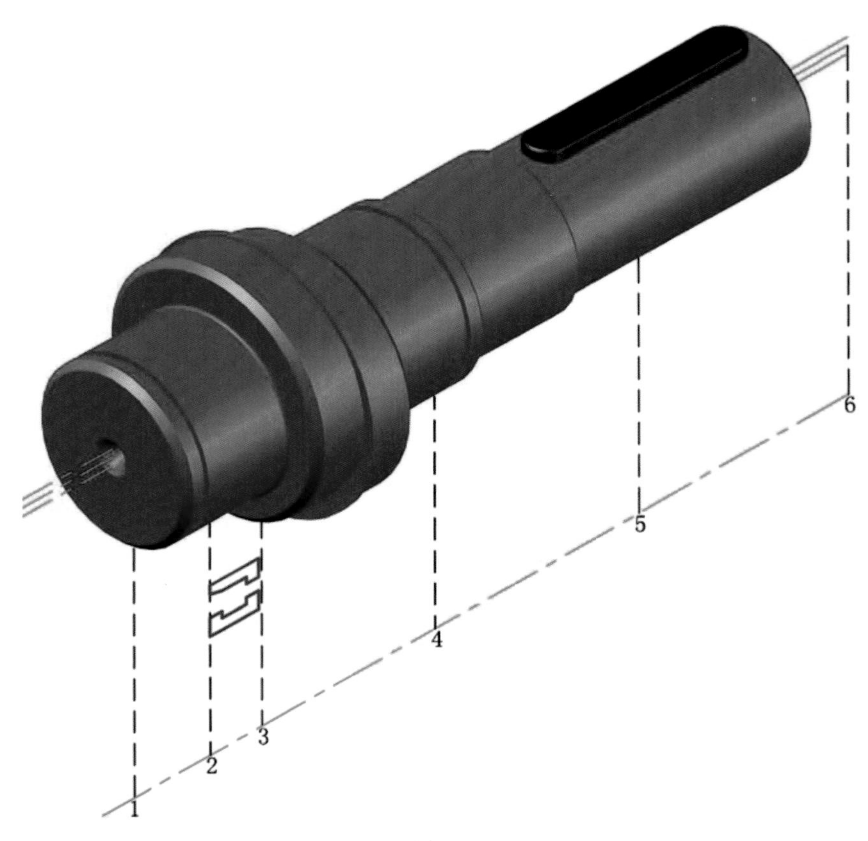

图 2-3-1

3）偏移中心线及辅助虚线

单击偏移按钮，根据提示：输入偏移距离 42.5，回车。单击下侧中心线，于上侧单击一点，回车。单击右键，选择重复偏移，根据提示：输入偏移距离 8，回车。单击第二条辅助虚线，于右侧单击一点，回车，结束命令。则偏移中心线及偏移辅助虚线出现，以作为绘制轴承的基准线，并在其左端点及下端点处标记了“偏”字。

4）绘制矩形（短圆柱及支架二维图）

右键单击对象捕捉按钮，选择设置，选择最近点模式，单击确定退出设置。选择圆柱层，单击矩形按钮，在偏移中心线上任意单击一最近点，输入（@8，4），回车。选择支架层，单击矩形按钮，在偏移中心线上另一处单击一最近点，输入（@12，1.5），回车，结束命令，则两矩形绘制完毕，并对内、外圈二维图倒圆角如下：

单击圆角按钮，根据提示：单击右键，选择半径，输入半径值 1.5，回车，先分别单击内圈二维图下侧一外角相互垂直边，回车。重复其圆角命令，再分别单击其另一外角相互垂直边，回车。重复其圆角命令，再分别单击外圈二维图右上角相互垂直边，回车。单击右键，选择半径，输入半径值 1，回车。再分别单击其左上角相互垂直边，则内、外圈二维图倒圆角完毕，并绘制圆柱及支架二维图安装虚线如下：

选择虚线层，单击直线按钮，根据提示：捕捉一矩形下边中点并单击，再捕捉下侧中心线上出现的垂足并单击，回车，则安装虚线绘制完毕。同理，绘制另一矩形的安装虚线，并在其下端点处标记了“安”字，如图 2-3-2 所示。

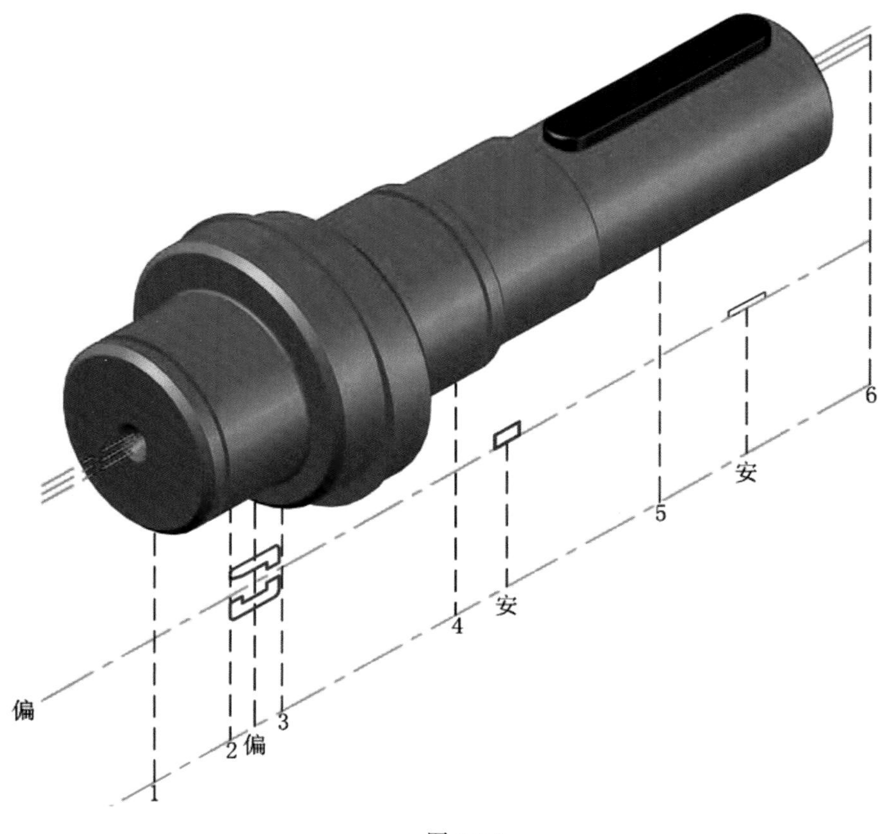

图 2-3-2

2. 旋转内、外圈二维图及矩形创建三维实体

选择滚子轴承层，单击旋转按钮，根据提示：分别单击内、外圈二维图，回车，结束选择。单击右键，选择对象，单击下侧中心线使之成为旋转轴，回车，默认回旋角为360°，则内、外圈三维实体创建完毕。

选择圆柱图层，单击旋转按钮，根据提示：单击左侧矩形，回车，结束选择。单击右键，选择对象，单击偏移中心线使之成为旋转轴，回车，默认回旋角为360°，则短圆柱创建完毕，并对其倒圆角如下：

单击圆角按钮，根据提示：单击右键，选择半径，输入半径值0.5，回车。单击短圆柱一侧边环，回车，回车，再回车。重复其圆角命令，再单击短圆柱另一侧边环，回车，回车，结束命令，则短圆柱两端面边环倒圆角完毕。

选择支架图层，单击旋转按钮，根据提示：单击右侧矩形，回车，结束选择。单击右键，选择对象，单击下侧中心线使之成为旋转轴，回车，默认回旋角为360°，则右侧矩形旋转为支架三维实体，如图2-3-3所示。

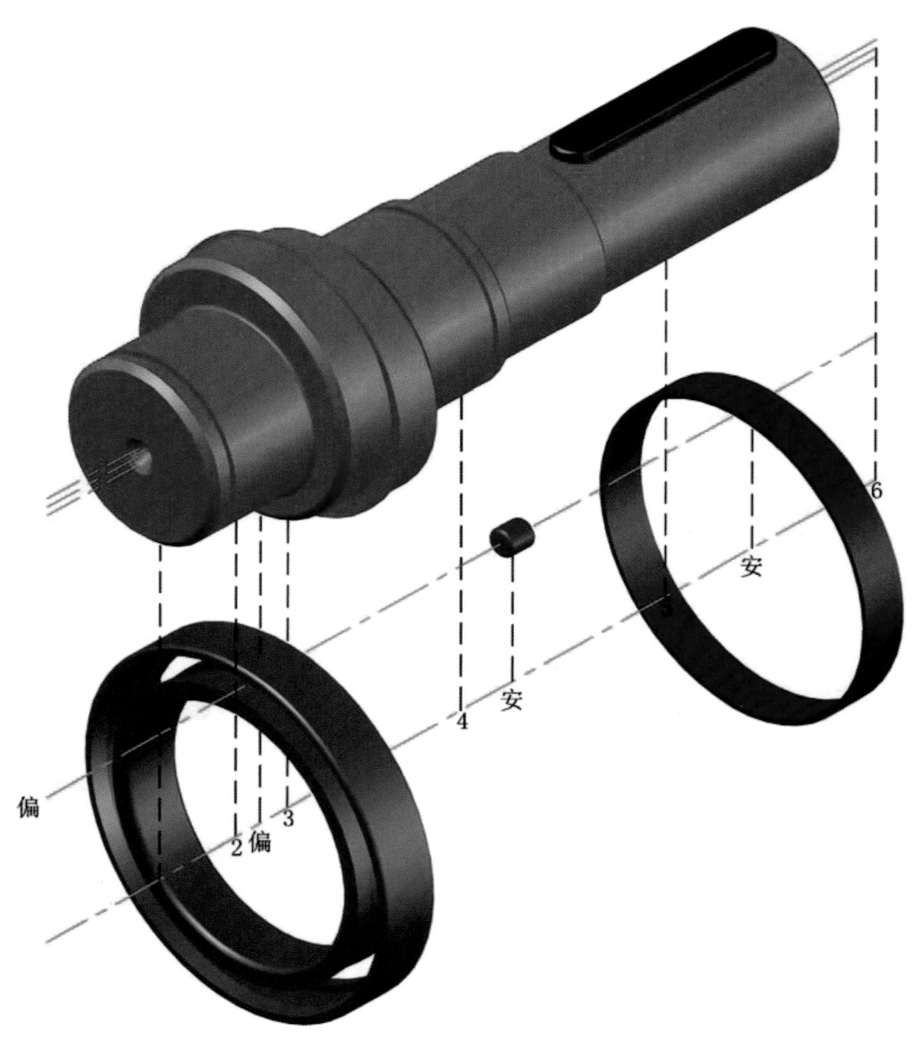

图2-3-3

3. 三维阵列短圆柱并对其进行复制

1）三维阵列短圆柱

单击修改下拉菜单，选择三维操作中的三维阵列命令，根据提示：单击短圆柱，回车，结束选择。单击右键，选择环形，输入项目数 30，回车，默认填充角为 360°，回车，默认其旋转阵列对象，回车。捕捉下侧中心线一端为阵列旋转轴的第一点并单击，捕捉其另一端为阵列旋转轴的第二点并单击，则短圆柱进行了阵列并产生了旋转，形成阵列环形短圆柱。

2）复制阵列环形短圆柱

单击复制按钮，根据提示：框取阵列环形短圆柱，回车，结束选择。捕捉左侧安装虚线下端为移动基点并单击，再捕捉右侧安装虚线下端点并单击，回车，结束命令。则阵列环形短圆柱与支架合并在一起，成为合并三维实体，为下一步布尔运算做准备，如图 2-3-4 所示。

图 2-3-4

4. 对合并三维实体进行布尔运算

单击差集按钮，根据提示：先单击支架三维实体，回车，结束选择。再分次框取其阵列环形短圆柱，回车，结束命令。则从支架三维实体中同时减去 30 个阵列环形短圆柱，支架三维实体上的均布滚柱孔出现，有孔支架三维实体创建完毕，并将其与阵列环形短圆柱装配在一起如下：

单击复制按钮，根据提示：单击支架三维实体，回车，结束选择。捕捉右侧安装虚线下端为移动基点并单击，再捕捉左侧安装虚线下端点并单击，回车，结束命令。则复制支架与阵列环形短圆柱装配在一起，构成组合三维实体，原对象则成为观察图，并删除偏移中心线如下：

单击删除按钮，根据提示：单击偏移中心线，回车，结束命令，则偏移中心线已被删除，如图 2-3-5 所示。

图 2-3-5

5. 装配滚子轴承三维实体并将其安装在偏心轴三维实体上

单击移动按钮，根据提示：框取组合三维实体，回车，结束选择。捕捉左侧安装虚线下端为移动基点并单击，再捕捉左侧偏移虚线下端点并单击，则滚子轴承三维实体装配完毕。

轴承为标准件，图中所绘制的滚子轴承三维实体图形，除内、外径及宽度为设计尺寸外，其他的只表示其结构形式。

单击复制按钮，根据提示：框取滚子轴承三维实体，回车，结束选择。捕捉下侧中心线左端为移动基点并单击，再捕捉上侧对称偏移中心线左端点并单击，回车，结束命令。则滚子轴承三维实体已精准地安装在偏心轴三维实体的左侧偏心轮上，并删除观察图如下：

单击删除命令按钮，根据提示：单击观察图，回车，结束命令，则观察图已被删除，如图 2-3-6 所示。

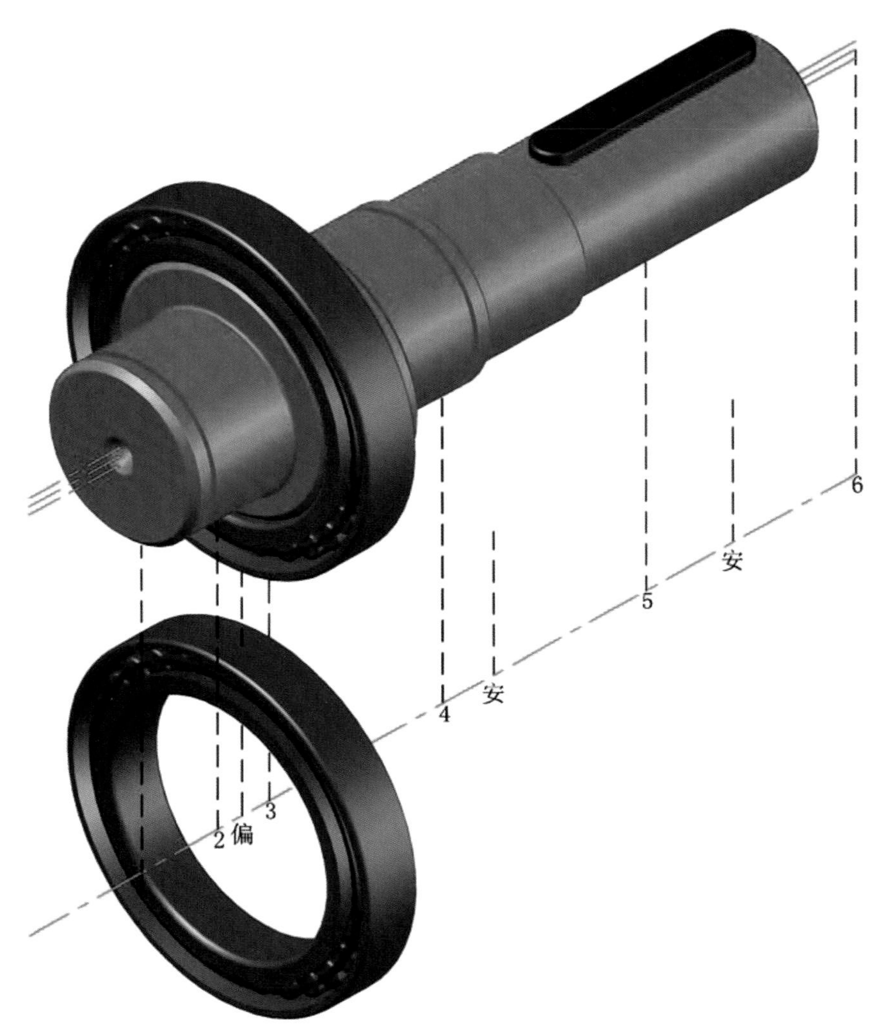

图 2-3-6

二、三维镜像滚子轴承三维实体并将其安装在偏心轴三维实体上

1. 三维镜像下侧滚子轴承三维实体

单击修改下拉菜单，选择三维操作中的三维镜像命令，根据提示：框选下侧滚子轴承

三维实体，回车。单击右键，选择 *YZ* 平面，捕捉第三条辅助虚线下端点并单击，单击右键，选择是，原对象自动被删除，在右侧镜像滚子轴承三维实体出现。

从三维镜像的效果来看，原滚子轴承三维实体是在第三条辅助虚线的左侧，而三维镜像后则是以对称的方式出现在第三条辅助虚线的右侧，恰好处于待安装的位置。

2. 将镜像滚子轴承三维实体安装在偏心轴三维实体上

单击复制按钮，根据提示：框选下侧镜像滚子轴承三维实体，回车，结束选择。捕捉下侧中心线左端为移动基点并单击，再捕捉下侧对称偏移中心线左端点并单击，回车，结束命令。则镜像滚子轴承三维实体已精准地安装在偏心轴三维实体的右侧偏心轮上，而下侧镜像滚子轴承三维实体则成为观察图，并删除部分辅助虚线如下：

单击删除按钮，根据提示：分别单击偏移虚线及左、右侧安装虚线，回车，结束命令，则对象已被删除，如图 2-3-7 所示。

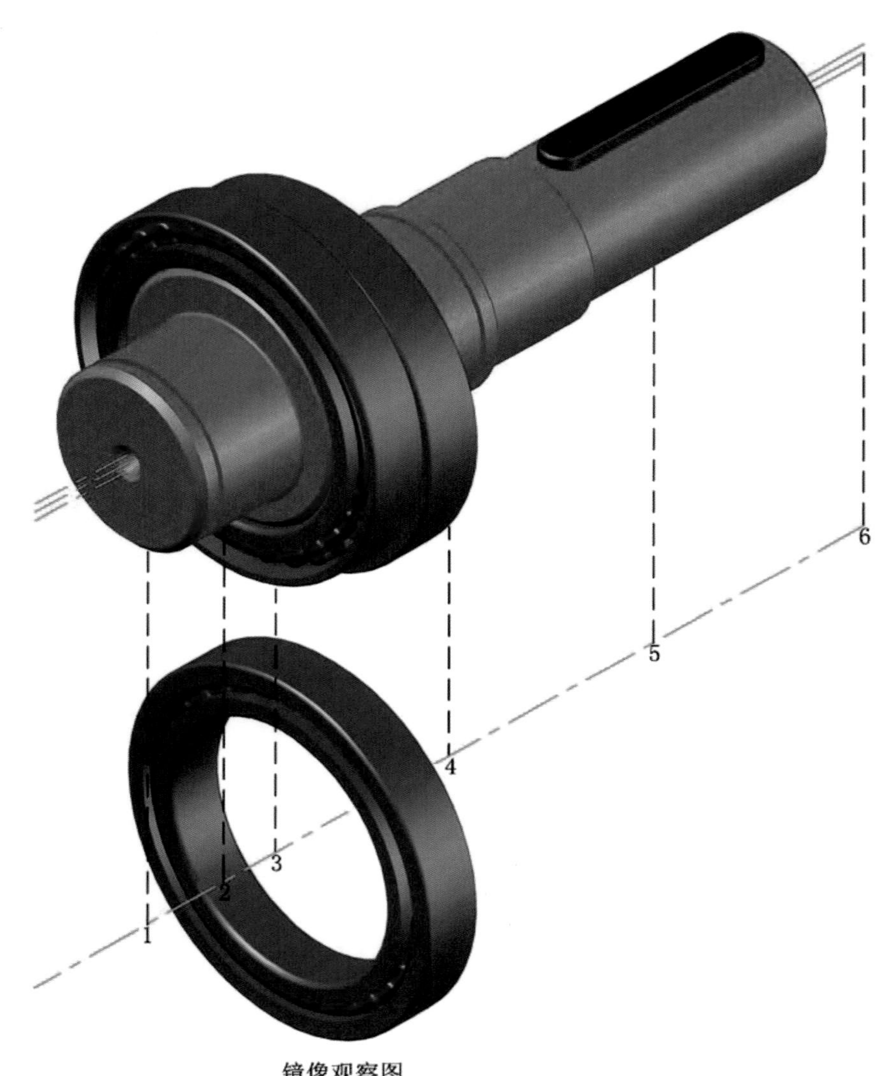

图 2-3-7

第四节　创建垫圈三维实体

一、绘制垫圈二维图

1. 删除下侧镜像观察图

单击删除按钮，根据提示：框选下侧镜像观察图，回车，结束命令，则镜像观察图已被删除。

2. 绘制矩形

选择垫圈图层，单击矩形按钮，根据提示：捕捉第二条辅助虚线下端点，不点击。向上移动鼠标，当出现沿 *Y* 轴追踪虚线时，输入长度 25.5，回车。单击右键，选择尺寸，输入宽度 5，回车，输入长度 17，回车，于左上侧单击一点，则矩形绘制完毕。

3. 对矩形进行倒角

单击倒角按钮，根据提示：默认当前的两个倒角距离 1，单击右键，选择多段线，单击矩形一边，则该矩形四个顶点处均被倒角，回车。单击右键，选择距离，输入第一个倒角距离 2，回车，输入第二个倒角距离 5，回车。先单击矩形左上角水平边，再单击垂直边，则此角再次不等边倒角完毕，如图 2-4-1 所示。

图 2-4-1

二、旋转矩形创建垫圈三维实体并对其三维镜像

1. 旋转矩形创建垫圈三维实体

单击旋转命令按钮，根据提示：单击矩形，回车，结束选择。单击右键，选择对象，单击下侧中心线使其成为旋转轴，回车，默认回旋角为360°，则矩形已旋转为垫圈三维实体。

2. 三维镜像垫圈三维实体

单击修改下拉菜单，选择三维操作中的三维镜像命令，根据提示：单击左侧垫圈三维实体，回车，结束选择。单击右键，选择 *YZ* 平面，捕捉第三条辅助虚线下端点并单击，回车，默认不删除原对象，则在右侧镜像垫圈三维实体出现，如图 2-4-2 所示。

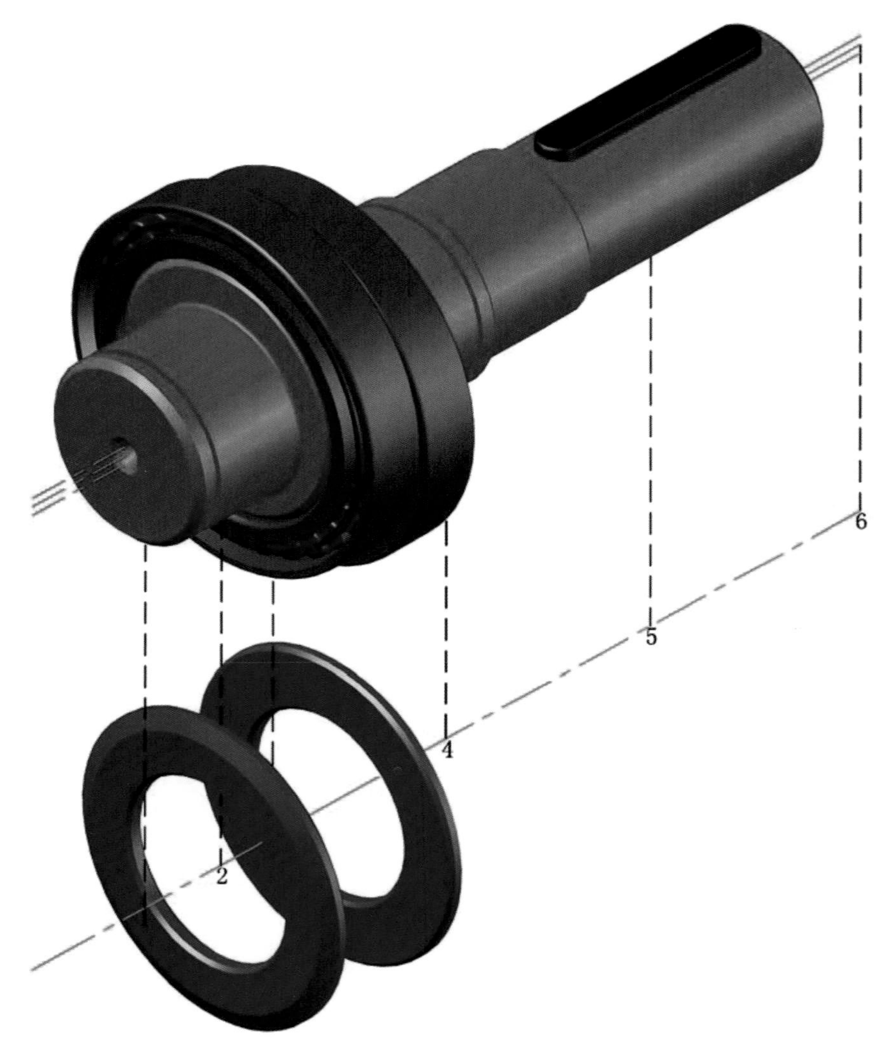

图 2-4-2

三、将左、右侧垫圈三维实体安装在偏心轴三维实体上

单击移动命令按钮，根据提示：分别单击左、右侧垫圈三维实体，回车，结束选择。捕捉下侧中心线左端为移动基点并单击，再捕捉中心线左端点并单击，则两个垫圈三维实体已精准地安装在偏心轴三维实体上，且分别与两滚子轴承三维实体内圈的左、右侧贴在

一起，如图 2-4-3 所示。

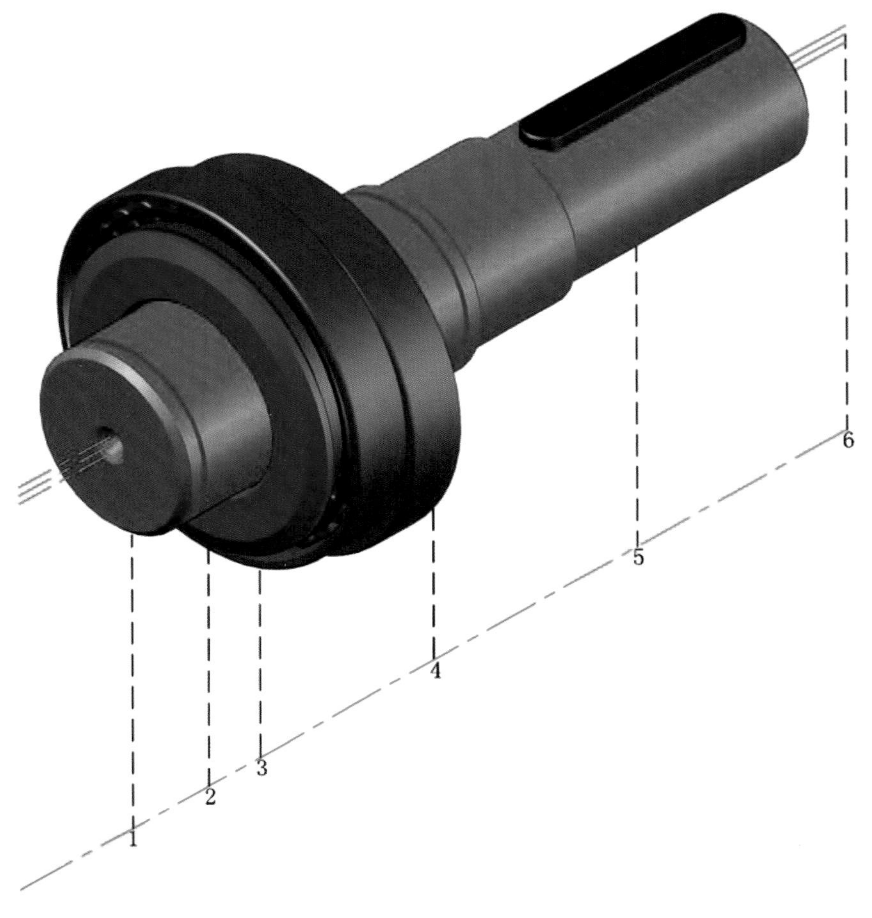

图 2-4-3

第五节　创建单列向心球轴承三维实体

一、绘制内、外圈二维图

1. 偏移中心线、辅助虚线、绘制矩形及圆

1）偏移中心线及辅助虚线

单击偏移按钮，根据提示：输入偏移距离 35，回车。单击下侧中心线并于上侧单击一点，回车，结束命令。单击右键，选择重复偏移，输入偏移距离 10，回车，单击第一条辅助虚线并于右侧单击一点，回车，结束命令。则轴承中心线及轴承虚线出现，以作为绘制球轴承的基准线，并在其左侧及下侧端点处分别标记了“轴”字，来区别其他的中心线及辅助虚线。

2）绘制矩形

选择球轴承层，单击矩形按钮，根据提示：捕捉第一条辅助虚线下端点，不点击。向上移动鼠标，当出现沿 *Y* 轴追踪虚线时，输入长度 25，回车。输入（@20，6.3），回车，结束命令，则矩形绘制完毕。

3）绘制圆

单击圆命令按钮，根据提示：捕捉轴承中心线与轴承虚线的交点并单击，单击右键，选择直径，输入 13，回车，则圆绘制完毕并与矩形的上一条边相交。

4）对矩形进行倒圆角

单击圆角按钮，根据提示：单击右键，选择半径，输入半径值 2，回车。先单击矩形左下角水平边，再单击垂直边，回车。重复其倒圆角命令，再分别单击其右下角水平边及垂直边，则矩形下侧两外角倒圆角完毕，如图 2-5-1 所示。

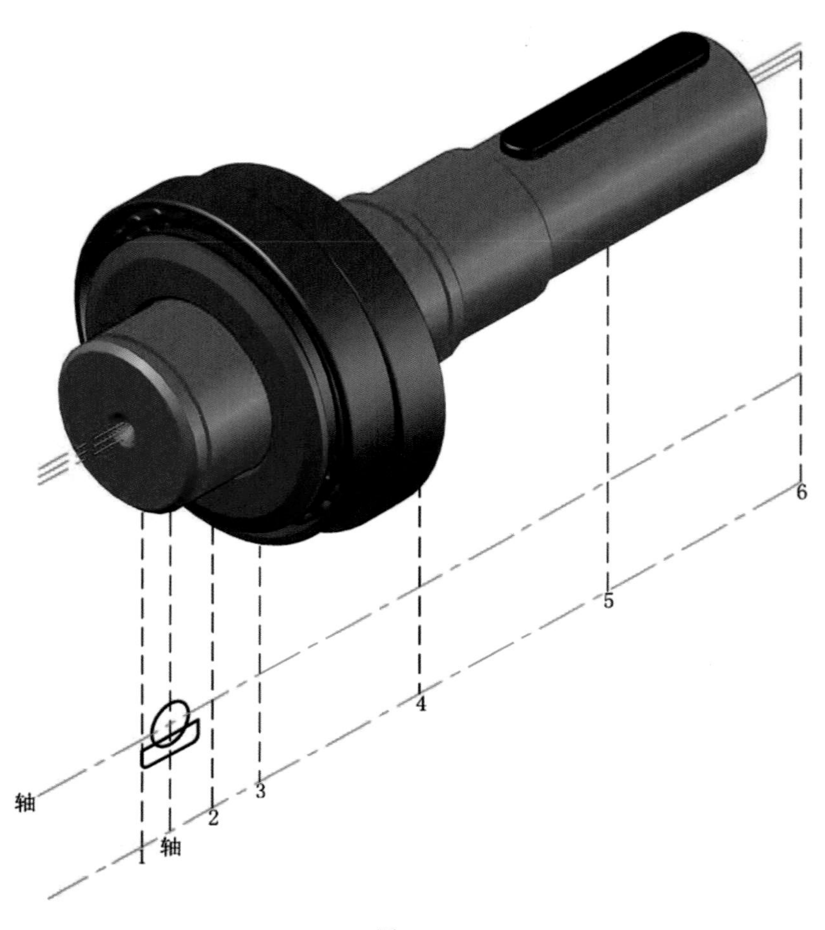

图 2-5-1

5）剪切矩形及与其相交的圆

单击修剪按钮，根据提示：分别单击矩形与圆，使其相互成为剪切边，回车，结束选择。再分别单击圆的上部分及弦，回车，结束命令，则矩形与圆已被剪切，形成内圈二维图。

6）镜像内圈二维图来生成外圈二维图

单击修改下拉菜单，选择三维操作中的三维镜像命令，根据提示：框取内圈二维图，回车，结束选择。单击右键，选择 *ZX* 平面，捕捉轴承中心线一端点并单击，回车，默认不删除原对象，则内圈二维图产生镜像，外圈二维图出现，如图 2-5-2 所示。

图 2-5-2

2. 绘制同心半圆弧、偏移中心线、支架二维图及创建面域

1）绘制半圆弧

选择支架层，单击绘图菜单下圆弧选项中的起点、圆心、角度命令，根据提示：捕捉第五条辅助虚线下端点，不点击。向上移动鼠标，当出现沿 *Y* 轴追踪虚线时，输入长度 28.5，回车，确定了圆弧起点。再捕捉其与轴承中心线的交点为圆心并单击，起点与交点之间的距离 6.5 则是圆弧半径，输入 180°，回车，结束命令，则半圆弧绘制完毕，并对其同心偏移如下：

单击偏移按钮，根据提示：输入偏移距离 1，回车。单击半圆弧，在右侧单击一点，回车，结束命令，则偏移半圆弧出现，并与原对象形成同心半圆弧。

2）偏移中心线

单击偏移按钮：根据提示：输入偏移距离 3，回车。单击轴承中心线，在上侧单击一点，回车。单击右键，选择重复偏移，根据提示：输入偏移距离 4，回车。单击轴承中心线并于下侧单击一点，回车，则上、下侧偏移中心线出现并与同心半圆弧相交。

3）绘制矩形

单击矩形按钮，根据提示：捕捉第六条辅助虚线与上侧偏移中心线的交点并单击，输入（@1，-6），回车，结束命令，则矩形（支架二维图）绘制完毕。

4）创建内、外圈二维图面域

选择球轴承层，单击面域按钮，根据提示：框选内、外圈二维图，回车，结束命令，命令行提示：已提取 2 个环，已创建 2 个面域，如图 2-5-3 所示。

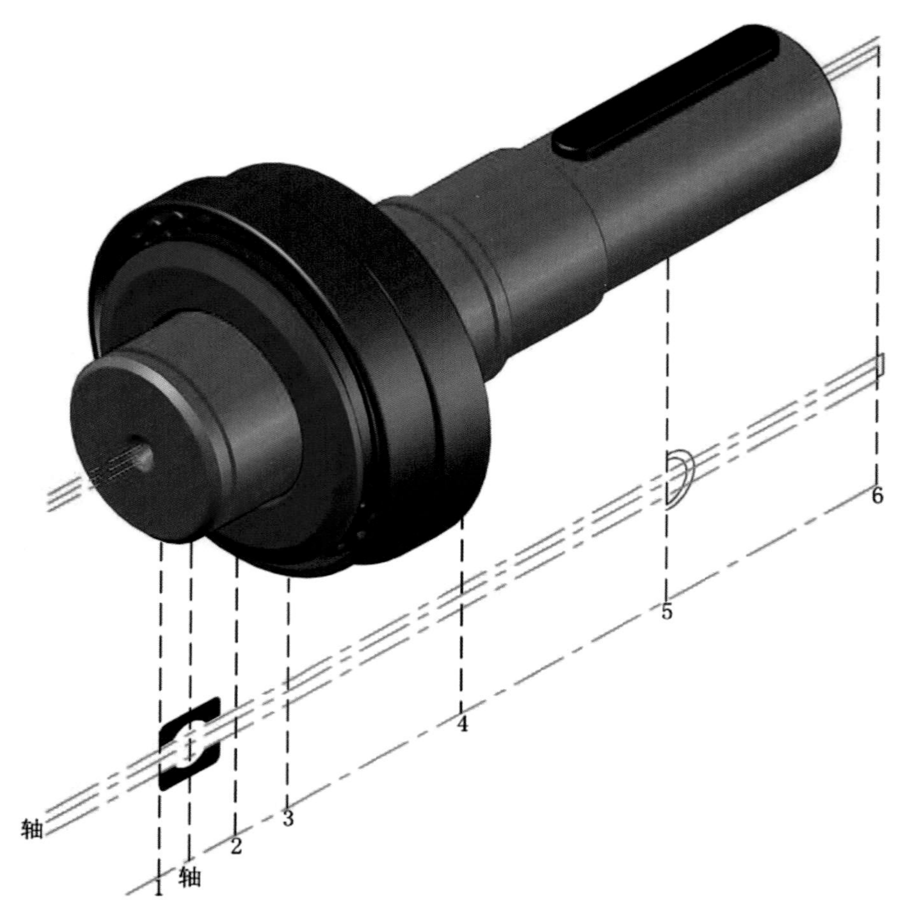

图 2-5-3

3. 绘制滚珠框二维图

单击修剪按钮，根据提示：分别单击同心半圆弧及与其相交的上、下侧偏移中心线，使其相互成为剪切边，回车，结束选择。再分别单击同心半圆弧的上、下四段圆弧部分及上、下侧偏移中心线的左、右部分，回车，结束命令。则对象被剪切，形成滚珠框二维图。

4. 创建三维实心球体

选择滚珠层，单击球体按钮，根据提示：捕捉第四条辅助虚线与轴承中心线的交点并单击，单击右键，选择直径，输入 13，回车，结束命令，则三维实心球体（滚珠）创建完毕，如图 2-5-4 所示。

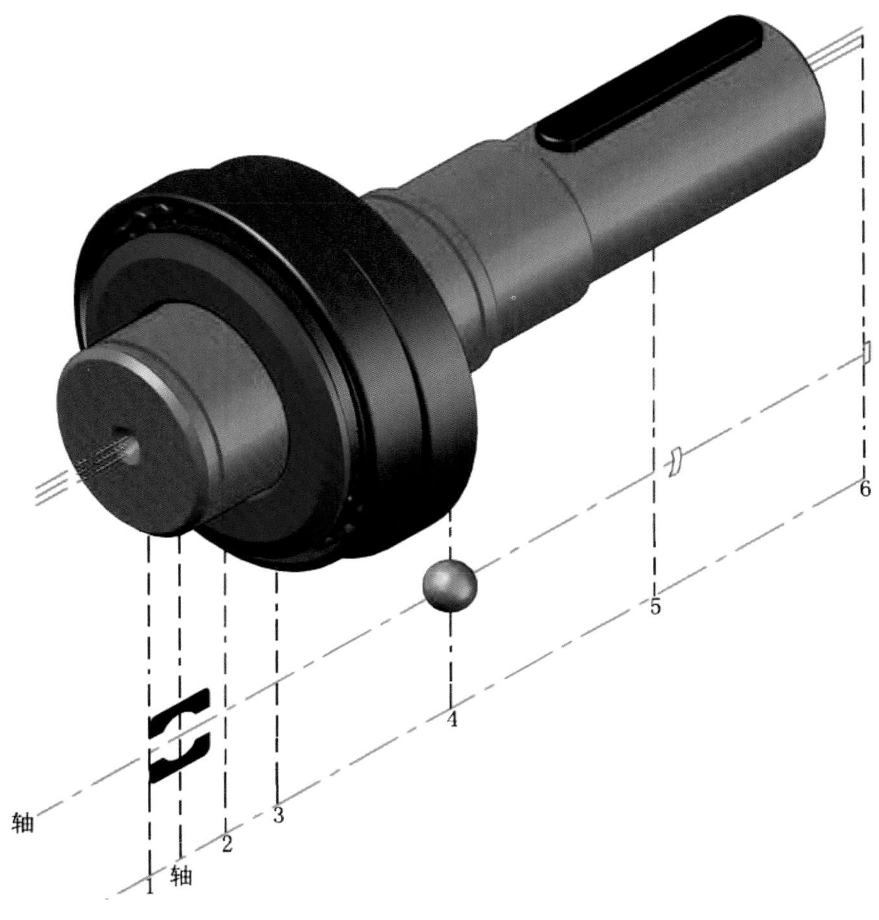

图 2-5-4

5. 创建滚珠框二维图面域并直接将其旋转为三维实体

1）创建滚珠框二维图面域

选择支架层，单击面域按钮，根据提示：框选滚珠框二维图，回车，结束命令，命令行提示：已提取 1 个环，已创建 1 个面域。

2）旋转滚珠框面域为三维实体

单击旋转命令按钮，根据提示：单击面域，回车，结束选择。单击右键，选择对象，单击第五条辅助虚线，使之成为旋转轴，输入旋转角 180°，回车，则面域按指定角度旋转为滚珠框三维实体。

6. 旋转内、外圈面域及矩形创建三维实体

选择球轴承层，单击旋转按钮，根据提示：分别单击内、外圈面域，回车，结束选择。单击右键，选择对象，单击下侧中心线，使之成为旋转轴，回车，默认回旋角为 360°，则面域旋转为内、外圈三维实体。

单击右键，选择重复旋转，根据提示：单击矩形，回车，结束选择。单击右键，选择对象，单击下侧中心线，使之成为旋转轴，回车，默认回旋角为 360°，则矩形已旋转为支架三维实体，如图 2-5-5 所示。

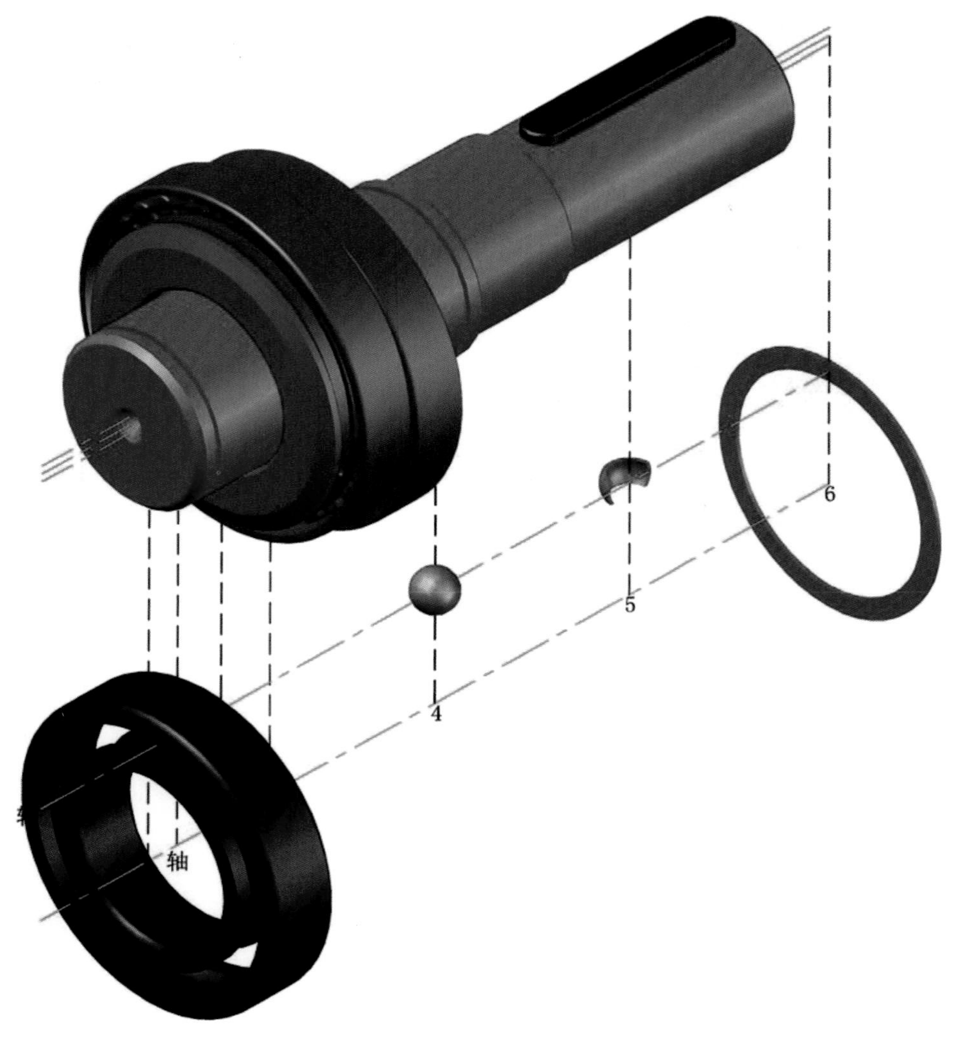

图 2-5-5

7. 三维旋转滚珠框三维实体并绘制辅助圆及辅助同心圆

1）三维旋转滚珠框三维实体

单击三维旋转按钮，根据提示：单击滚珠框三维实体，回车，结束选择。捕捉第五条辅助虚线下端点并单击，单击垂直于 *Y* 轴的环带，输入旋转角−90°，回车，则滚珠框三维实体进行了 90°三维旋转并复制中心线如下：

单击复制命令按钮，根据提示：分别单击轴承中心线及下侧中心线，回车，结束选择。捕捉一中心线左端为移动基点并单击，向下移动鼠标，于下侧任意单击一点，回车，则中心线复制完毕，并在其左端点处标记了“复”字，再延伸辅助虚线如下：

单击延伸按钮，根据提示：单击下侧复制中心线，回车，再分别单击第五、六条辅助虚线下部分，回车，结束命令，则对象延伸至下侧复制中心线上，且与其垂直。

2）绘制辅助圆及辅助同心圆

选择截面图层，单击圆按钮，根据提示：捕捉上侧复制中心线右端点并单击，单击右键，选择直径，输入 14.5，回车，则辅助圆绘制完毕。单击右键，选择重复圆，根据提示：捕捉第五条辅助虚线下端点并单击，单击右键，选择直径，输入 90，回车。同理，再绘制圆 ϕ76、ϕ64 两圆，则三个辅助同心圆绘制完毕，如图 2-5-6 所示。

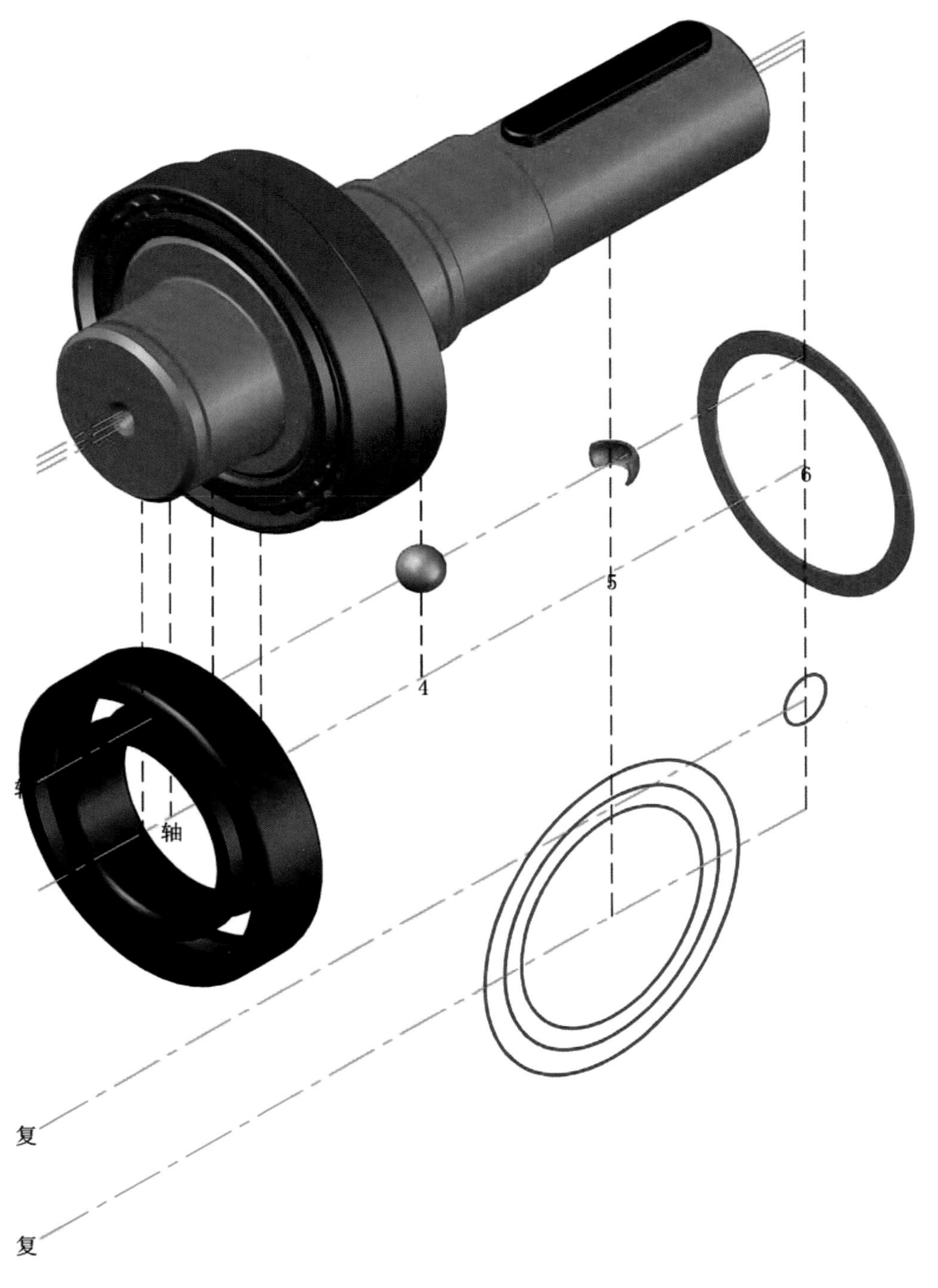

图 2-5-6

3）对辅助圆及辅助同心圆进行拉伸并对其进行布尔运算

① 拉伸辅助圆及辅助同心圆

单击拉伸按钮，根据提示：单击辅助圆，回车，结束选择。输入拉伸高度 3，回车，则辅助圆被拉伸为辅助圆形体。单击右键，选择重复拉伸，框选同心圆，回车。输入拉伸高度 8，回车，则辅助同心圆被拉伸为辅助同心合并圆形体，如图 2-5-7 所示。

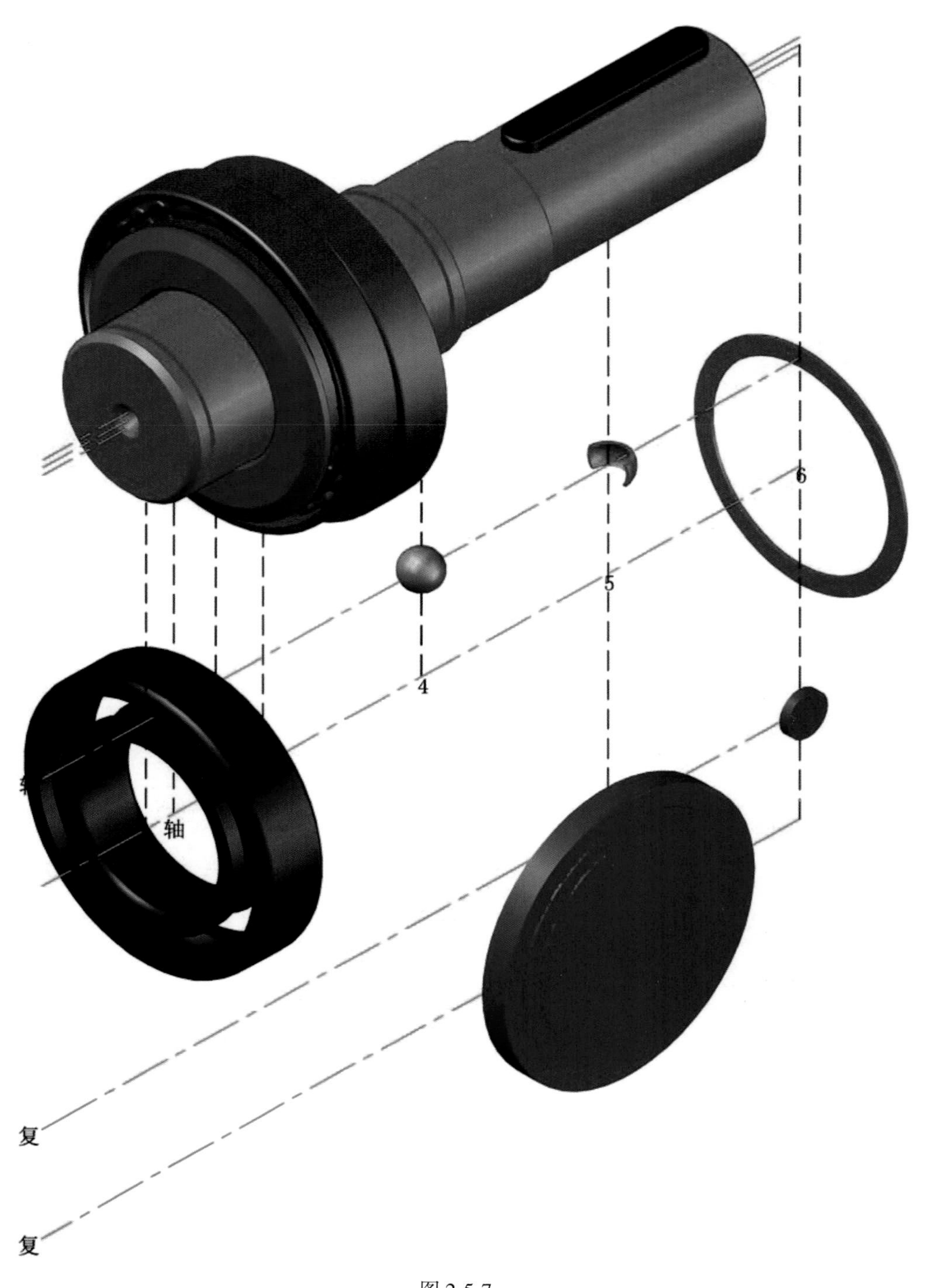

图 2-5-7

② 对辅助同心合并圆形体进行布尔运算

单击布尔差集按钮，根据提示：先单击大圆形体，回车，结束选择。再单击中间圆形体，回车，结束命令。则从大圆形体中减去一个中间圆形体，便获得一辅助同心圆环体，如图 2-5-8 所示。

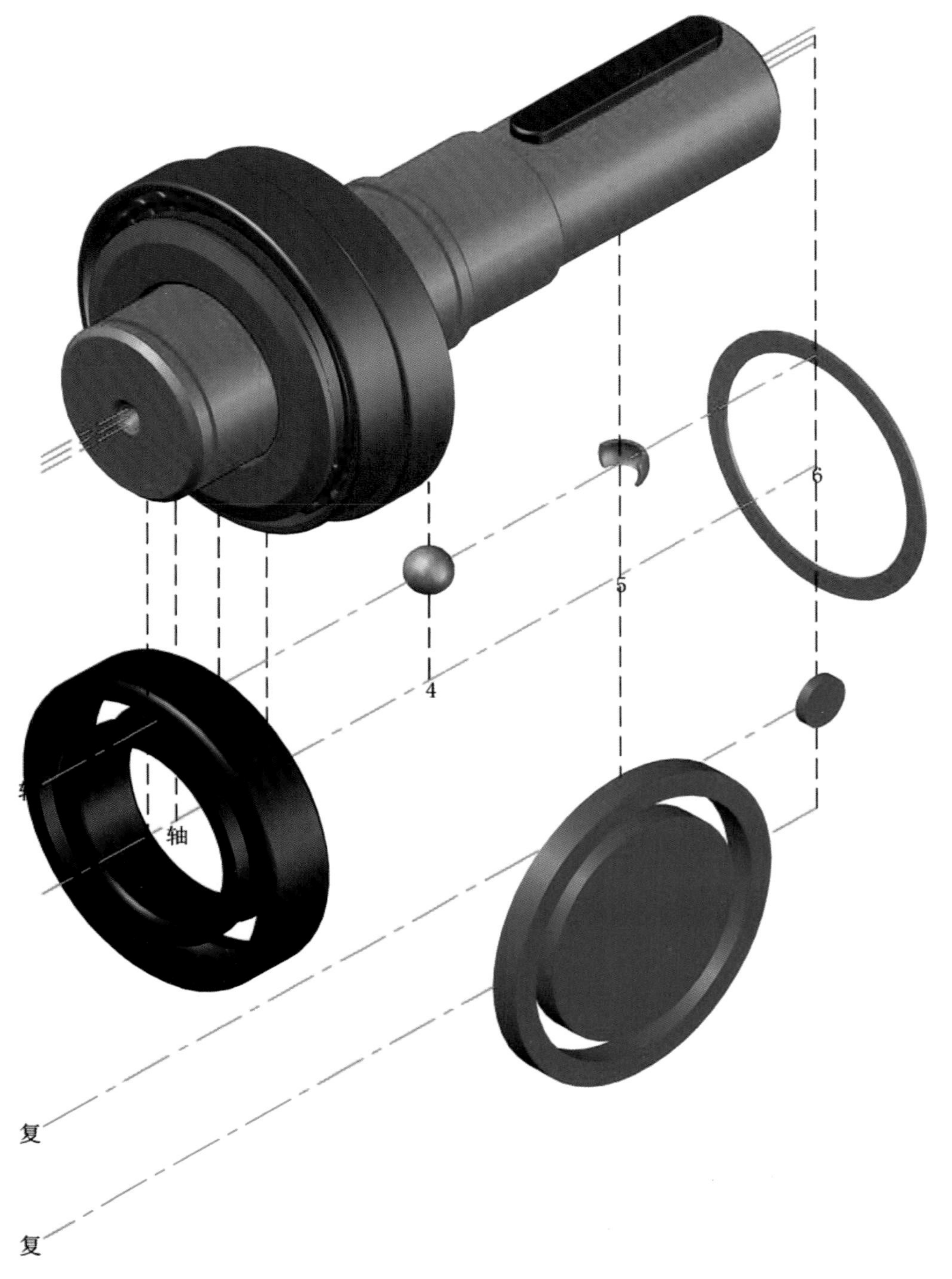

图 2-5-8

4）三维旋转辅助同心圆环体及辅助圆形体

单击修改下拉菜单，选择三维操作中的三维旋转命令，根据提示：框选辅助同心圆环体，回车，结束选择。捕捉第五条辅助虚线下端点并单击，单击垂直于 Y 轴的环带，输入旋转角 90°，回车。单击右键，选择重复三维旋转，根据提示：单击辅助圆形体，回车，结束选择。捕捉第六条辅助虚线下端点并单击，单击垂直于 Y 轴的环带，输入旋转角 90°，回车，结束命令，则辅助同心圆环体及辅助圆形体分别进行了 90°三维旋转，并对其复制如下：

单击复制按钮，根据提示：分别单击辅助同心圆环体及辅助圆形体，回车，结束选择。捕捉上侧复制中心线右端为移动基点并单击，再捕捉轴承中心线右端点并单击，回车，结束命令。则辅助同心圆环体及辅助圆形体与滚珠框及支架三维实体分别合并在一起，下侧辅助同心圆环体及辅助圆形体则成为观察图，如图 2-5-9 所示。

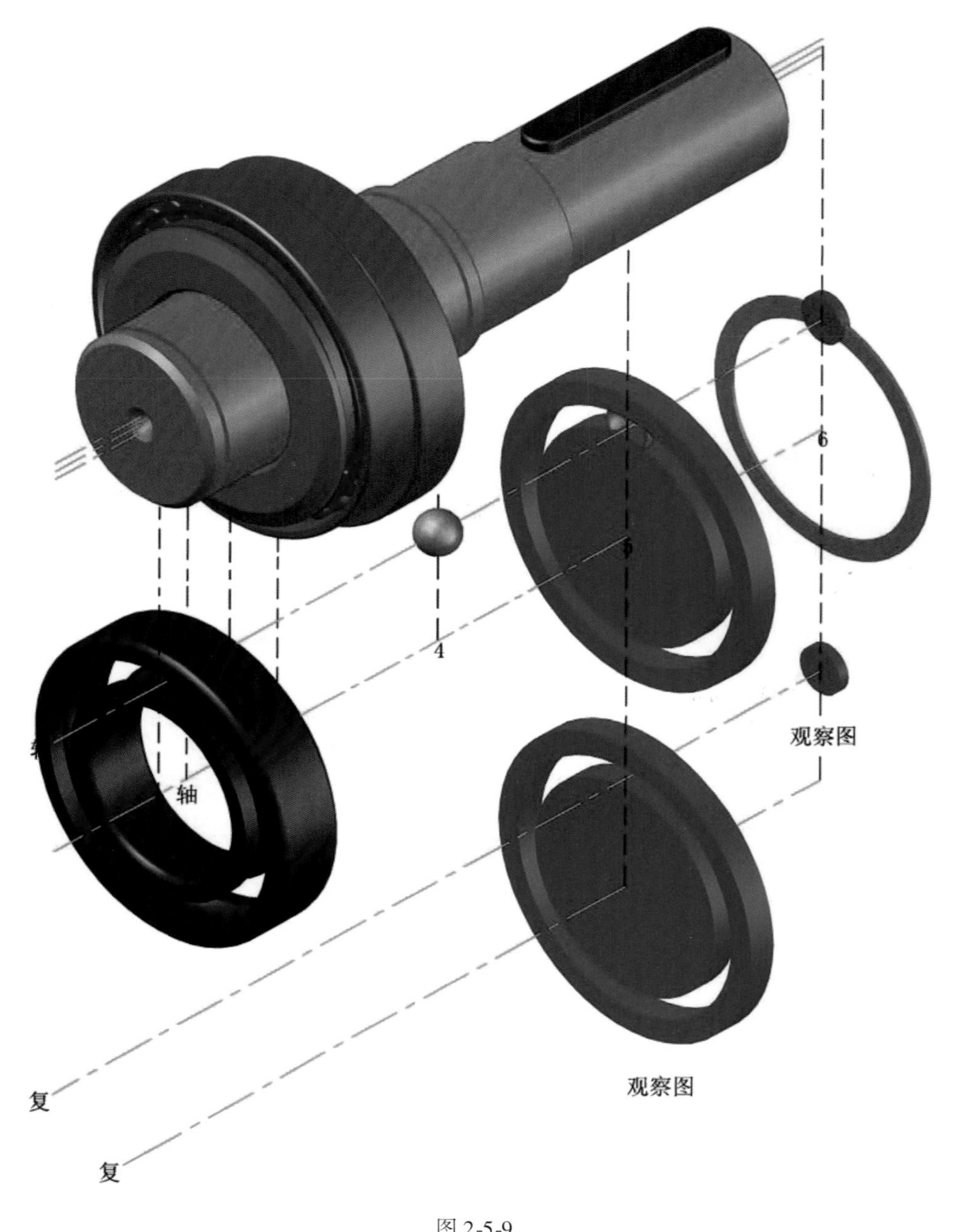

图 2-5-9

5）三维阵列滚珠、滚珠框及辅助圆形三维实体

单击修改下拉菜单，选择三维操作中的三维阵列命令，根据提示：分别单击滚珠、滚

珠框及辅助圆形三维实体，回车，结束选择。单击右键，选择环形，输入项目数 10，回车，默认填充角为 360°，回车，默认其旋转阵列对象，回车。捕捉下侧中心线一端为阵列旋转轴的第一点并单击，捕捉其另一端为阵列旋转轴的第二点并单击，则三对象进行了阵列并产生了旋转，形成阵列滚珠、滚珠框及辅助圆形三维实体。并与辅助同心圆环体及支架三维实体分别合并在一起，构成左、右侧合并三维实体，为下一步布尔运算做准备。

6）删除观察图及复制中心线

单击删除按钮，根据提示：分别单击观察图及两条复制中心线，回车，结束命令，则对象被删除，并剪切第五、六条辅助虚线如下：

单击修剪按钮，根据提示：先单击下侧中心线，使其成为剪切边，回车，再分别单击第五、六条辅助虚线下部分，回车，结束命令，则对象被剪切，如图 2-5-10 所示。

图 2-5-10

7）分别对左、右侧合并三维实体进行布尔运算

① 对左侧合并三维实体进行布尔运算

单击差集按钮，根据提示：先分别单击 10 个阵列滚珠框三维实体，回车，结束选择。再单击辅助同心圆环体，回车，结束命令。则从阵列滚珠框三维实体中减去辅助同心圆环体，便获得两端具有圆弧面的阵列滚珠框三维实体，将与支架三维实体进行圆滑连接。

② 对右侧合并三维实体进行布尔运算

单击右键，选择重复差集，根据提示：先单击支架三维实体，回车，结束选择。再分别单击 10 个阵列辅助圆形体，回车，结束命令。则从支架三维实体中同时减法 10 个阵列辅助圆形体，便获得一连接型支架三维实体，如图 2-5-11 所示。

图 2-5-11

8）创建右半侧滚珠支架三维实体并对其进行布尔运算

①　合并滚珠框及支架三维实体

单击移动按钮，根据提示：单击滚珠框三维实体，回车，结束选择。捕捉第五条辅助虚线下端为移动基点并单击，再捕捉第六条辅助虚线下端点并单击，则滚珠框与支架圆滑地连接在一起，构成松散式右半侧滚珠支架合并三维实体。

②　对合并三维实体进行布尔运算

单击并集按钮，根据提示：先单击滚珠框三维实体，再单击支架三维实体，回车，结束命令，则滚珠框三维实体与支架三维实体合并在一起，右半侧滚珠支架三维实体已创建，如图 2-5-12 所示。

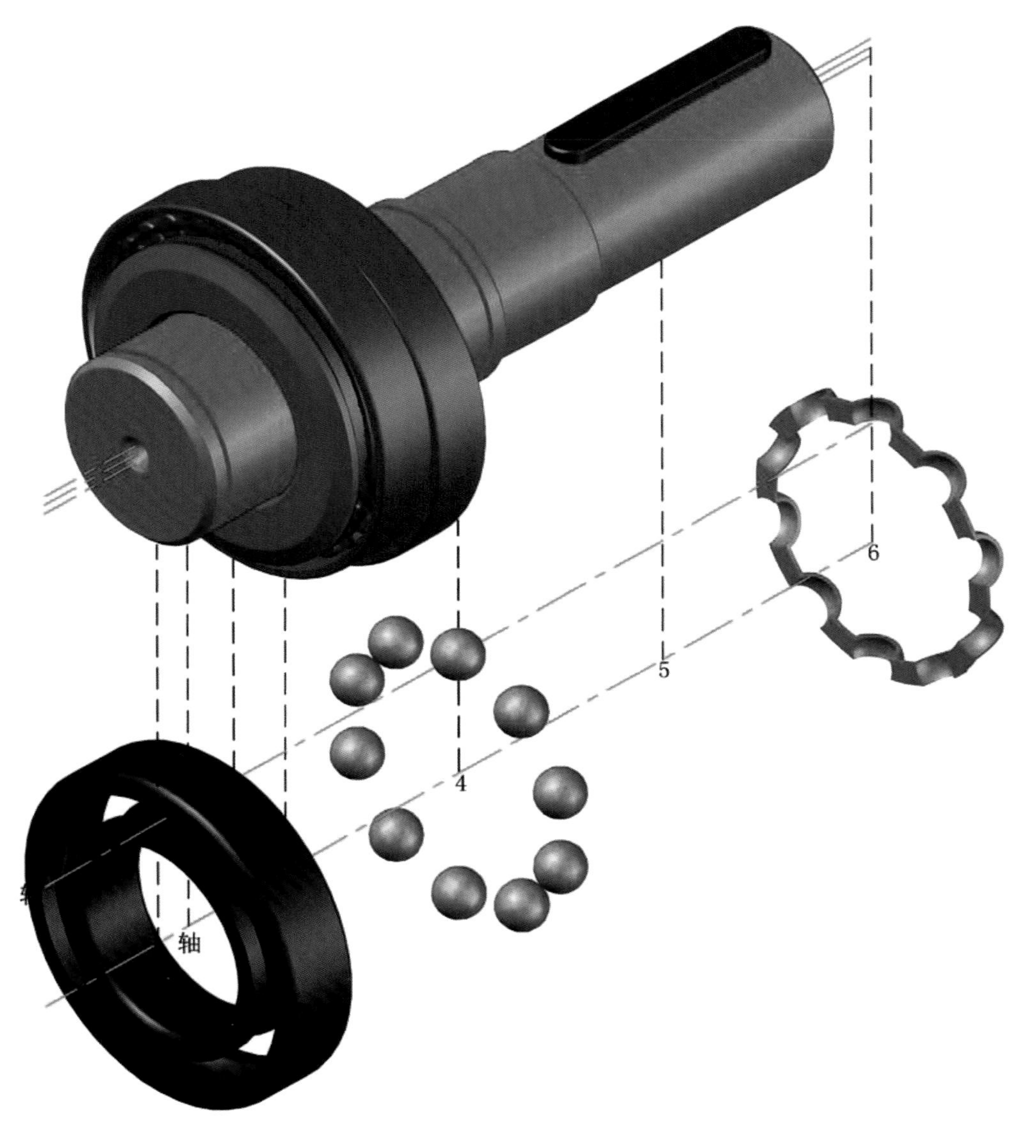

图 2-5-12

9）三维镜像右半侧滚珠支架三维实体并对其进行布尔运算

①　三维镜像右半侧滚珠支架三维实体

单击修改下拉菜单，选择三维操作中的三维镜像命令，根据提示：单击右半侧滚珠支架三维实体，回车，结束选择。单击右键，选择 *YZ* 平面，捕捉第六条辅助虚线下端点并单击，回车，默认不删除原对象，则镜像出另一半滚珠支架三维实体，并与原对象并贴为左、右侧滚珠支架三维实体。

②　对左、右侧滚珠支架三维实体进行布尔运算

单击并集按钮，根据提示：先单击右半侧滚珠支架三维实体，再单击左半侧滚珠支架三维实体，回车，结束命令，则左、右侧对象合并为一个整体，滚珠支架三维实体创建完毕，如图 2-5-13 所示。

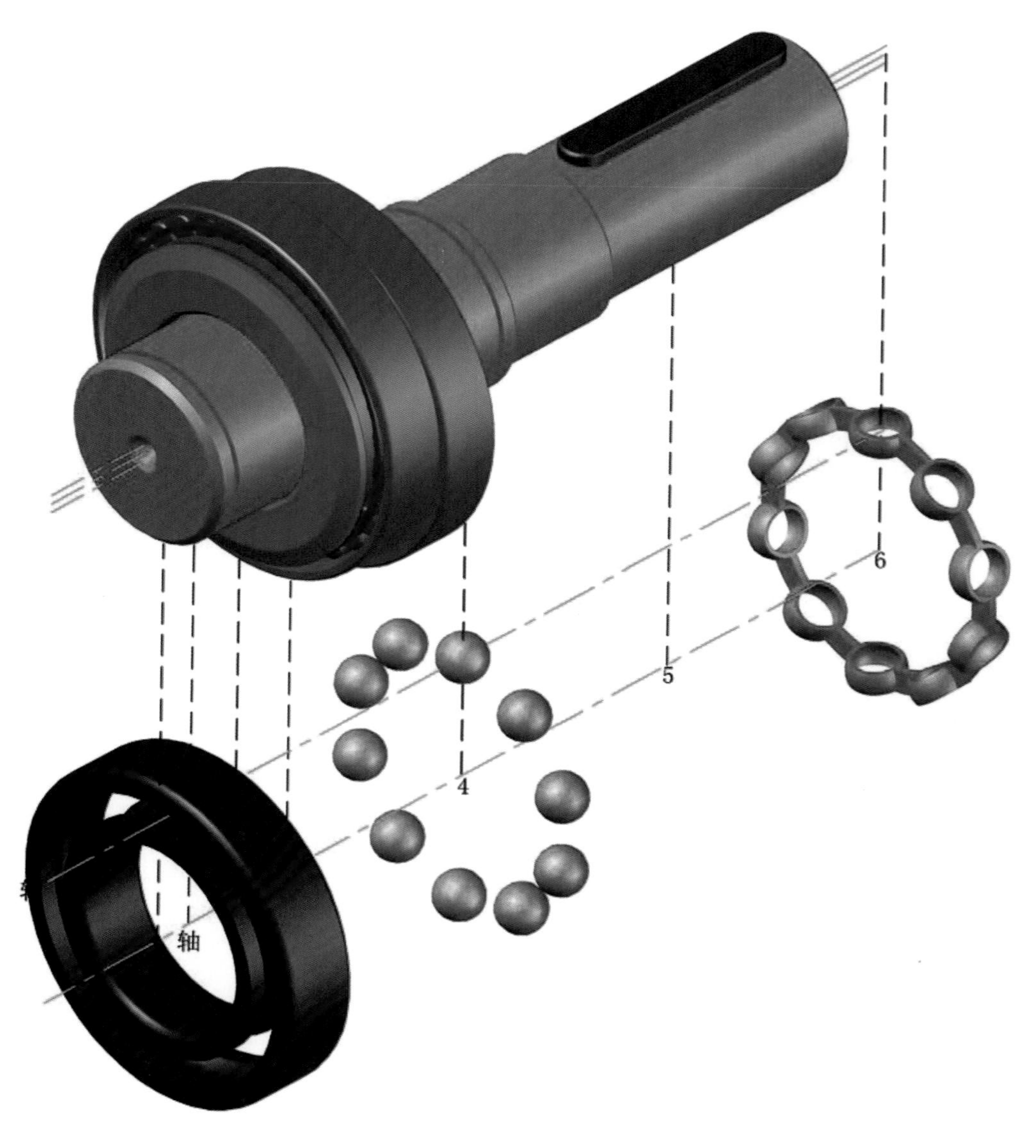

图 2-5-13

二、装配球轴承三维实体

1. 将滚珠支架与阵列滚珠合并为组合三维实体

单击移动按钮，根据提示：单击滚珠支架三维实体，回车，结束选择。捕捉第六条辅助虚线下端为移动基点并单击，再捕捉第四条辅助虚线下端点并单击，则滚珠支架与阵列滚珠构成组合三维实体。

2. 装配单列向心球轴承三维实体

单击复制按钮，根据提示：框取组合三维实体，回车，结束选择。捕捉第四条辅助虚线下端为移动基点并单击，再捕捉轴承虚线下端点并单击，回车，结束命令。则单列向心球轴承三维实体装配完毕，原对象则成为观察图，如图 2-5-14 所示。

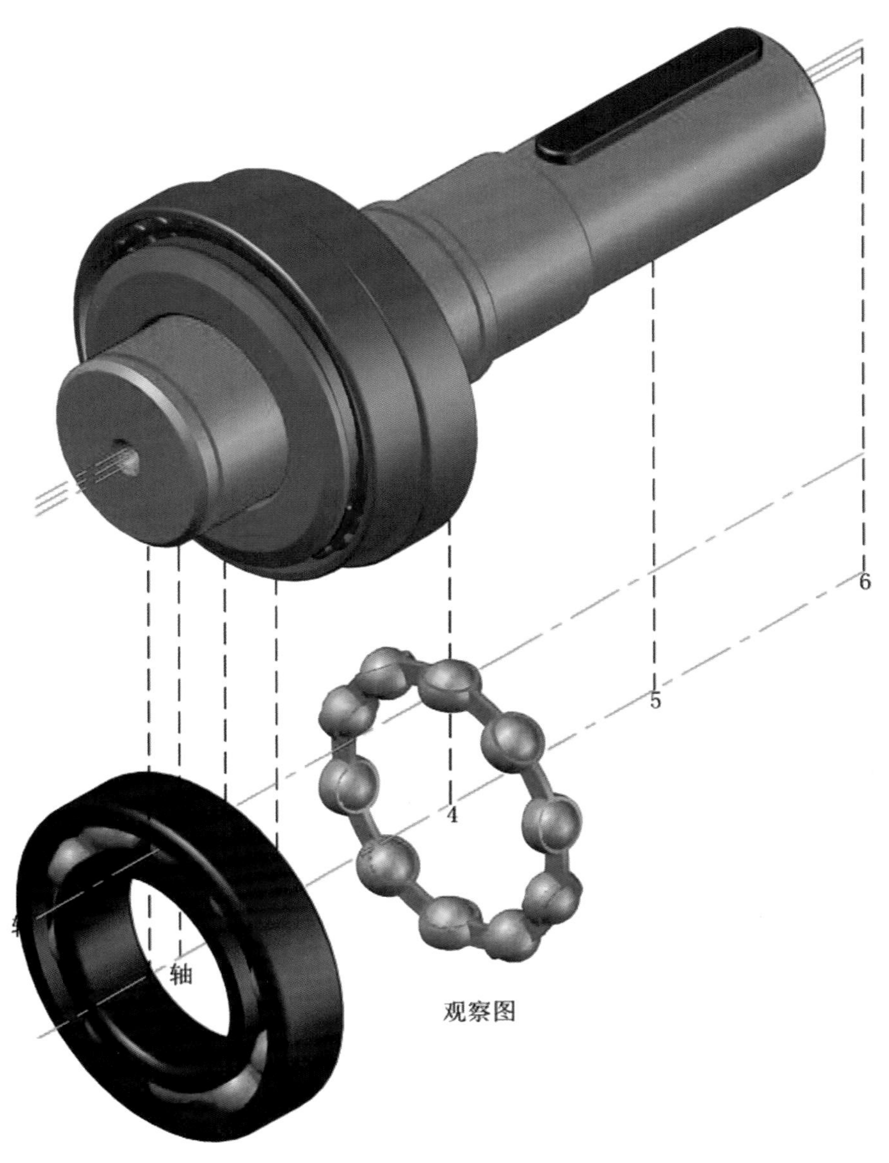

图 2-5-14

3. 三维镜像球轴承三维实体

1）删除观察图

单击删除按钮，根据提示：框取观察图，回车，结束命令，则观察图已被删除。

2）对球轴承三维实体进行三维镜像操作

单击修改下拉菜单，选择三维操作中的三维镜像命令，根据提示：框取左侧球轴承三维实体，回车，结束选择。单击右键，选择 *YZ* 平面，捕捉第三条辅助虚线下端点并单击，回车，默认不删除原对象，则左侧球轴承三维实体产生镜像，右侧球轴承三维实体出现，如图 2-5-15 所示。

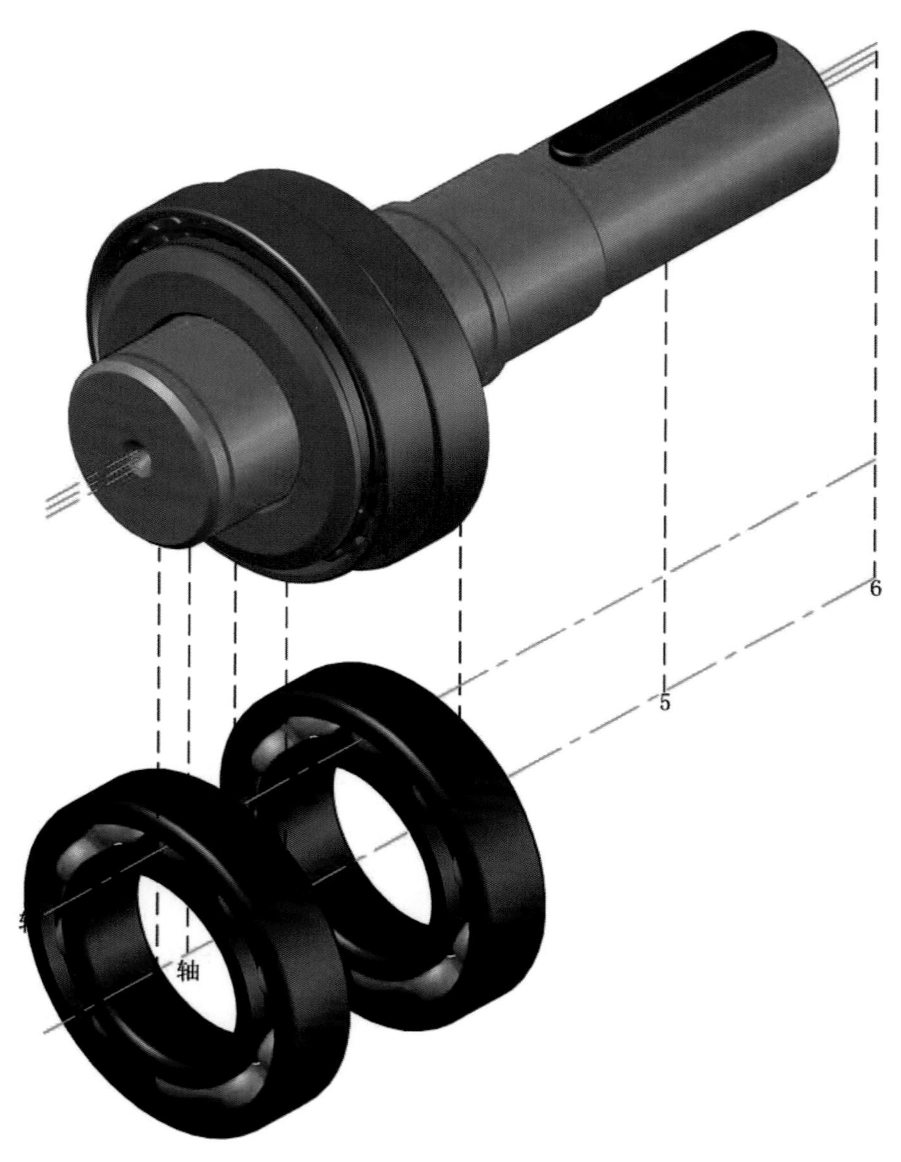

图 2-5-15

三、将左、右侧球轴承三维实体安装在偏心轴三维实体上

单击移动按钮，根据提示：框取左、右侧球轴承三维实体，回车，结束选择。捕捉下

侧中心线右端为移动基点并单击，再捕捉中心线右端点并单击，则左、右侧球轴承三维实体已精准地安装在偏心轴三维实体上，如图 2-5-16 所示。

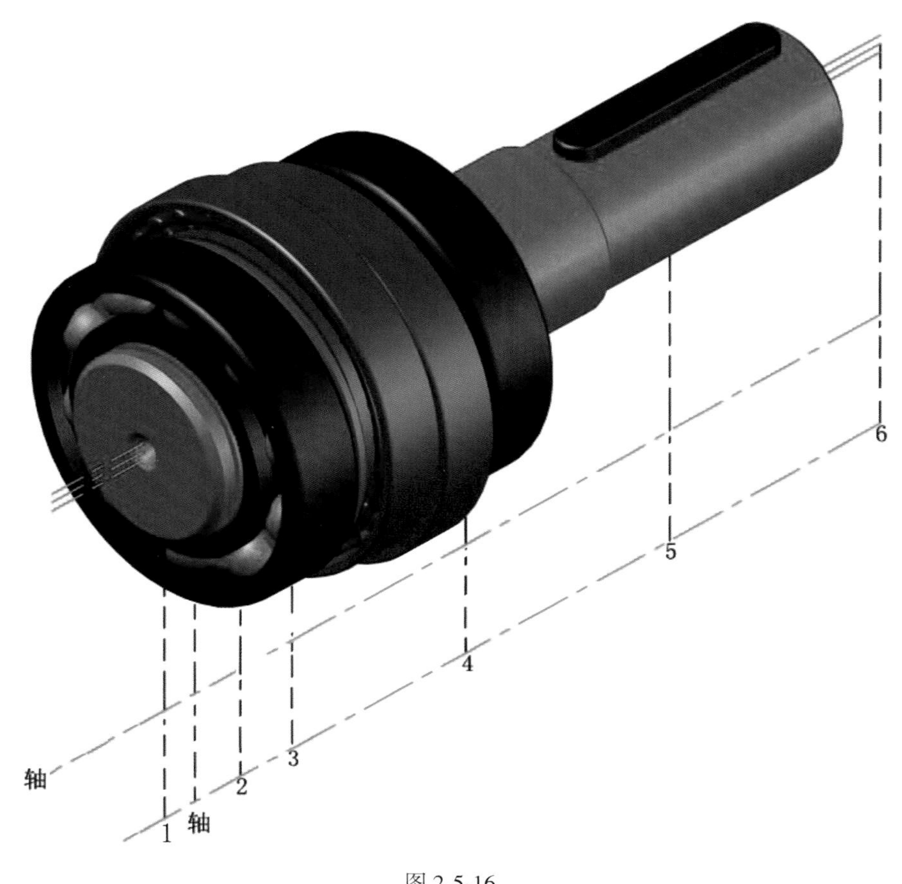

图 2-5-16

第六节　创建轴挡圈三维实体

一、绘制轴挡圈二维图

1. 删除轴承虚线及轴承中心线

单击删除命令按钮：分别单击轴承虚线及轴承中心线，回车，则对象已被删除。

2. 偏移下侧中心线

单击偏移按钮，根据提示：输入偏移距离 1.5，回车。单击下侧中心线，于上侧单击一点，回车，结束命令，则上侧偏移中心线出现，以作为绘制轴挡圈偏心之用。

3. 三维镜像第二条辅助虚线

单击修改下拉菜单，选择三维操作中的三维镜像命令，根据提示：单击第二条辅助虚线，回车，结束选择。单击右键，选择 *YZ* 平面，捕捉第三条辅助虚线下端点并单击，单击右键，选择是，原对象已被删除，则在右侧镜像虚线出现。并通过右侧滚子轴承三维实体的右端面，其下端点为摆线齿轮三维实体的圆心并标记了“镜”字。

4. 绘制同心圆及圆并偏移辅助虚线

1）绘制同心圆

选择轴挡圈层，单击圆按钮，根据提示：捕捉第一条辅助虚线与上侧偏移中心线的交点并单击，单击右键，选择直径，输入47，回车。单击右键，选择重复圆，根据提示：捕捉其同一交点并单击，单击右键，选择直径，输入65，回车，结束命令，则两同心圆绘制完毕。

2）绘制圆

单击右键，选择重复圆，根据提示：捕捉第一条辅助虚线下端点并单击，单击右键，选择直径，输入54，回车，结束命令，则其间非同心圆绘制完毕。

3）偏移第一条辅助虚线

单击偏移按钮，根据提示：输入偏移距离2.5，回车。单击第一条辅助虚线，于一侧单击一点，再单击此辅助虚线，于另一侧单击一点，回车，结束命令。单击右键，选择重复偏移，根据提示：输入偏移距离12，回车。单击第一条辅助虚线，于一侧单击一点，再单击此辅助虚线，于另一侧单击一点，回车，结束命令，则用于绘制轴挡圈二维图的四条偏移虚线出现，如图2-6-1所示。

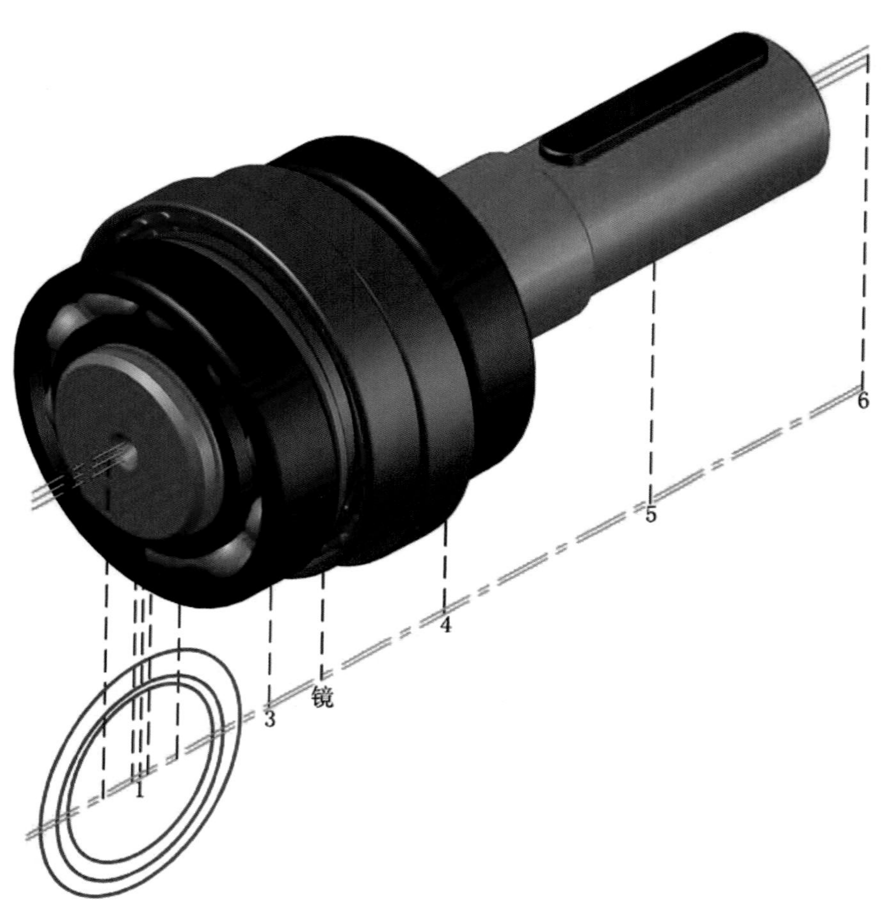

图 2-6-1

5. 剪切圆及与其相交的偏移虚线

单击修剪按钮，根据提示：先分别单击四条偏移虚线及与其相交的三个圆，使之相互成为剪切边，回车。再分别单击大圆的下部分和上端部分、中间圆的上端部分及其两侧部分、小圆的上端部分，四条偏移虚线的上部分、下部分及两条外侧偏移虚线的中间圆与小圆之间的部分，回车，结束命令，则对象剪切成为二维图。

6. 绘制对角线及钳孔圆

1）绘制对角线

单击直线按钮，根据提示：先捕捉左侧左上角顶点并单击，再捕捉其对角顶点并单击，回车，结束命令，则对角线绘制完毕。

2）绘制钳孔圆

单击圆按钮，根据提示：捕捉对角线中点并单击，单击右键，选择直径，输入 3，回车，结束命令，则钳孔圆绘制完毕。

3）三维镜像钳孔圆

单击修改下拉菜单，选择三维操作中的三维镜像命令，根据提示：单击左侧钳孔圆，回车，结束选择。单击右键，选择 *YZ* 平面，捕捉第一条辅助虚线下端点并单击，回车，默认不删除原对象，则在右侧产生镜像，右侧钳孔圆出现，如图 2-6-2 所示。

图 2-6-2

7. 创建轴挡圈二维图面域并对其进行布尔运算

1）删除对角线

单击删除命令按钮，根据提示：单击对角线，回车，结束命令，则对角线已被删除。

2）创建二维图面域

单击面域按钮，根据提示：框选二维图，回车，结束选择，命令行提示：已提取 3 个环，已创建 3 个面域。

3）对面域进行布尔运算

单击布尔差集按钮，根据提示：先单击二维图面域，回车，结束选择。再分别单击左、右侧小圆面域，回车，结束命令。则从二维图面域中同时减去左、右侧小圆面域，具有两个钳孔圆的轴挡圈面域创建完毕。钳孔圆用于安装、拆卸轴挡圈时，插入胀簧钳的小圆孔，如图 2-6-3 所示。

图 2-6-3

二、创建轴挡圈三维实体并对其进行倒圆角

1. 拉伸轴挡圈面域

单击拉伸命令按钮，根据提示：单击轴挡圈面域，回车，结束选择。输入拉伸高度 2，回车，结束命令，则面域被拉伸为轴挡圈三维实体。

2. 对轴挡圈三维实体进行倒圆角

单击圆角按钮，根据提示：单击右键，选择半径，输入半径值 2，回车。先单击左侧内角一边，回车，回车，回车。重复其倒圆角命令，再单击右侧内角一边，回车，回车，则两内角填充完毕，回车。重复其倒圆角命令，单击左侧外角一棱边，回车，回车，回车。重复其倒圆角命令，再单击右侧外角一棱边，回车，回车，则两外角倒圆角完毕。

轴挡圈为标准件，除内径、外径及厚度为设计尺寸外，其他的则只表示其结构形式，如图 2-6-4 所示。

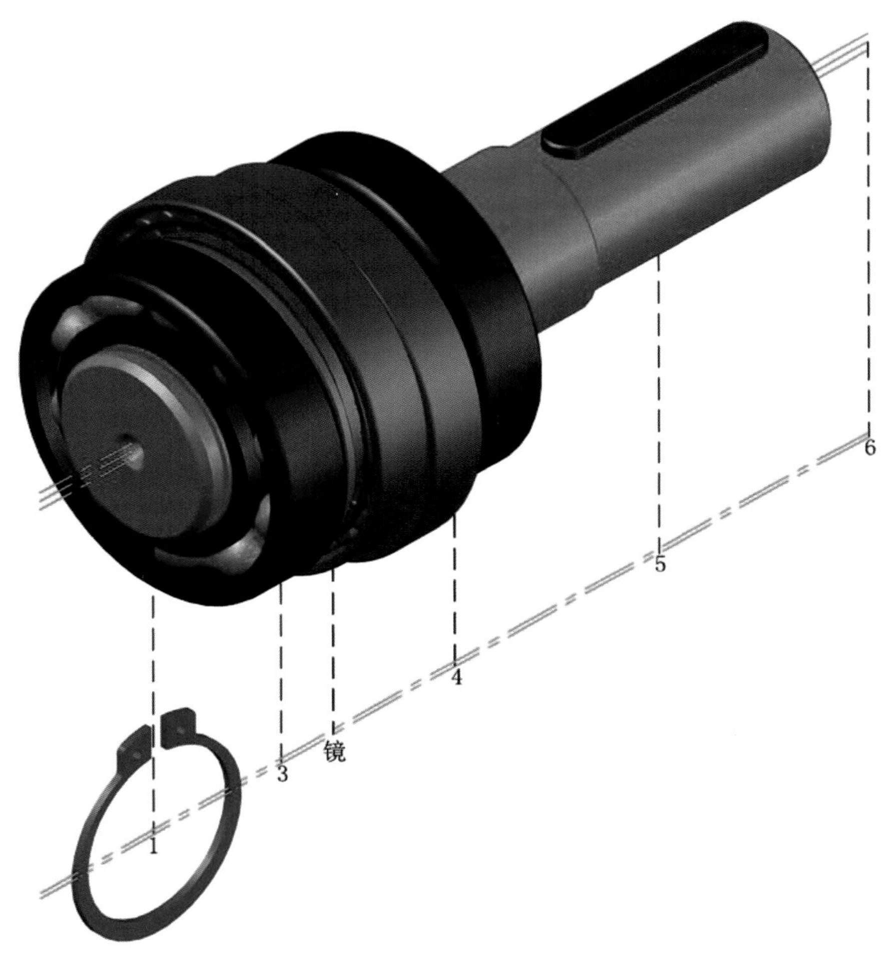

图 2-6-4

3. 三维旋转轴挡圈三维实体并对其进行三维镜像

1） 三维旋转轴挡圈三维实体

单击修改下拉菜单，选择三维操作中的三维旋转命令，根据提示：单击左侧轴挡圈三维实体，回车，结束选择。捕捉第一条辅助虚线下端点并单击，单击垂直于 Y 轴的环带，输入旋转角-90°，回车，结束命令，则左侧轴挡圈三维实体进行了 90°三维旋转，并位于第一条辅助虚线的左侧。

2）三维镜像轴挡圈三维实体

单击修改下拉菜单，选择三维操作中的三维镜像命令，根据提示：单击左侧轴挡圈三维实体及第一条辅助虚线，回车，结束选择。单击右键，选择 *YZ* 平面，捕捉第三条辅助虚线下端点并单击，回车，默认不删除原对象，则镜像出右侧轴挡圈三维实体及虚线，并在其下端点处标记为了“挡”字。

三、将左、右侧轴挡圈三维实体安装在偏心轴三维实体上

单击复制命令按钮，根据提示：分别单击左、右侧轴挡圈三维实体，回车，结束选择。捕捉上侧偏移中心线左端为移动基点并单击，再捕捉中心线左端点并单击，回车，结束命令。则左、右侧轴挡圈三维实体已精准地卡嵌在偏心轴三维实体的左、右侧的环形槽中，原对象则成为观察图，如图 2-6-5 所示。

图 2-6-5

第三章　创建并安装摆线齿轮三维实体

第一节　创建摆线齿轮三维实体

一、绘制摆线齿轮轮廓图

1. 将镜像虚线修改为垂直中心线

用光标单击镜像虚线，再单击图层管理下拉按钮，在下拉出的图层信息中选择中心线，按 Esc 键退出，则镜像虚线被修改为垂直中心线，并删除左、右侧观察图及上侧偏移中心线，如图 3-1-1 所示。

图 3-1-1

2. 绘制同心圆及垂线

选择截面层，单击圆按钮，根据提示：捕捉垂直中心线下端点并单击，单击右键，选择直径，输入 230，回车。并在同一圆心上再绘制 $\phi228$、$\phi222$ 及 $\phi220$ 三个圆，则四个同心圆绘制完毕（为清晰打印四个同心圆，已临时将截面层笔宽改为 0. 13）。

单击直线按钮，根据提示：捕捉同心圆圆心，不点击。向下移动鼠标，捕捉沿 Y 轴追踪虚线与内圆的交点并单击，再向下移动鼠标，单击在外圆上出现的垂足，回车，结束命令，则垂线绘制完毕，并与四个同心圆相交，如图 3-1-2 所示。

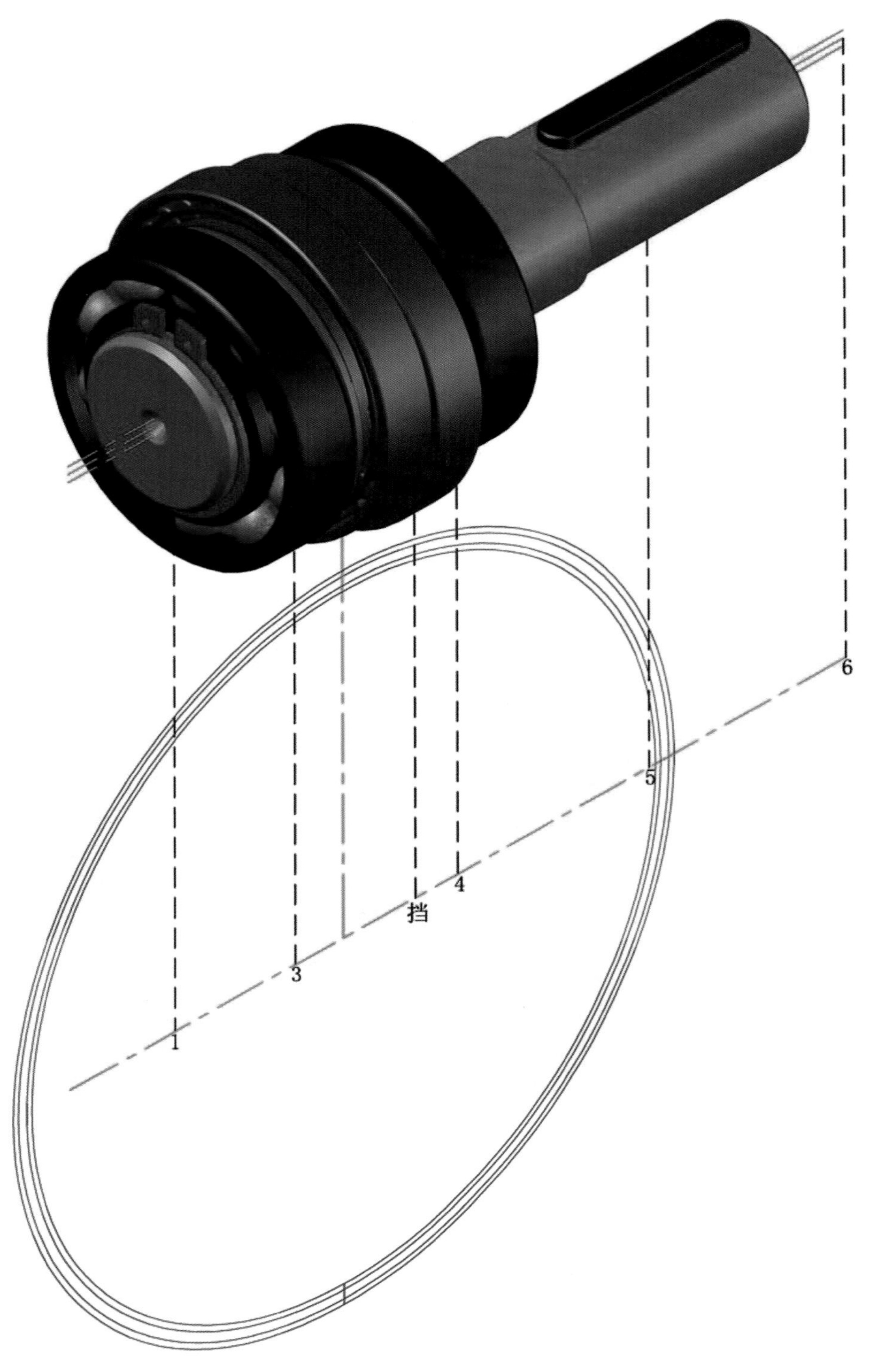

图 3-1-2

3. 三维阵列垂线

单击三维阵列按钮，根据提示：框取下侧垂线，回车，结束选择。单击环形，输入项目数 174，回车，默认填充角为 360°，回车，默认其旋转阵列对象，回车。捕捉同心圆圆心为旋转轴的第一点并单击，沿 Z 轴向外移动，以空间点为旋转轴的第二点并单击，则垂线进行了阵列并产生了旋转，且均布在四个同心圆上，形成环扇形状态，如图 3-1-3 所示。

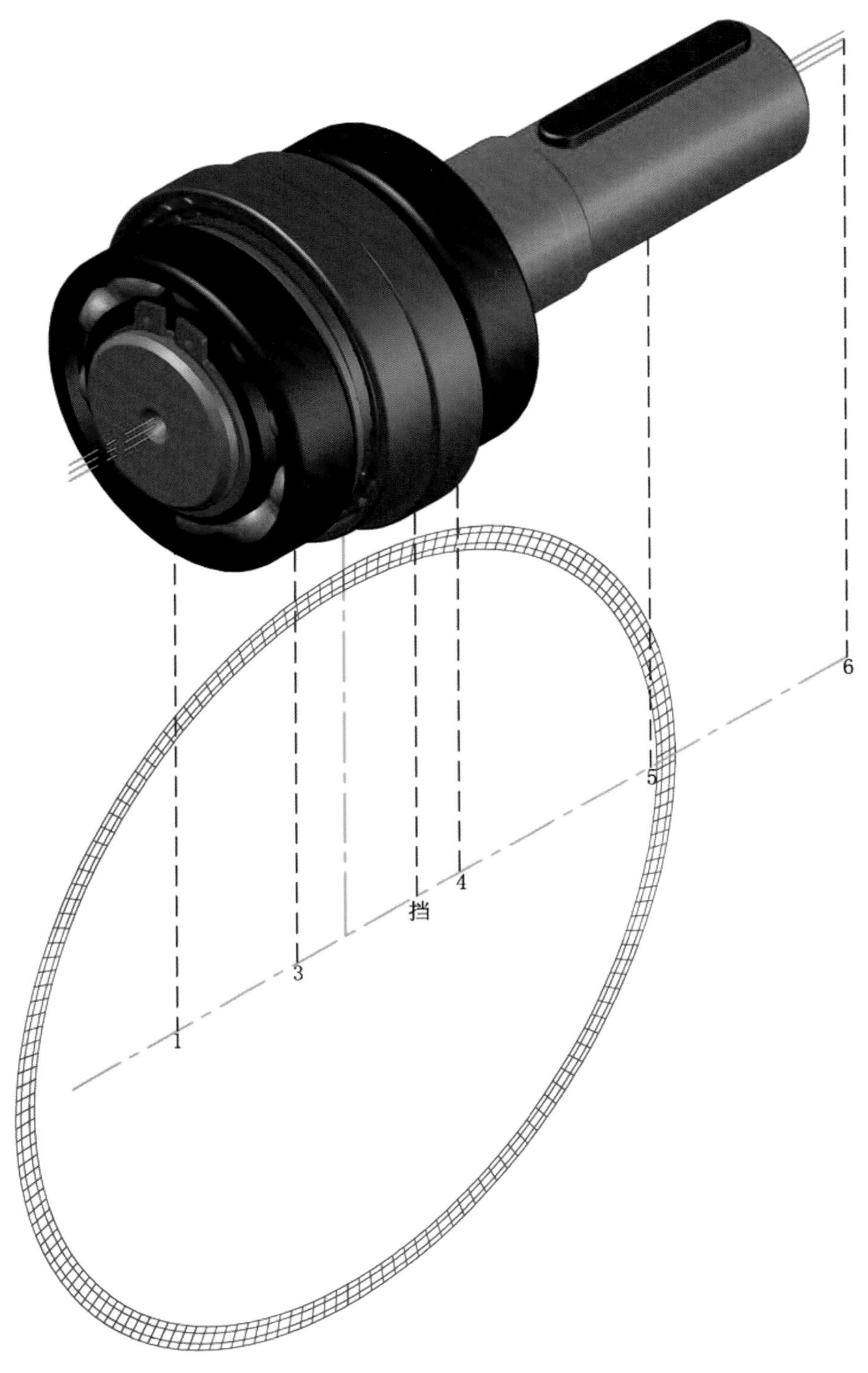

图 3-1-3

4. 用样条曲线连接各环扇形顶点

选择摆线 1 层，单击样条曲线按钮，根据提示：捕捉垂直中心线与外圆的交点并单击，向右上移动鼠标，捕捉环扇形对角顶点并单击。向右下移动鼠标，捕捉环扇形对角顶点并单击。向右上移动鼠标，捕捉环扇形对角顶点并单击。向右上移动鼠标，捕捉环扇形对角顶点并单击。向右上移动鼠标，捕捉环扇形对角顶点并单击。向右上移动鼠标，捕捉环扇形对角顶点并单击。依此类推，相继连接其各环扇形对角顶点至起点并单击，为使样条曲线首尾圆滑地连接在一起，再继续捕捉下一个环扇形对角顶点，不点击，回车，回车，回车，则摆线齿轮轮廓示意图绘制完，如图 3-1-4 所示。

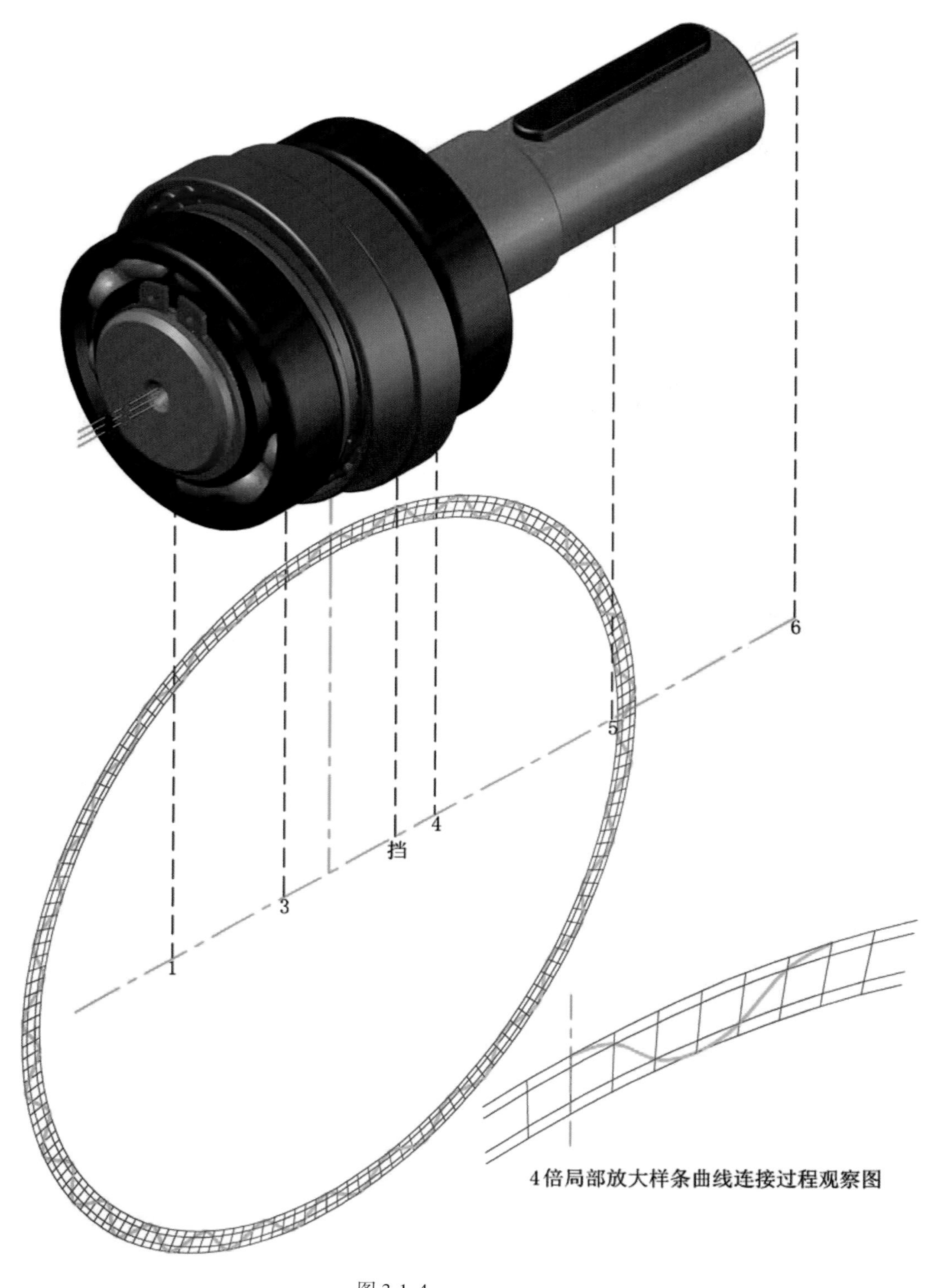

图 3-1-4

5. 删除同心圆、环形阵列垂线及拉伸垂直中心线

单击删除按钮，分别单击同心圆及环形阵列垂线，回车，则对象被删除，摆线齿轮轮

廓图已明确显示在视图中。单击垂直中心线使之出现三个蓝色方块关键点，再单击下端蓝色方块，于下侧适当处单击一点，按 Esc 退出，则对象已被拉伸，如图 3-1-5 所示。

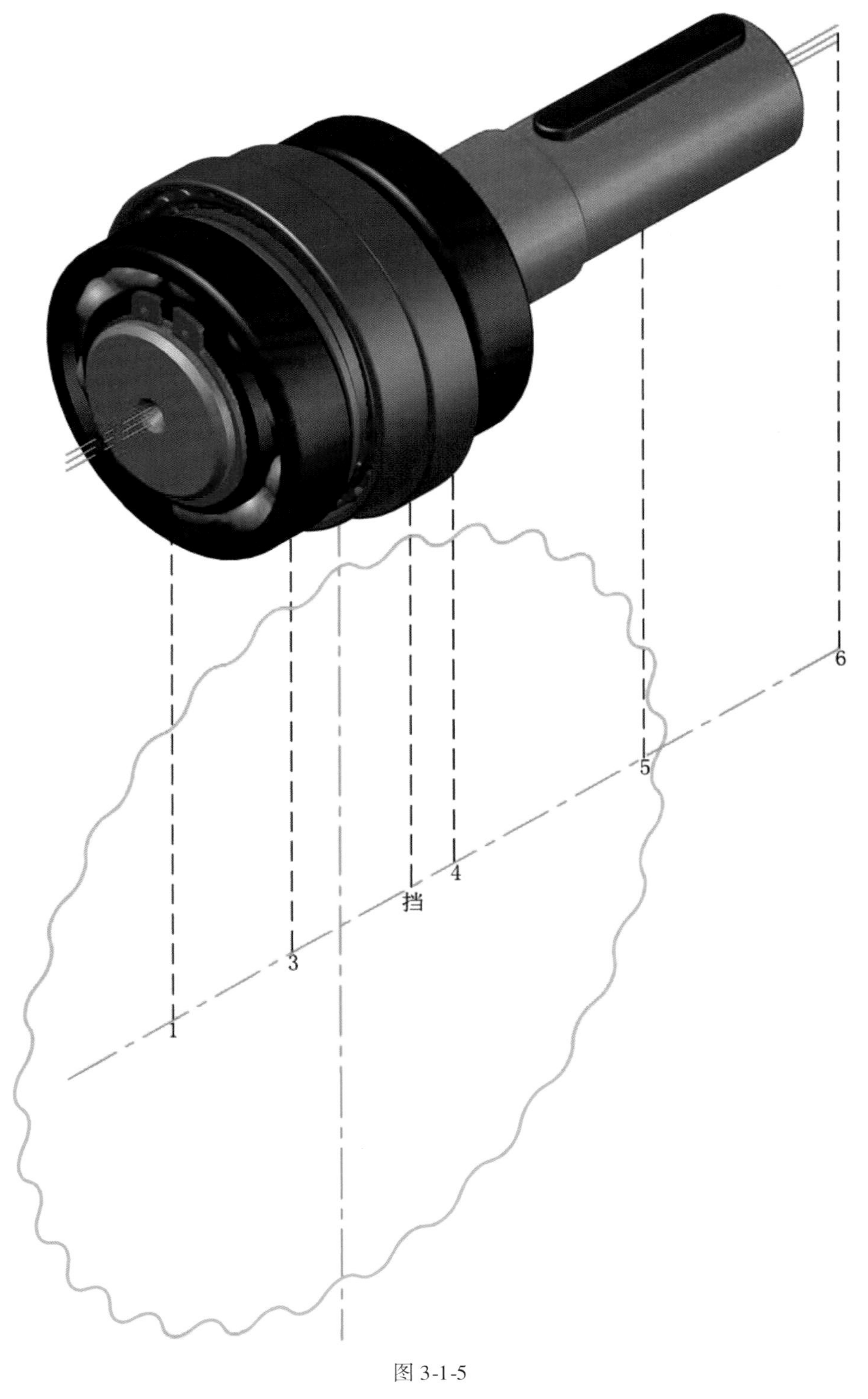

图 3-1-5

6. 绘制同心圆及小圆

选择中心线层，单击圆按钮，捕捉垂直与水平中心线的交点并单击，单击右键，选择直径，输入 165，回车，则中心线圆绘制完毕。选择摆线 1 层，单击右键，选择重复圆，捕捉其圆心并单击，单击右键，选择直径，输入 100，回车，则中心圆绘制完毕。单击右键，选择重复圆，捕捉中心线圆与垂直中心线的下侧交点并单击，单击右键，选择直径，输入 30，回车，结束命令，则小圆绘制完毕，如图 3-1-6 所示。

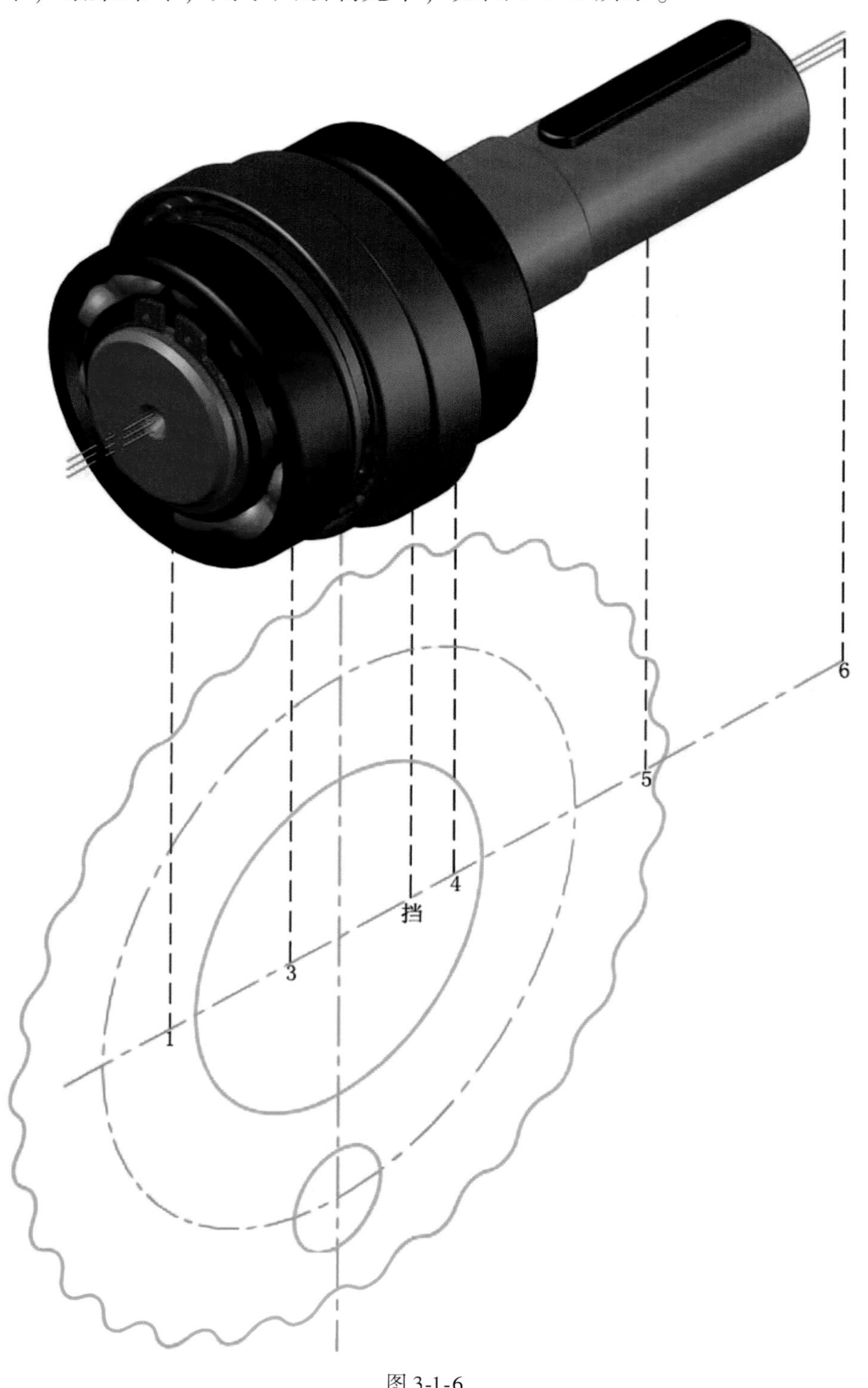

图 3-1-6

7. 三维阵列小圆

单击三维阵列按钮，根据提示：单击小圆，回车。单击环形，输入项目数 10，回车，默认填充角为 360°，回车，默认其旋转阵列对象，回车。捕捉同心圆圆心为旋转轴的第一点并单击，在正交模式下，鼠标箭头沿 Z 轴向外移动，以空间任意想象点为旋转轴的第二点并单击，则小圆进行了三维阵列并产生了旋转，如图 3-1-7 所示。

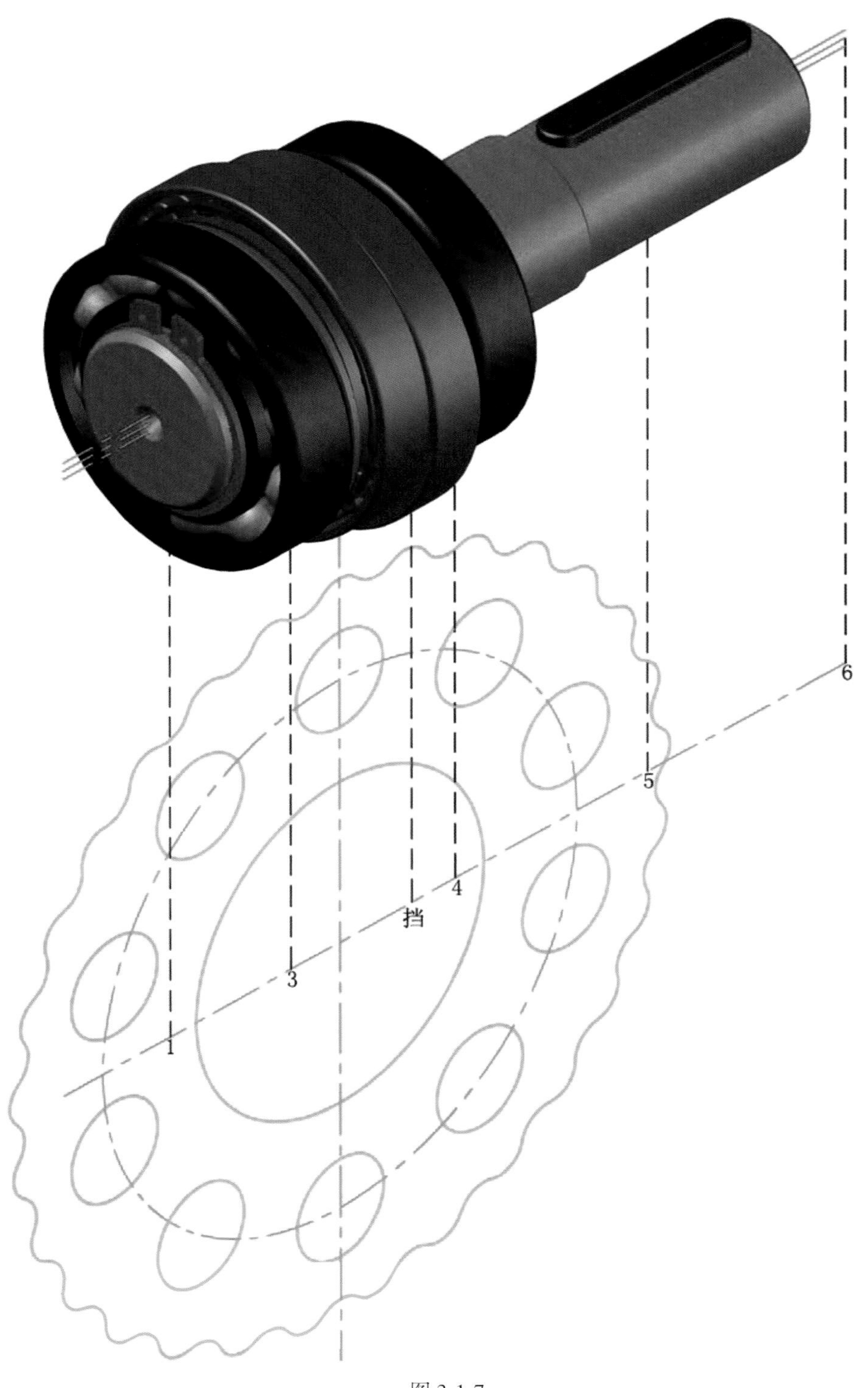

图 3-1-7

8. 删除中心线圆并拉伸摆线齿轮轮廓图、10 个阵列小圆及中心圆

1）删除中心线圆

单击删除按钮，单击中心线圆，回车，则中心线圆已被删除，如图 3-1-8 所示。

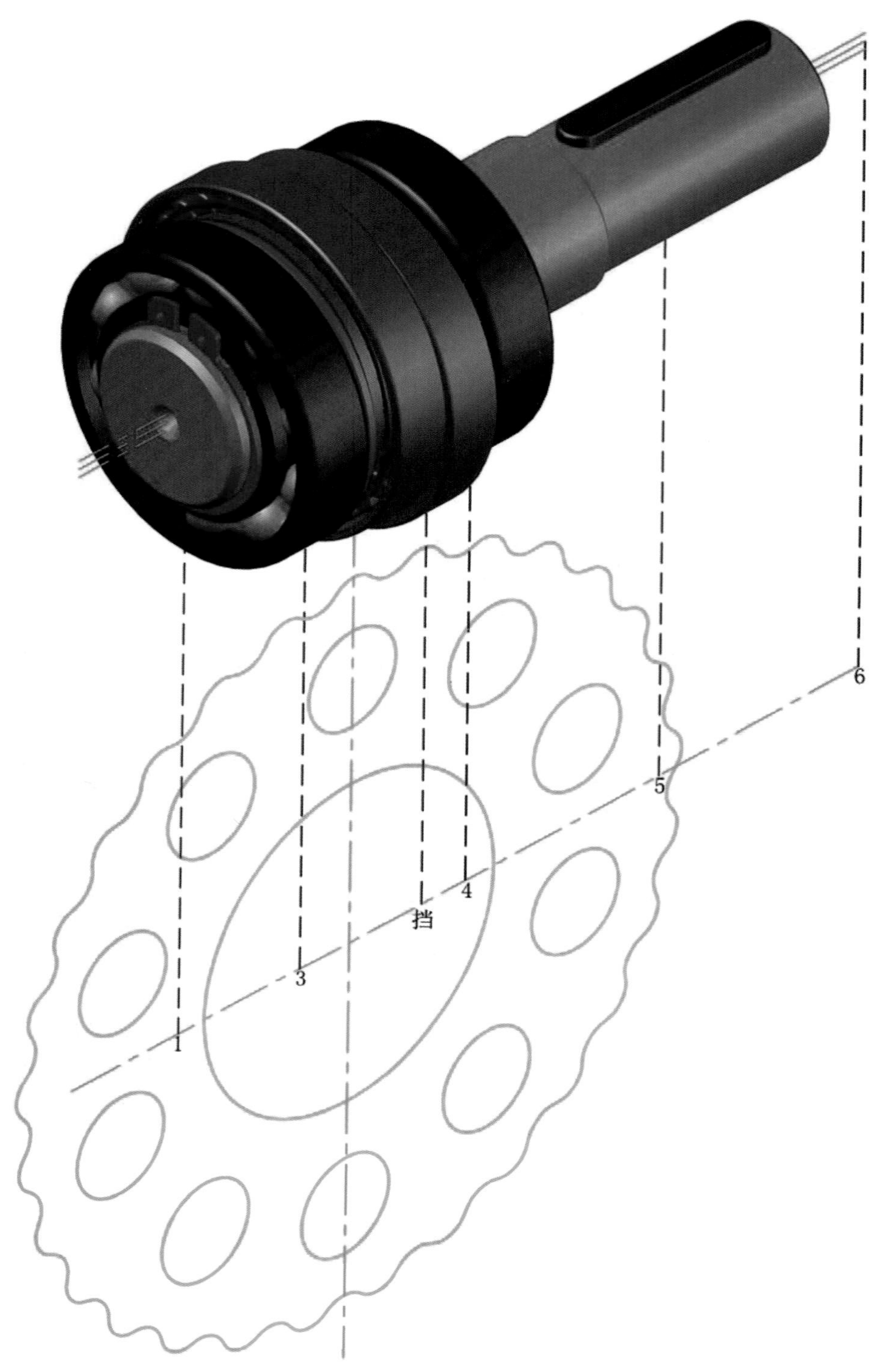

图 3-1-8

2）对摆线齿轮轮廓图、阵列小圆及中心圆进行拉伸

单击拉伸按钮，根据提示：分别单击摆线齿轮轮廓图、阵列小圆及中心圆，回车，结束选择。输入拉伸高度-16，回车，结束命令。则对象同时被拉伸为摆线齿轮毛坯、10 个短圆柱体及中心短圆柱体，构成为合并三维实体，如图 3-1-9 所示。

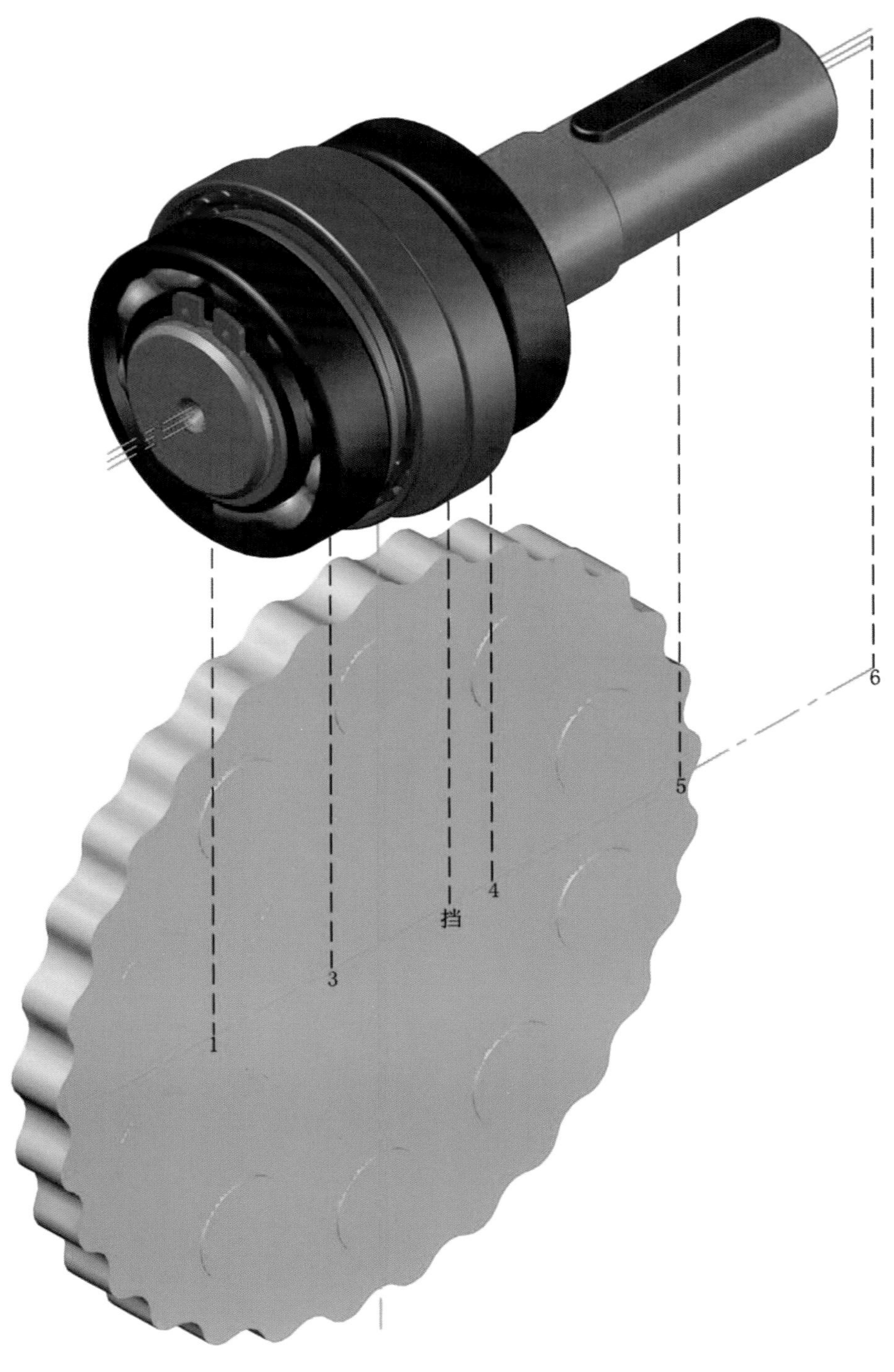

图 3-1-9

9. 对合并三维实体进行布尔运算

单击差集按钮，根据提示：先单击摆线齿轮毛坯，回车，结束选择。再分别单击 10 个短圆柱体及中心短圆柱体，回车，结束命令。则从摆线齿轮毛坯中同时减去 11 个短圆柱体，摆线齿轮毛坯的 10 个驱动孔及轴承孔创建完毕，如图 3-1-10 所示。

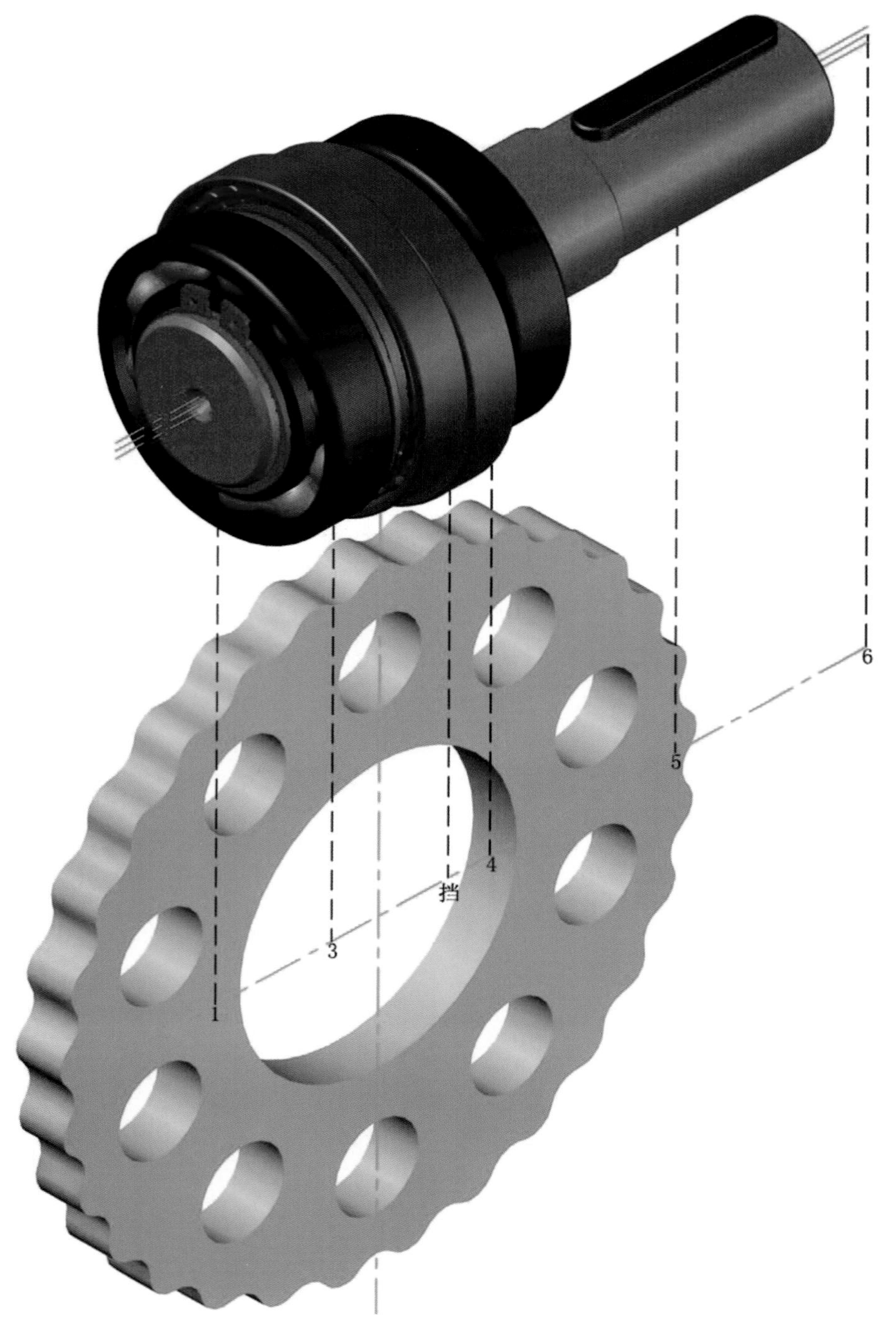

图 3-1-10

10. 对轴承孔进行倒角

单击倒角按钮，根据提示：单击右键，选择距离，输入第一个倒角距离 2，回车，输入第二个倒角距离 2，回车。单击轴承孔一侧边环，三次回车，再单击此边环，回车，回车。重复其倒角命令，再单击其另一侧边环，三次回车，再单击此边环，回车，结束命令，则轴承孔两侧边环倒角完毕，如图 3-1-11 所示。

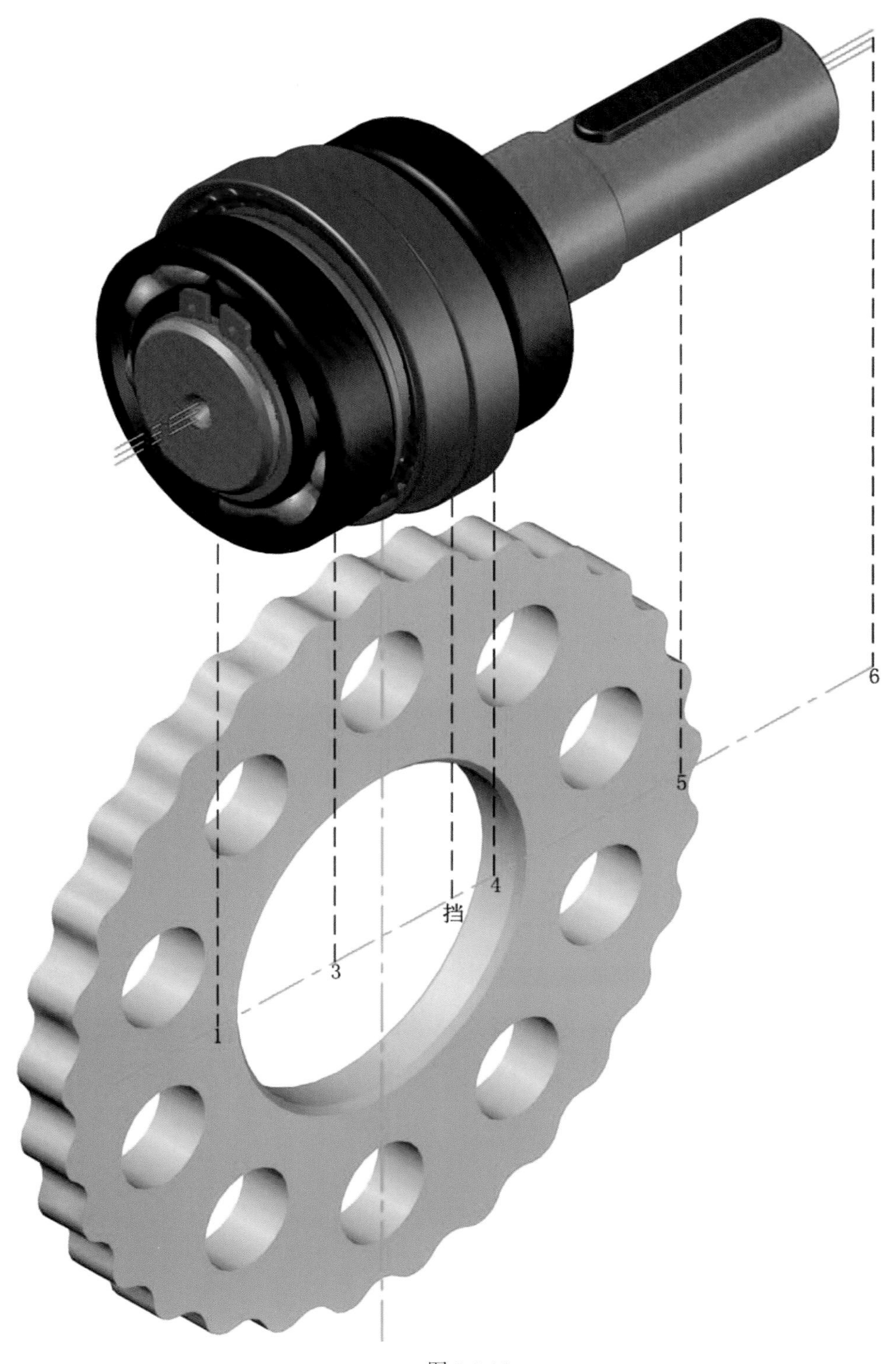

图 3-1-11

11. 创建沉槽三维实体

1）绘制辅助同心圆及辅助等圆

选择截面层，单击圆按钮，捕捉垂直与水平中心线的交点并单击，单击右键，选择直径，输入 212，回车。并再绘制一 ϕ118 的同心圆。单击圆按钮，捕捉一驱动孔圆心并单击，单击右键，选择直径，输入 36，回车。并相继在其他驱动孔圆心处绘制其等圆，则辅助同心圆及辅助等圆绘制完毕，如图 3-1-12 所示。

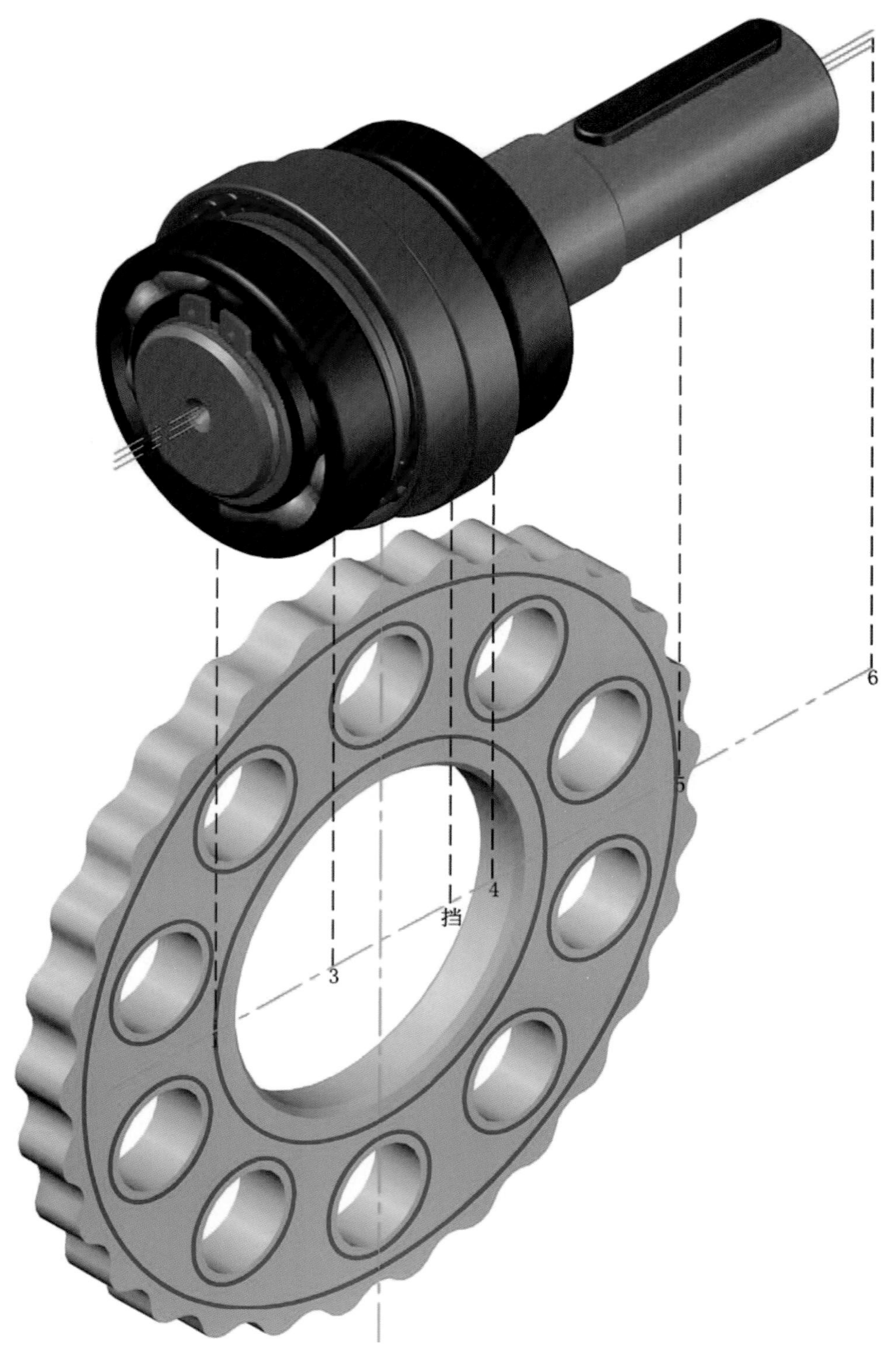

图 3-1-12

2）旋转 ucs 图标并偏移垂直中心线

单击 *Y* 轴按钮，单击右键，则 ucs 图标以 *Y* 为旋转轴旋转了 90°，则下侧中心线已垂直于 *XY* 平面。单击偏移按钮，输入偏移距离 4，回车，单击垂直中心线，于前面单击一点，回车。单击右键，选择重复偏移，输入偏移距离 8，回车，再单击垂直中心线，于后面单击一点，回车，则前、后两条偏移垂直中心线出现，如图 3-1-13 所示。

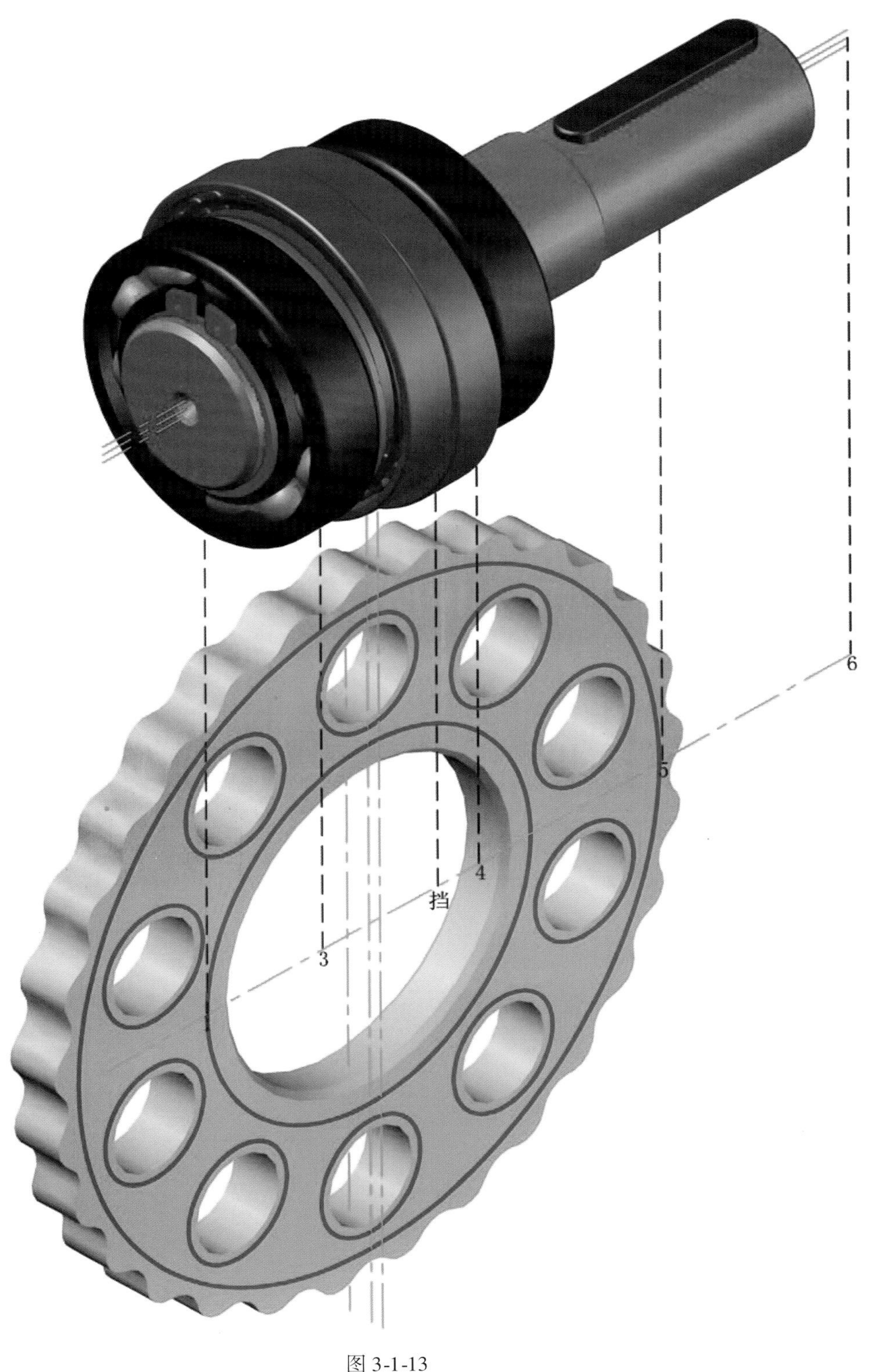

图 3-1-13

12. 拉伸辅助同心圆及辅助等圆

单击拉伸按钮，分别单击辅助同心圆及辅助等圆，回车。输入拉伸高度 12，回车，则辅助同心圆及辅助等圆同时被拉伸为辅助圆形合并三维实体，如图 3-1-14 所示。

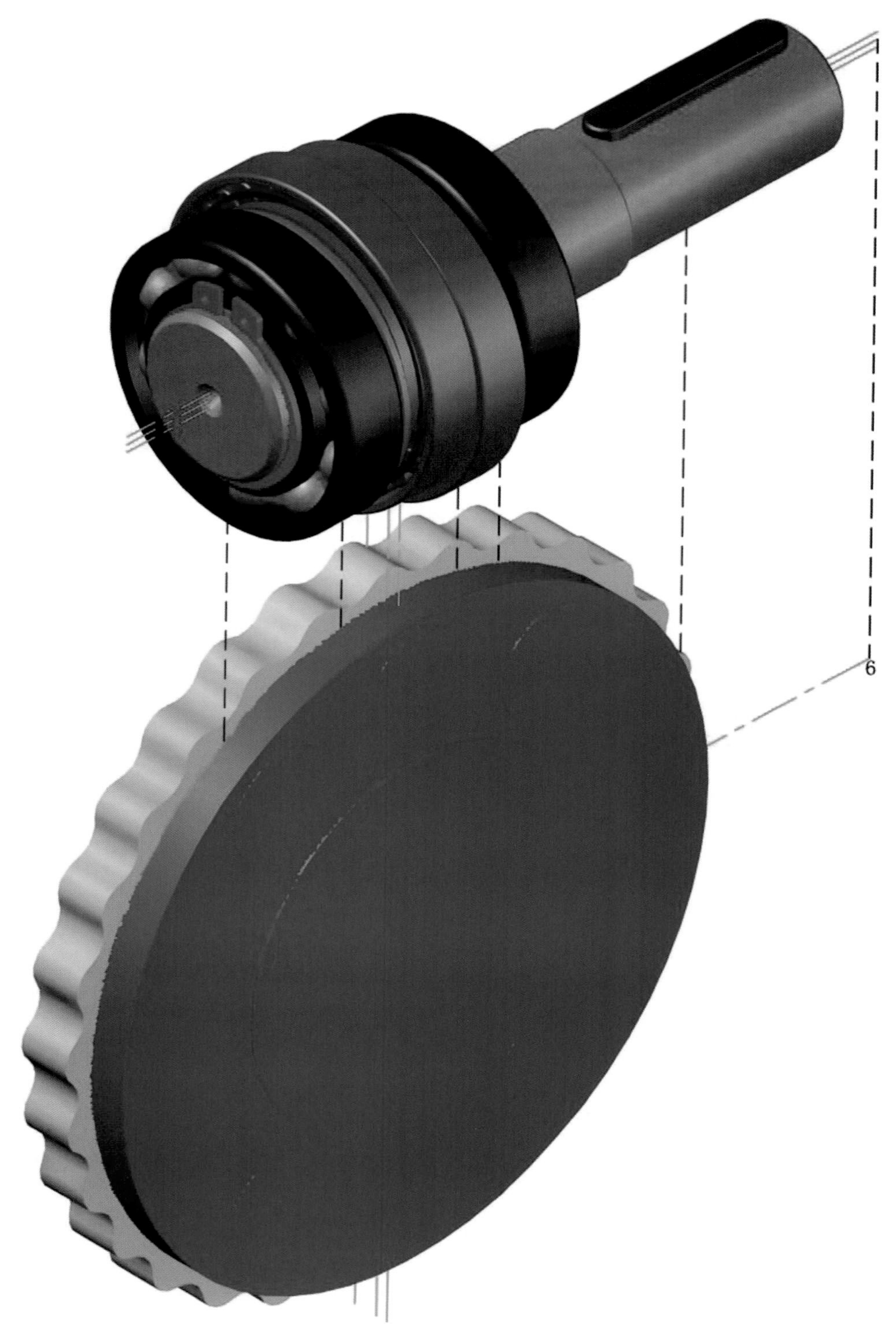

图 3-1-14

13. 对辅助圆形合并三维实体进行布尔运算

单击差集按钮，根据提示：先单击外圆三维实体，回车，结束选择。再分别单击等圆及内圆三维实体，回车，结束命令。则从外圆三维实体中同时减去等圆及内圆三维实体，一个具有均布孔及内孔的沉槽三维实体创建完毕，如图 3-1-15 所示。

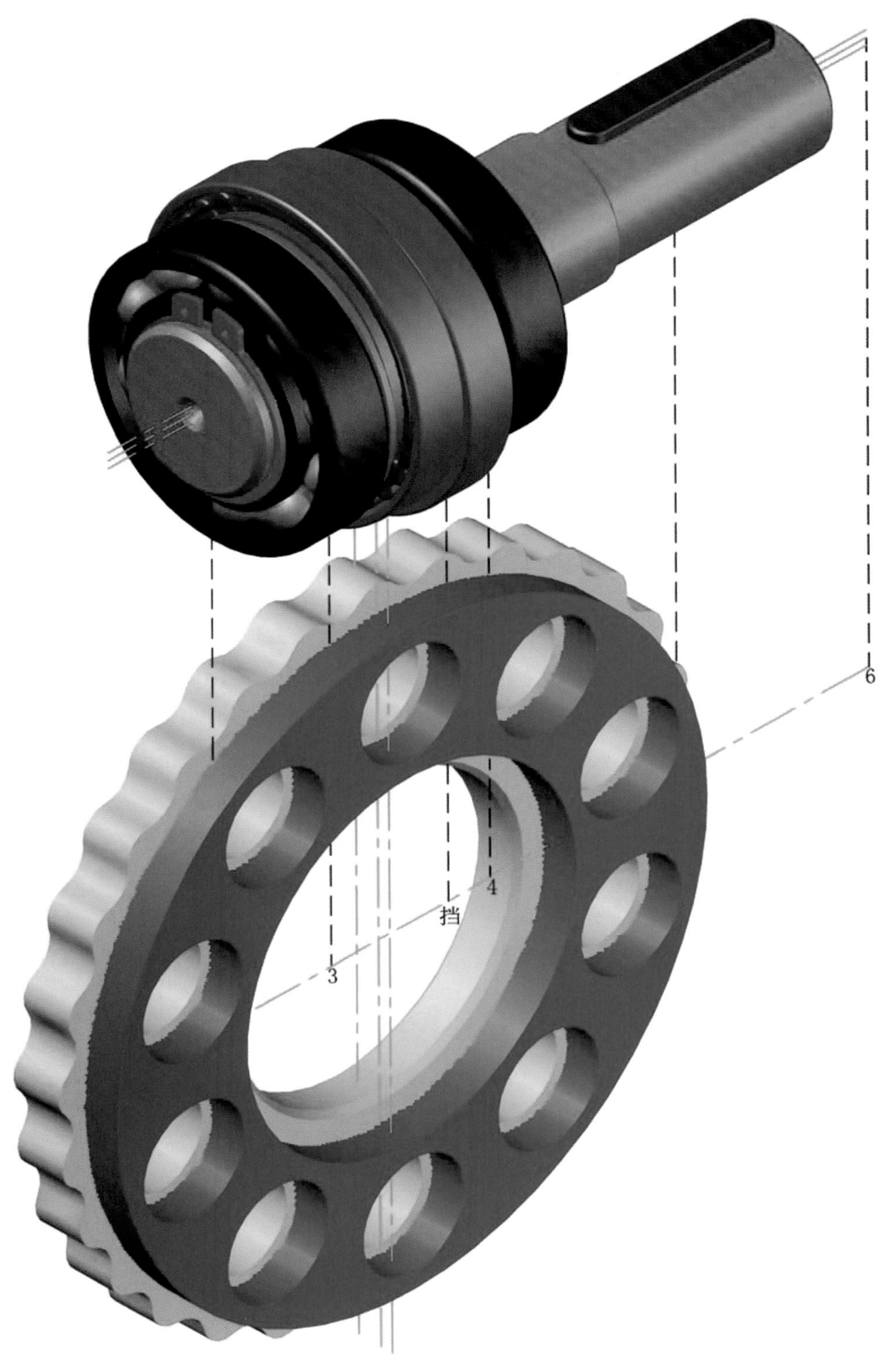

图 3-1-15

14. 对沉槽三维实体倒圆角

单击圆角按钮，根据提示：单击右键，选择半径，输入半径值 2，回车。先单击内孔边环，三次回车。重复其倒圆角命令，再单击外圆边环，三次回车。重复其倒圆角命令，再单击一均布孔边环，三次回车。重复其倒圆角命令，并相继对其他均布孔进行相同半径的倒圆角操作，则内孔、外圆及均布孔分别倒圆角完毕，如图 3-1-16 所示。

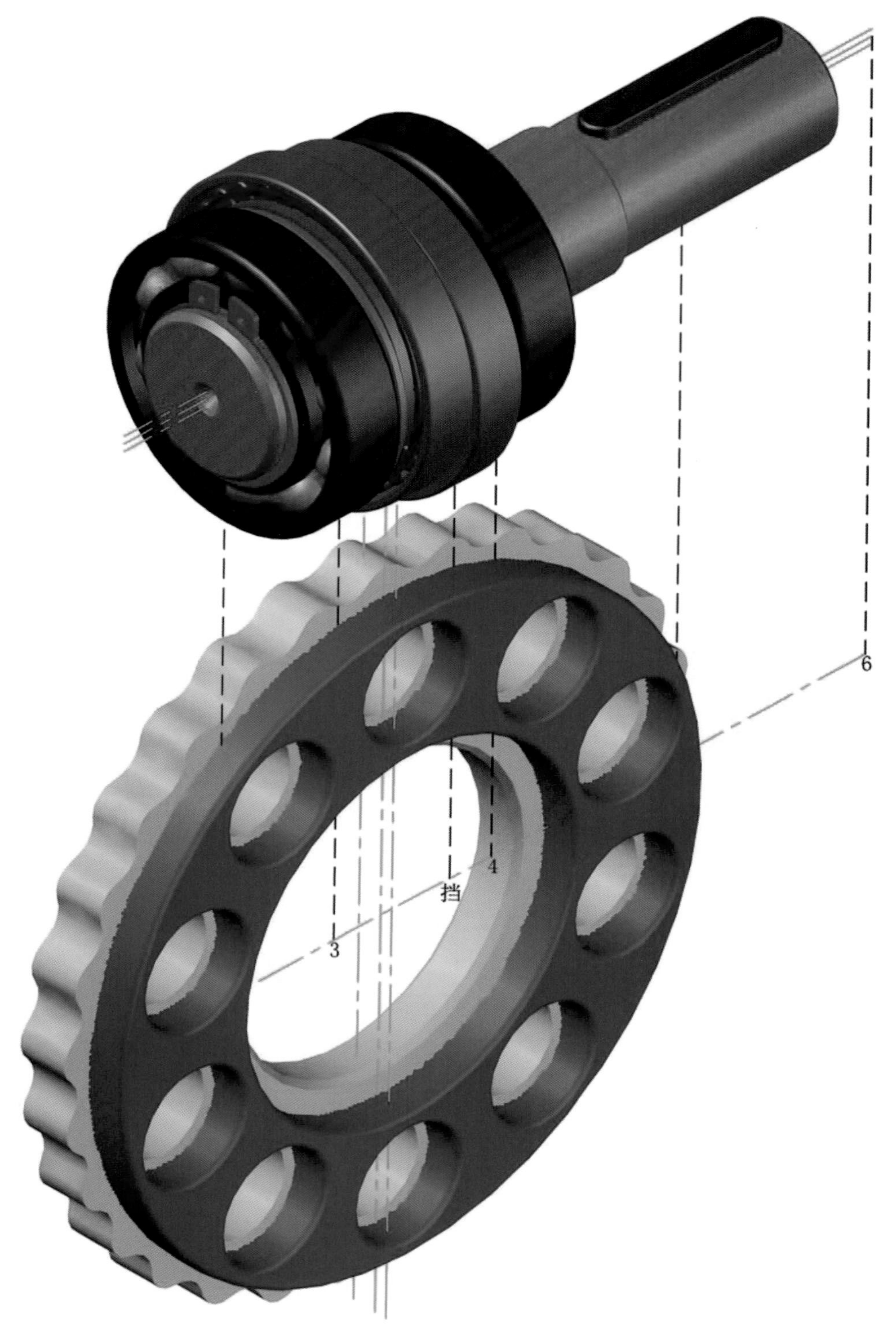

图 3-1-16

15. 三维镜像沉槽三维实体

单击修改下拉菜单，选择三维操作中的三维镜像命令，根据提示：单击沉槽三维实体，回车。单击右键，选择 *YZ* 平面，捕捉前面偏移垂直中心线下端点并单击，单击右键，选择是，原对象被删除，则镜像出反向移位沉槽三维实体，如图 3-1-17 所示。

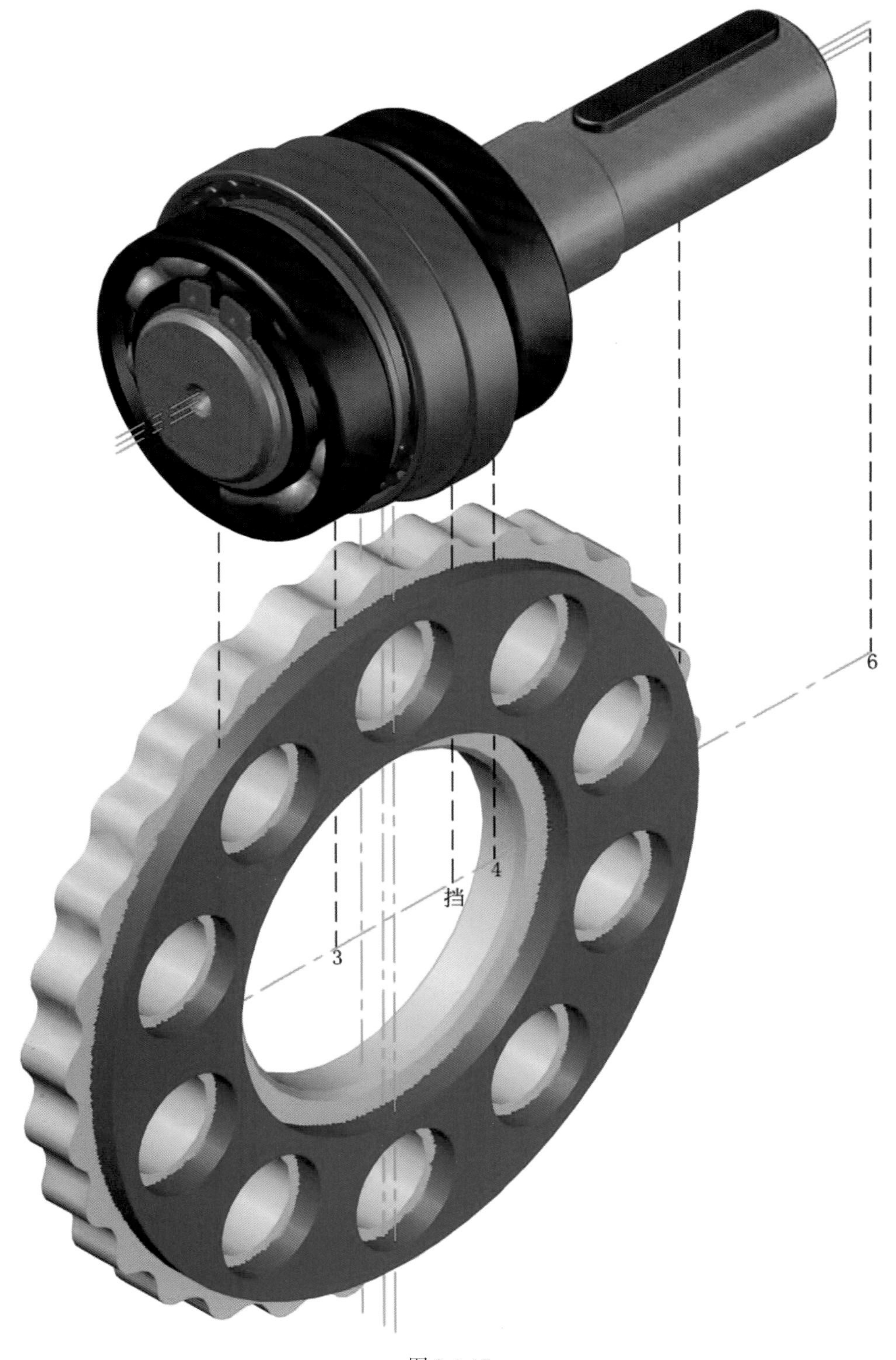

图 3-1-17

16. 再次三维镜像沉槽三维实体

单击修改下拉菜单，选择三维操作中的三维镜像命令，根据提示：单击沉槽三维实体，回车。单击右键，选择 *YZ* 平面，捕捉后面偏移垂直中心线下端点并单击，回车，默认不删除原对象，则镜像出对称沉槽三维实体，其沉入深度均为4，并与摆线齿轮毛坯构成合并三维实体，为下一步布尔运算做准备，如图3-1-18所示。

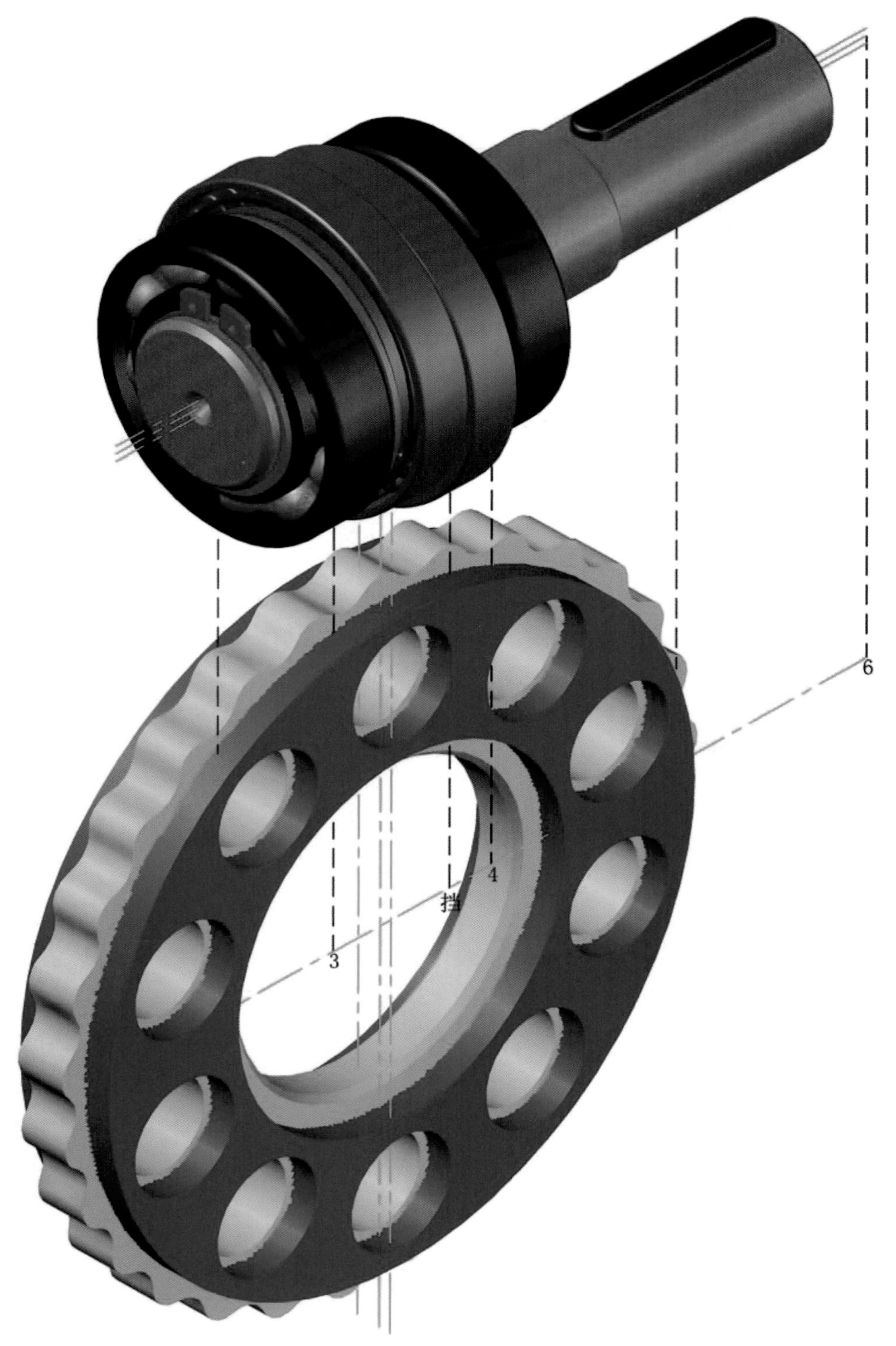

图3-1-18

17. 对合并三维实体进行布尔运算

单击差集按钮，根据提示：先单击摆线齿轮毛坯，回车，结束选择。再分别单击前、后面沉槽三维实体，回车，结束命令。则从摆线齿轮毛坯中同时减去两个沉槽三维实体，摆线齿轮毛坯沉槽完毕，如图 3-1-19 所示。

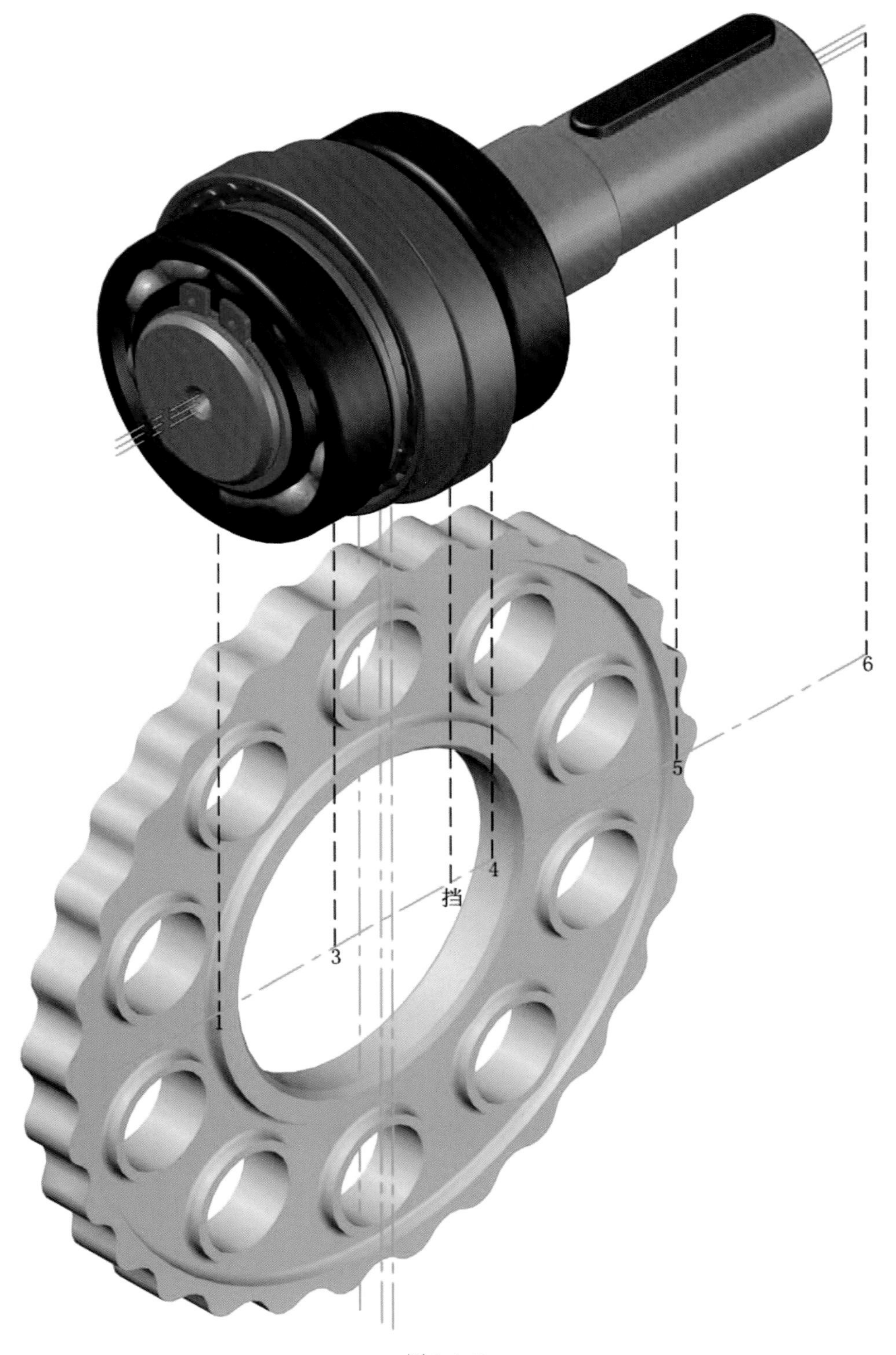

图 3-1-19

18. 对驱动孔进行倒角

单击倒角按钮，根据提示：单击右键，选择距离，输入第一个倒角距离 1，回车，输入第二个倒角距离 1，回车。单击一驱动孔边环，三次回车，再单击此边环，回车，回车。重复其倒角命令，单击其另一侧边环，三次回车，再单击此边环，回车，回车。重复其倒角命令，并相继对其他驱动孔进行相同距离的倒角操作，则摆线齿轮三维实体驱动孔倒角完毕，如图 3-1-20 所示。

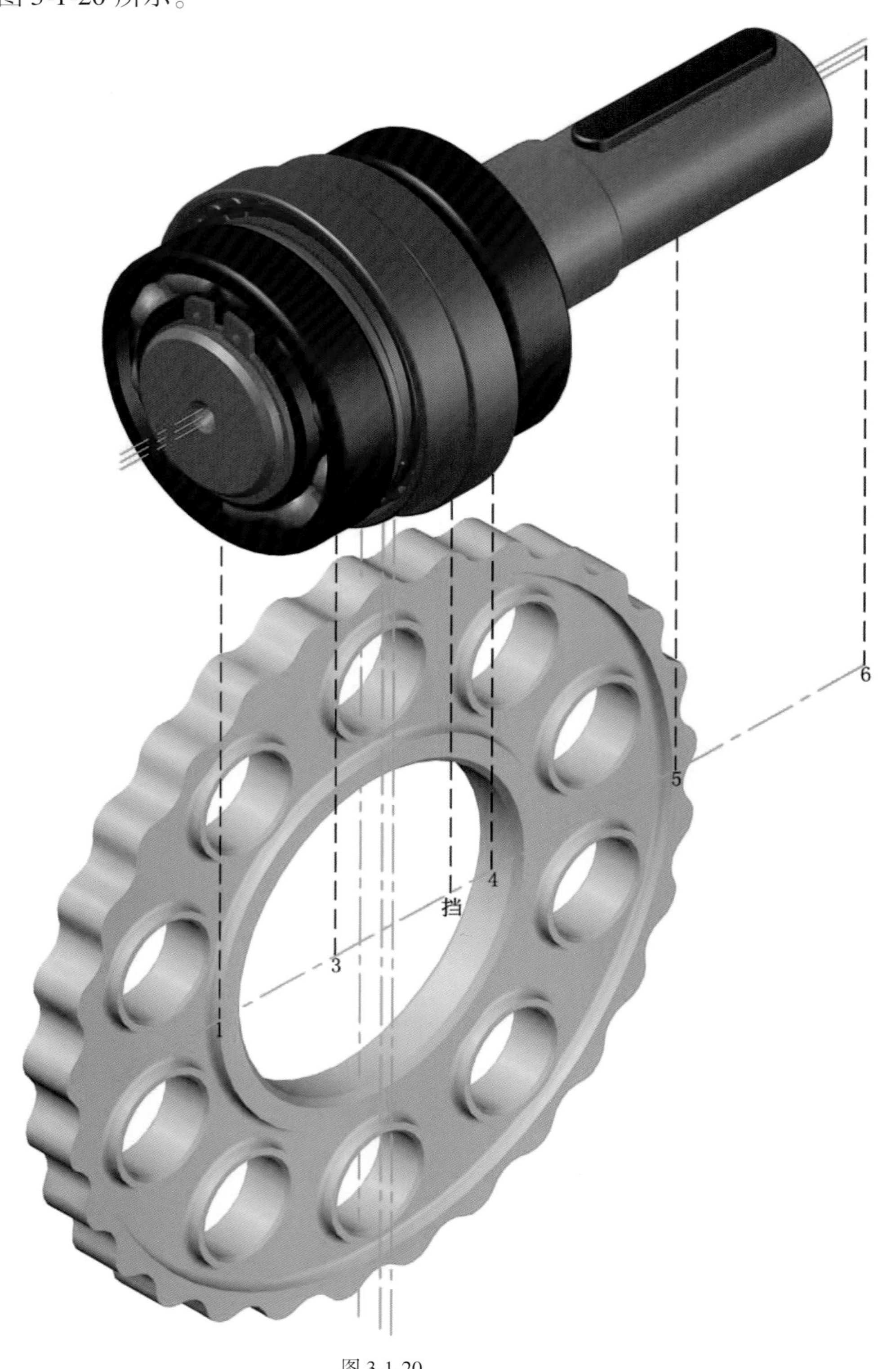

图 3-1-20

19. 创建装配标记

1）旋转 ues 图标、绘制小圆

单击 Y 轴按钮，单击右键，则 ucs 图示以 Y 为旋转轴旋转了 90°，则下侧中心线已平行于 XY 平面。单击圆按钮，根据提示：在轴挡圈虚线上适当处单击一最近点，单击右键，选择直径，输入 5，回车，结束命令，则小圆绘制完毕，如图 3-1-21 所示。

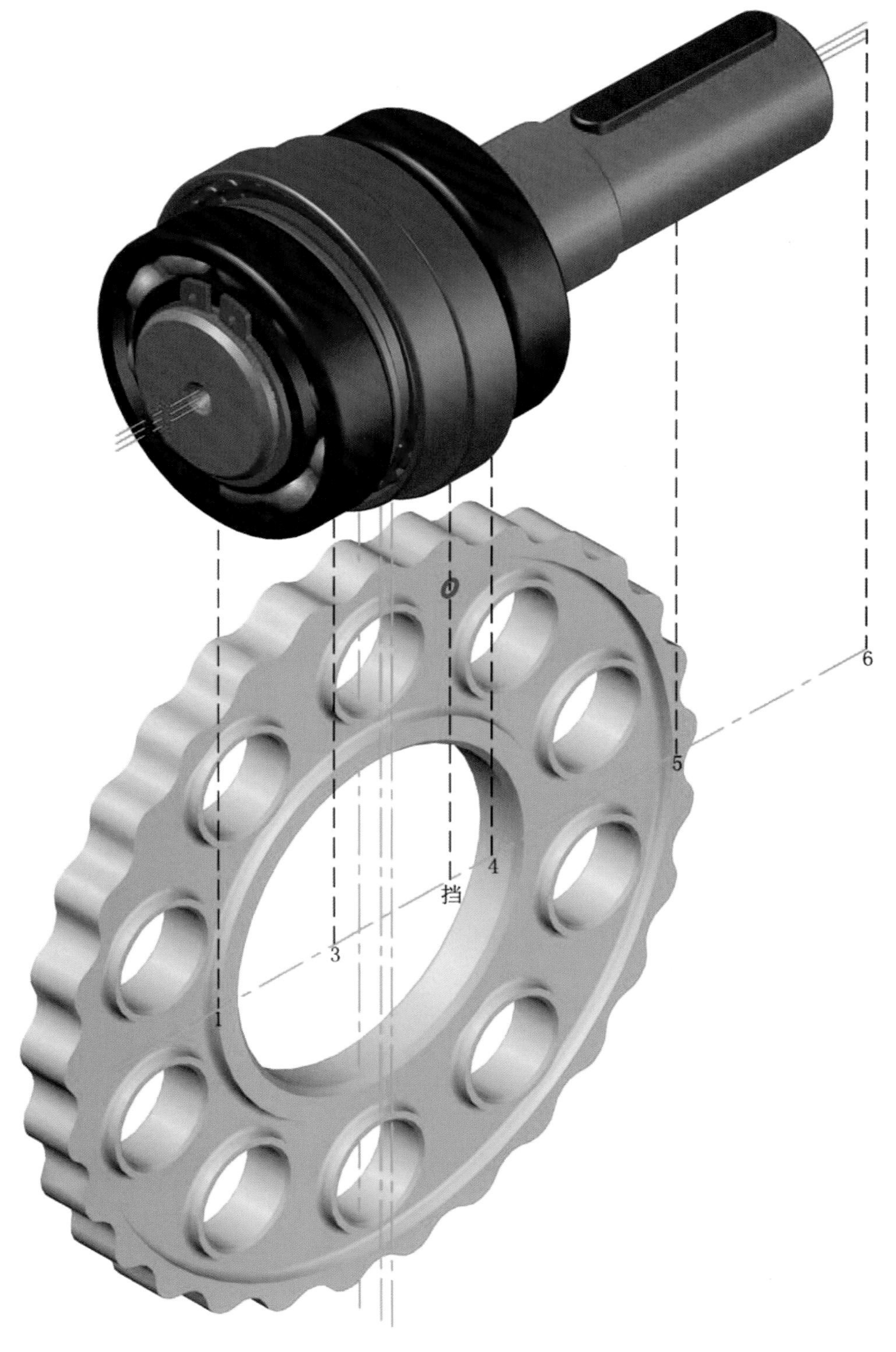

图 3-1-21

2）拉伸小圆为小圆柱体

单击拉伸按钮，根据提示：单击小圆，回车。输入拉伸高度-8，回车，结束命令。则小圆被拉伸为小圆柱体，并与摆线齿轮构成合并三维实体，为下一步布尔运算做准备，并将两条偏移垂直中心线删除。如图 3-1-22 所示。

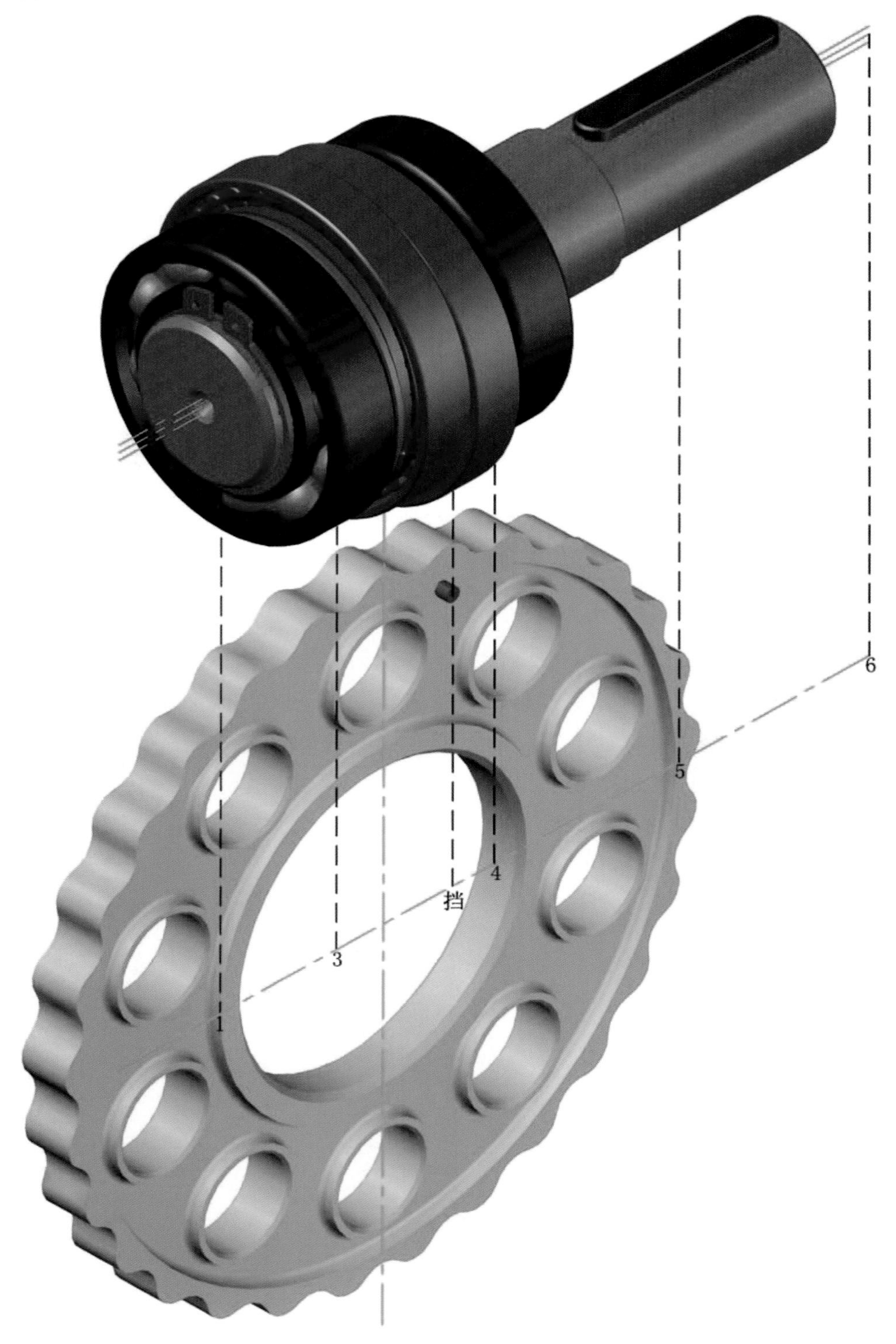

图 3-1-22

20. 三维旋转合并三维实体

单击修改下拉菜单，选择三维操作中的三维旋转命令，根据提示：框选合并三维实体，回车，结束选择。捕捉垂直中心线下端点并单击，单击垂直于 *Y* 轴的环带，输入旋转角 90°，回车，则合并三维实体进行了 90°三维旋转，如图 3-1-23 所示。

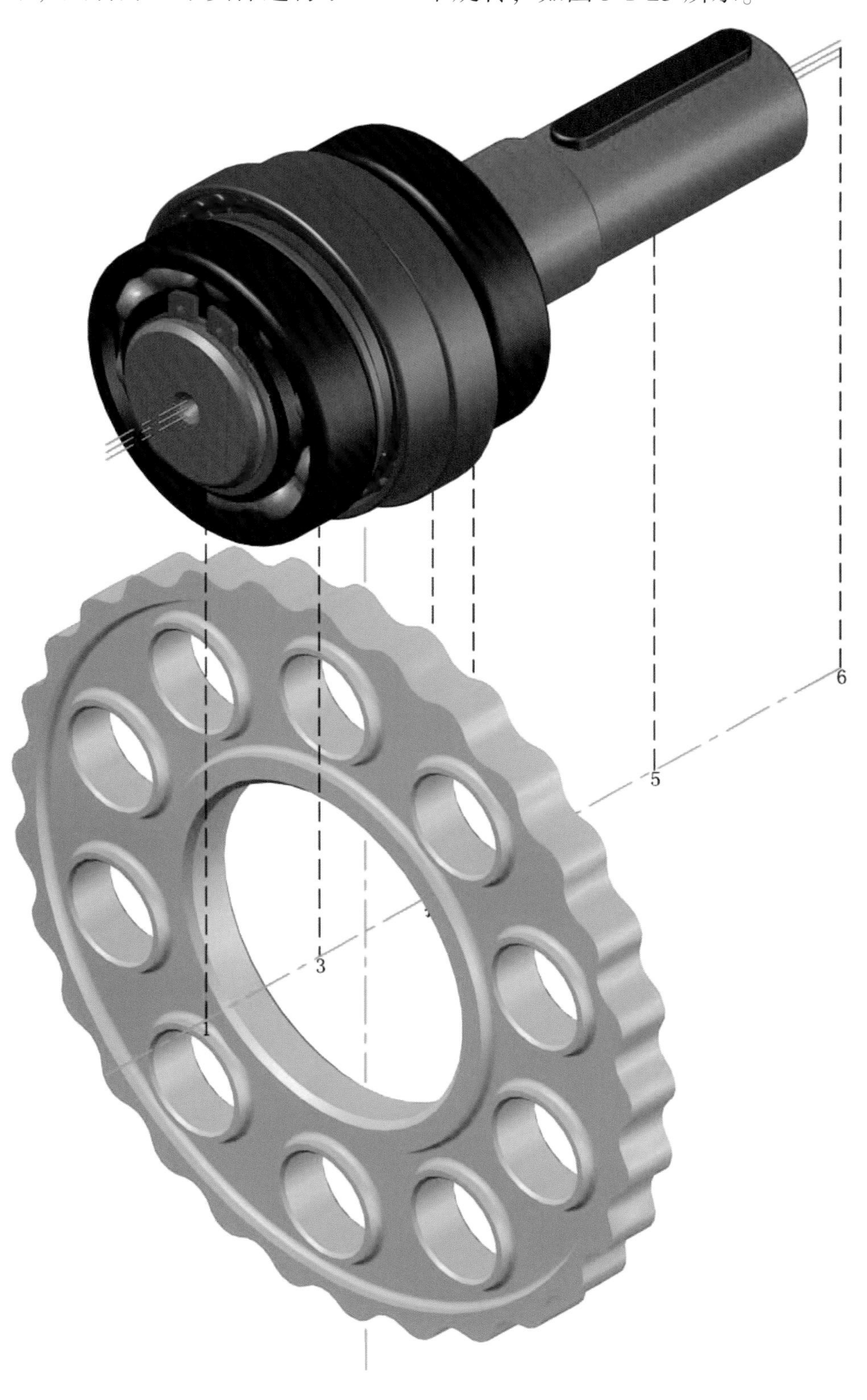

图 3-1-23

21. 三维镜像合并三维实体

单击修改下拉菜单，选择三维操作中的三维镜像命令，根据提示：框取合并三维实体，回车，结束选择。单击右键，选择 *YZ* 平面，捕捉第三条辅助虚线下端点并单击，回车，默认不删除原对象，则镜像出左侧合并三维实体，如图 3-1-24 所示。

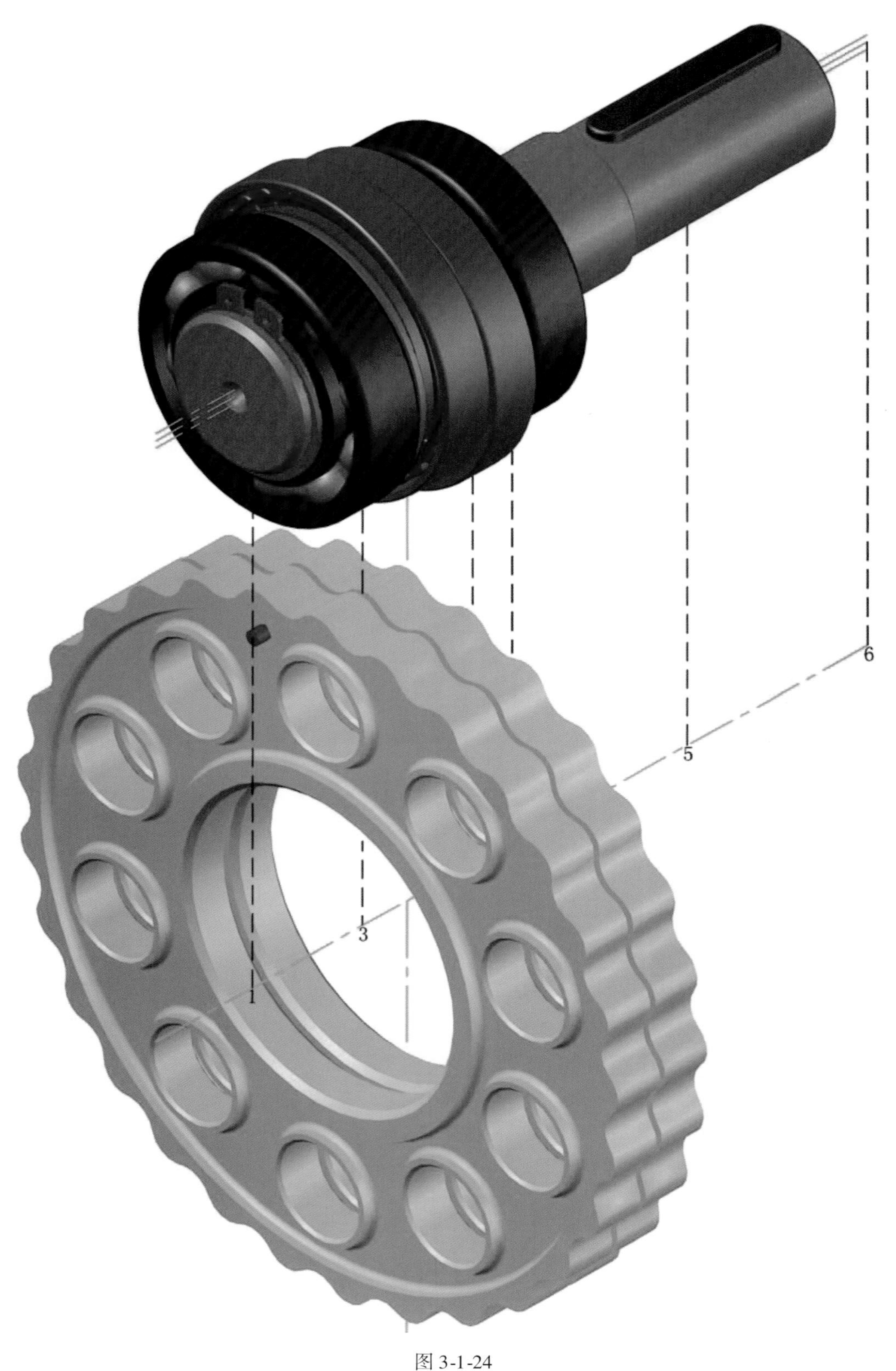

图 3-1-24

22. 分别三维旋转左侧摆线齿轮三维实体及小圆柱体

单击三维旋转按钮，根据提示：单击左侧摆线齿轮三维实体，回车，结束选择。捕捉下侧中心线一端点并单击，单击垂直于 *X* 轴的环带，输入旋转角 180°，回车。同理，顺时针旋转小圆柱体 30°，则两对象分别进行了旋转，如图 3-1-25 所示。

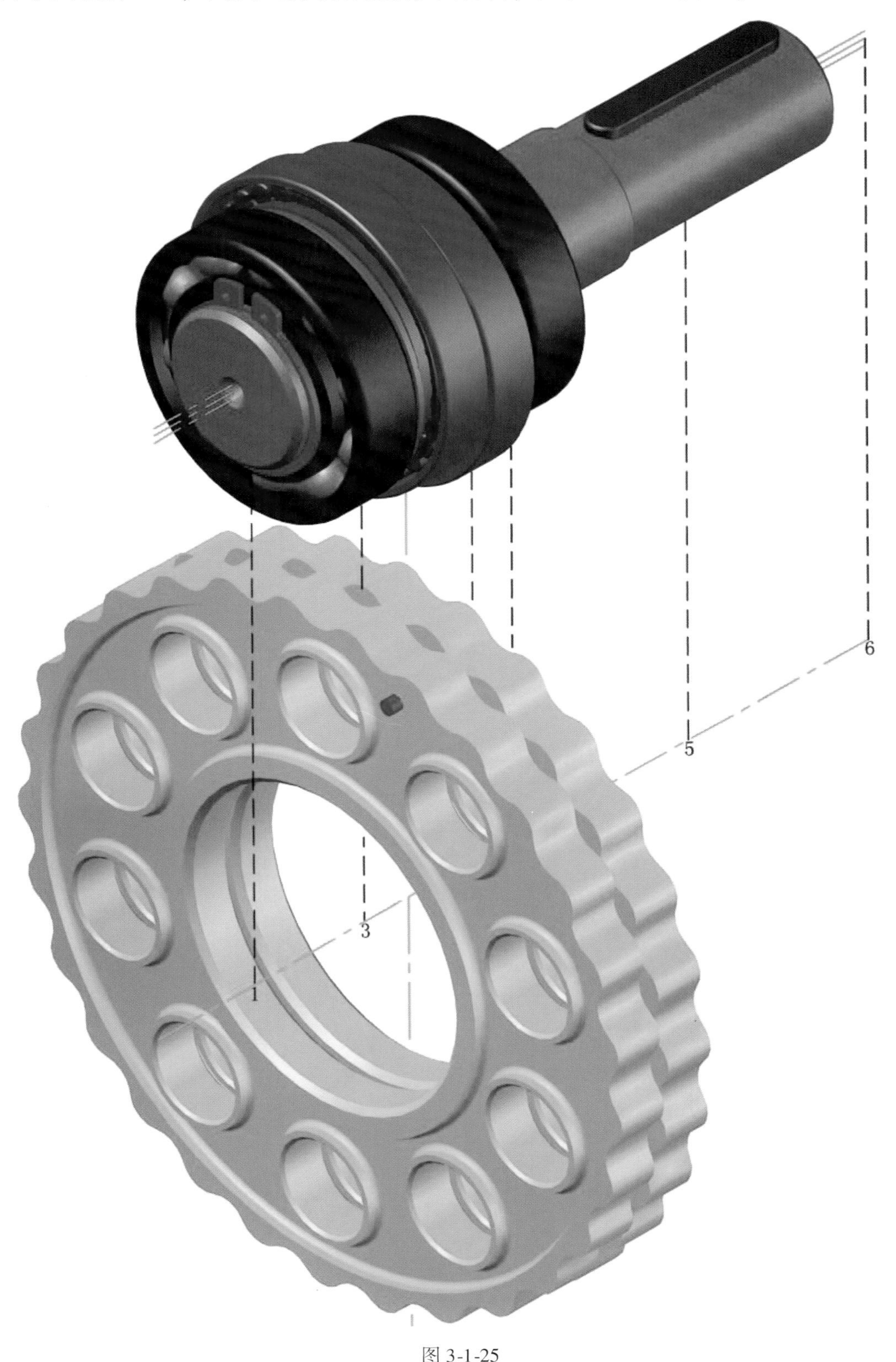

图 3-1-25

23. 改变左侧摆线齿轮三维实体的颜色

用鼠标单击左侧摆线齿轮三维实体，再单击图层控制下拉按钮，在弹出的图层信息中，选择摆线 2 层，按 Esc 键退出，则对象的颜色已变为摆线 2 层，如图 3-1-26 所示。

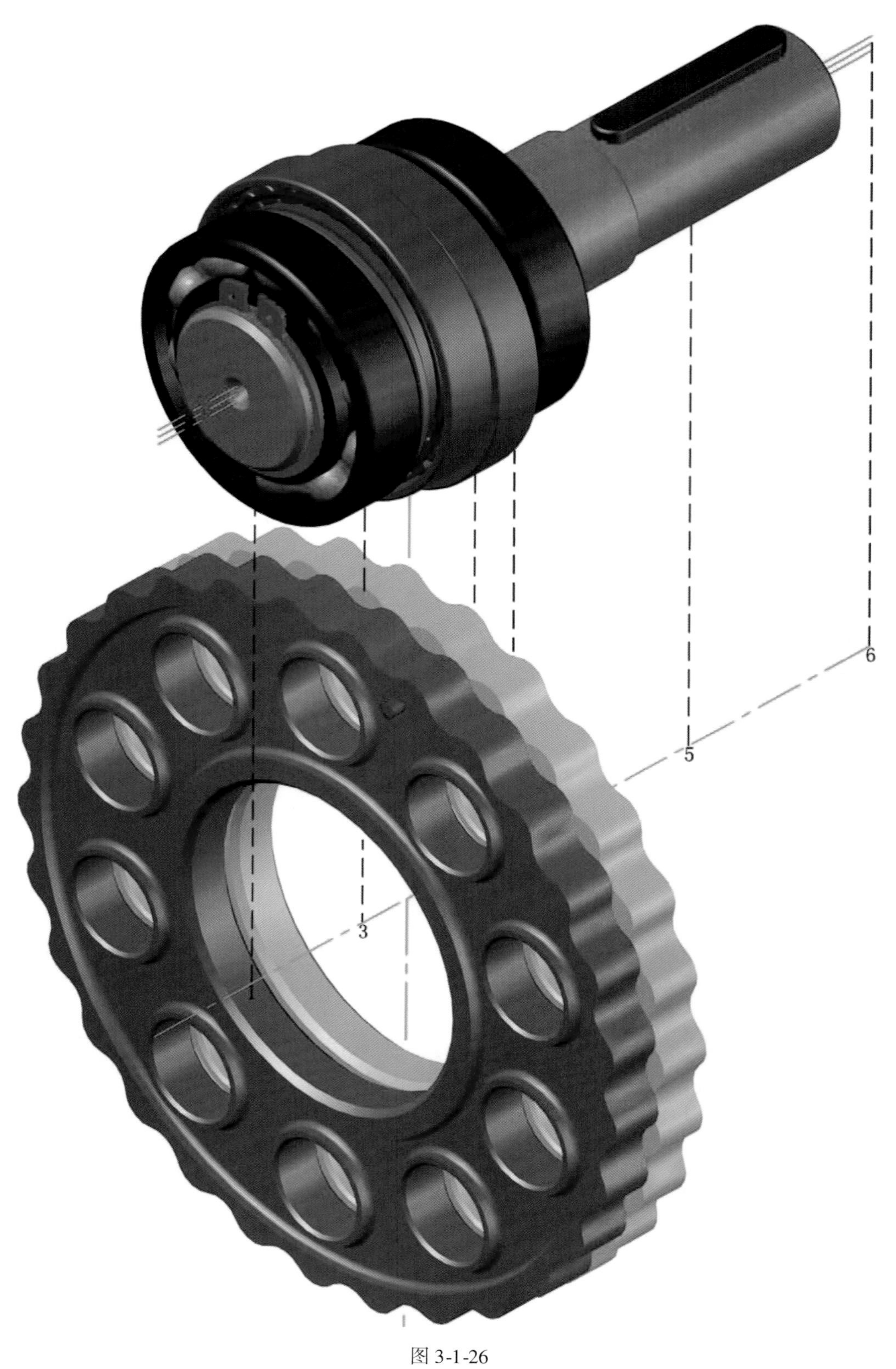

图 3-1-26

24. 对左、右侧合并三维实体分别进行布尔运算

单击差集按钮，根据提示：单击左侧摆线齿轮三维实体，回车。再单击小圆柱体，回车。同理，对右侧合并三维实体进行差集运算，减去小圆柱体，则两对象分别完成了差集运算，左、右侧摆线齿轮三维实体的装配标记孔创建完毕，如图 3-1-27 所示。

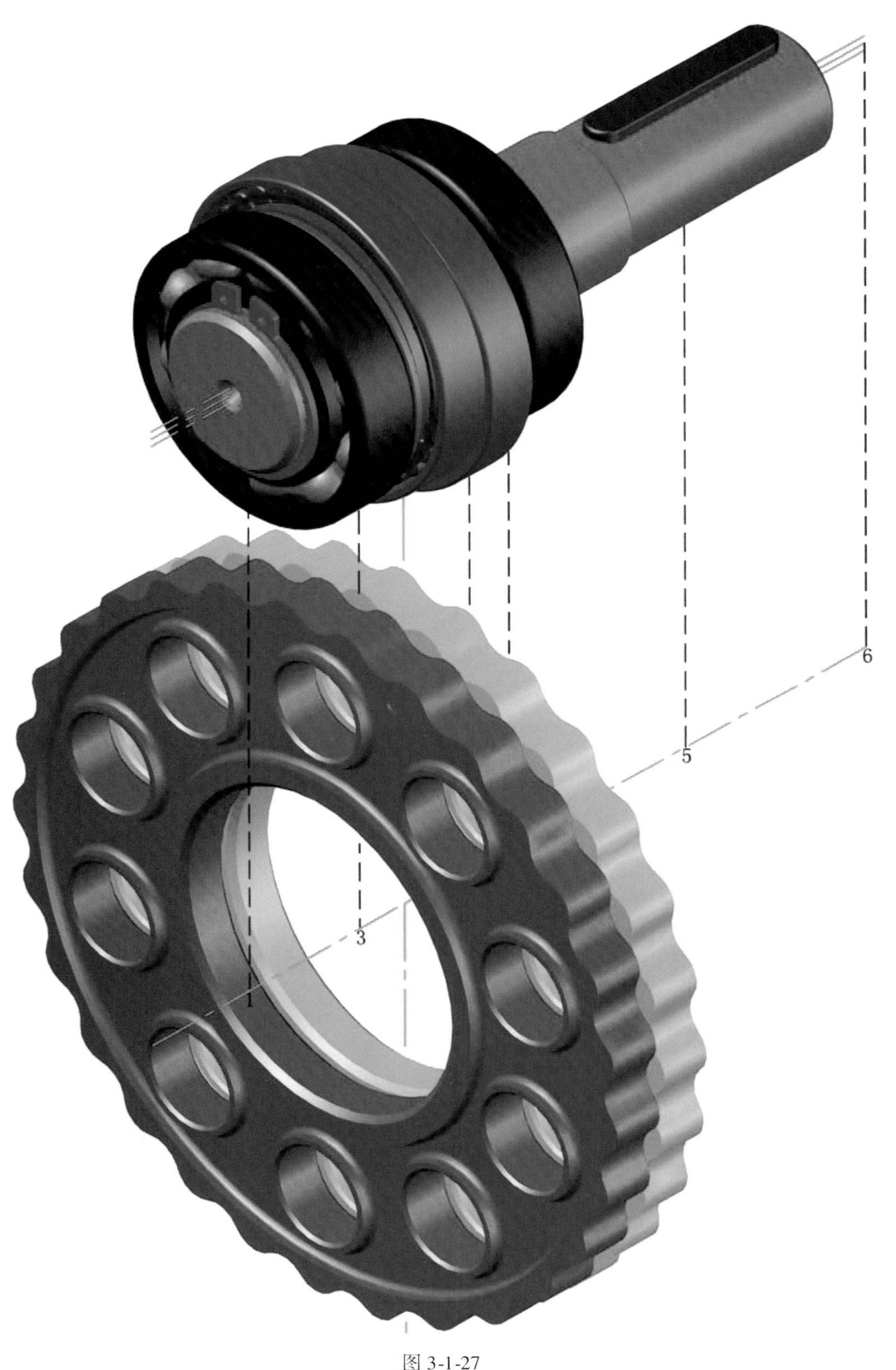

图 3-1-27

25. 偏移第一条辅助虚线

单击偏移按钮，输入偏移距离 33，回车。单击第一条辅助虚线于右侧单击一点，回车，则偏移虚线出现，以作为左侧摆线齿轮三维实体的旋转轴，如图 3-1-28 所示。

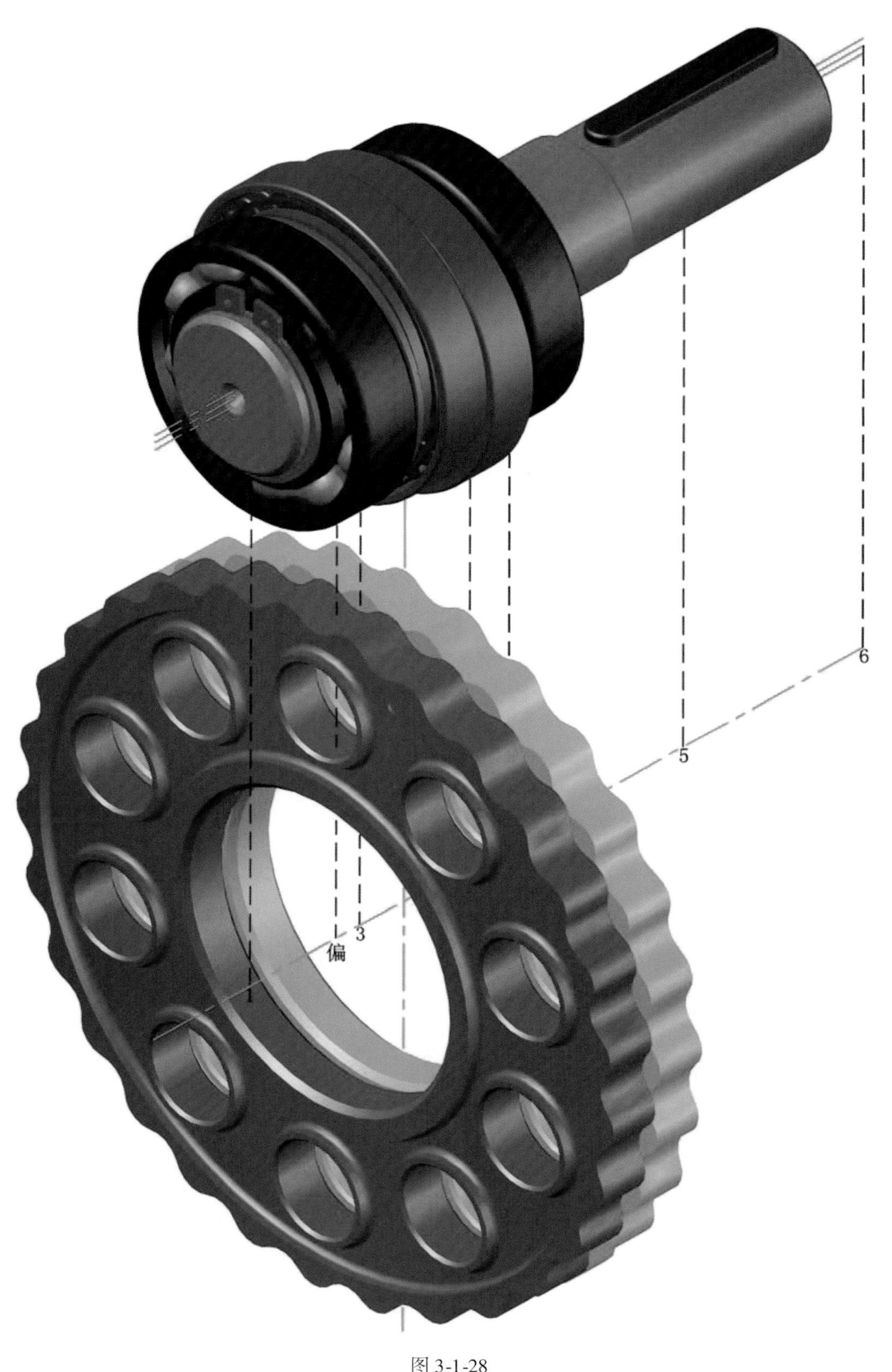

图 3-1-28

26. 再次三维旋转左侧摆线齿轮三维实体

单击三维旋转按钮，根据提示：单击左侧摆线齿轮三维实体，回车。捕捉偏移虚线下端点并单击，单击垂直于 Y 轴的环带，输入旋转角 180°，回车，则对象进行了 180°三维旋转，两个装配标记孔已同向且对齐，如图 3-1-29 所示。

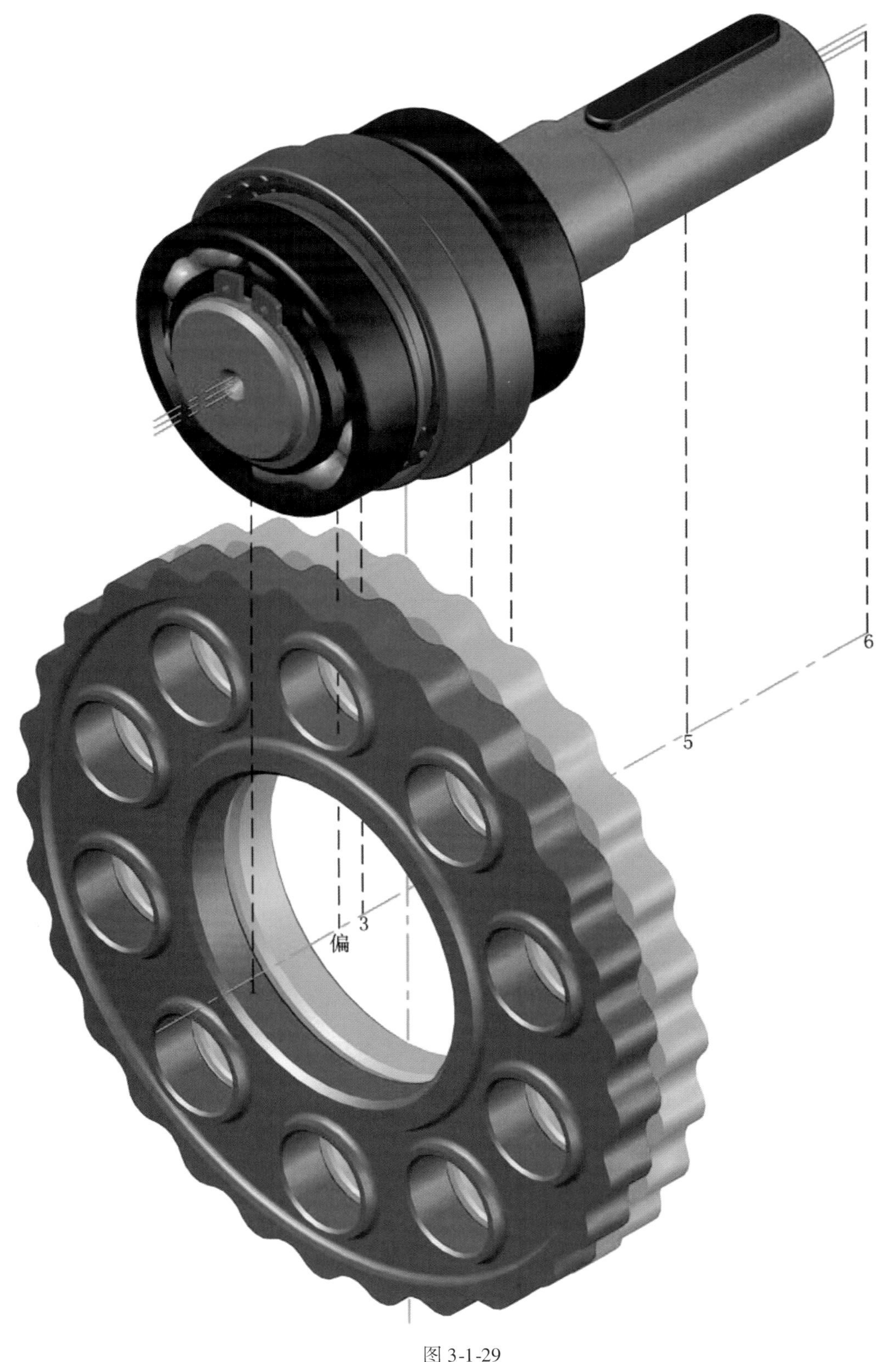

图 3-1-29

二、安装左、右侧摆线齿轮三维实体

单击移动按钮，根据提示：单击左侧摆线齿轮三维实体，回车，结束选择。捕捉下侧中心线右端为移动基点并单击，再捕捉上侧对称偏移中心线右端点并单击，则左侧摆线齿轮三维实体已精准地安装在左侧滚柱轴承三维实体的外圈上。

单击右键，选择重复移动，根据提示：单击右侧摆线齿轮三维实体，回车，结束选择。捕捉下侧中心线右端为移动基点并单击，再捕捉下侧对称偏移中心线右端点并单击，则右侧摆线齿轮三维实体已精准地安装在右侧滚柱轴承三维实体的外圈上。并将偏移、轴挡圈两条虚线删除及以下侧中心线为剪切边，将垂直中心线的下部分剪切掉。实际安装中，在安装右侧的摆线齿轮三维实体时，两个装配标记孔需要对准，才能准确地将其安装到位，否则安装不上，如图 3-1-30 所示。

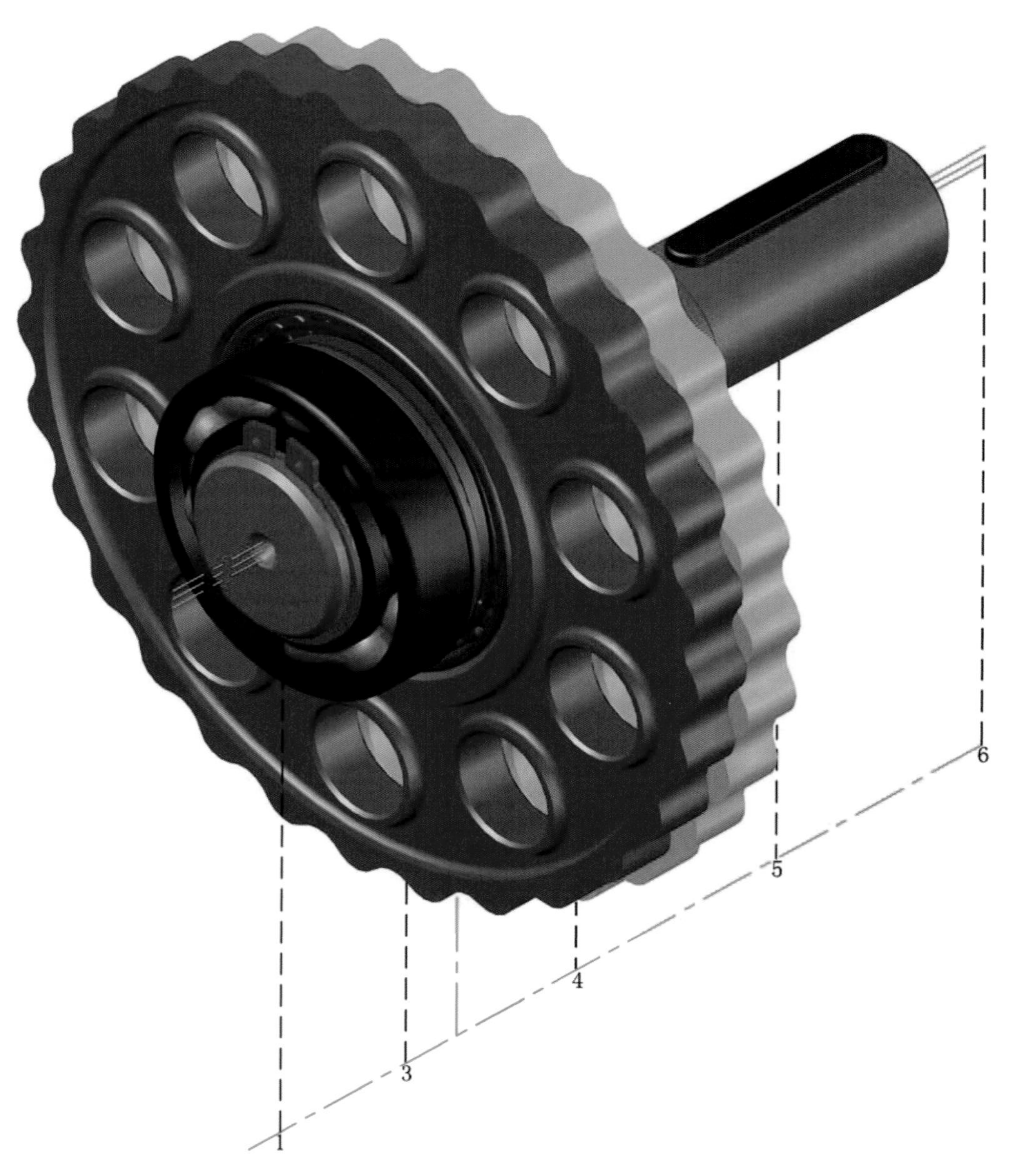

图 3-1-30

第二节　关闭图层

一、关闭摆线 1 及摆线 2 图层

单击图层管理向下按钮，弹出图层所有信息，鼠标箭头指向摆线 1 层的灯泡形态图形，出现开/关图层，并单击灯泡使其变暗。同理，对摆线 2 层进行相同操作。鼠标箭头移开图层并单击，则两图层已被关闭。左、右侧摆线齿轮三维实体均不可见，这样便可以让出一部分图幅来绘制多孔隔片三维实体图形，读者不一定关闭图层也可以进行绘制，如图 3-2-1 所示。

图 3-2-1

二、旋转 ucs 图标并绘制同心圆及小圆

1. 旋转 uce 图标

单击 Y 轴按钮，单击右键，则 ucs 图标以 Y 为旋转轴旋转了 90°，下侧中心线已垂直于 XY 平面。

2. 绘制同心圆及小圆

选择隔片层，单击圆按钮，根据提示：捕捉第三条辅助虚线下端点并单击，单击右键，选择直径，输入 90，回车。同理，再绘制 ϕ165 及 ϕ210 两圆，则三个同心圆绘制完毕。单击右键，选择重复圆，根据提示：捕捉中间圆与第三条辅助虚线的交点并单击，单击右键，选择直径，输入 26，回车，则小圆绘制完毕，如图 3-2-2 所示。

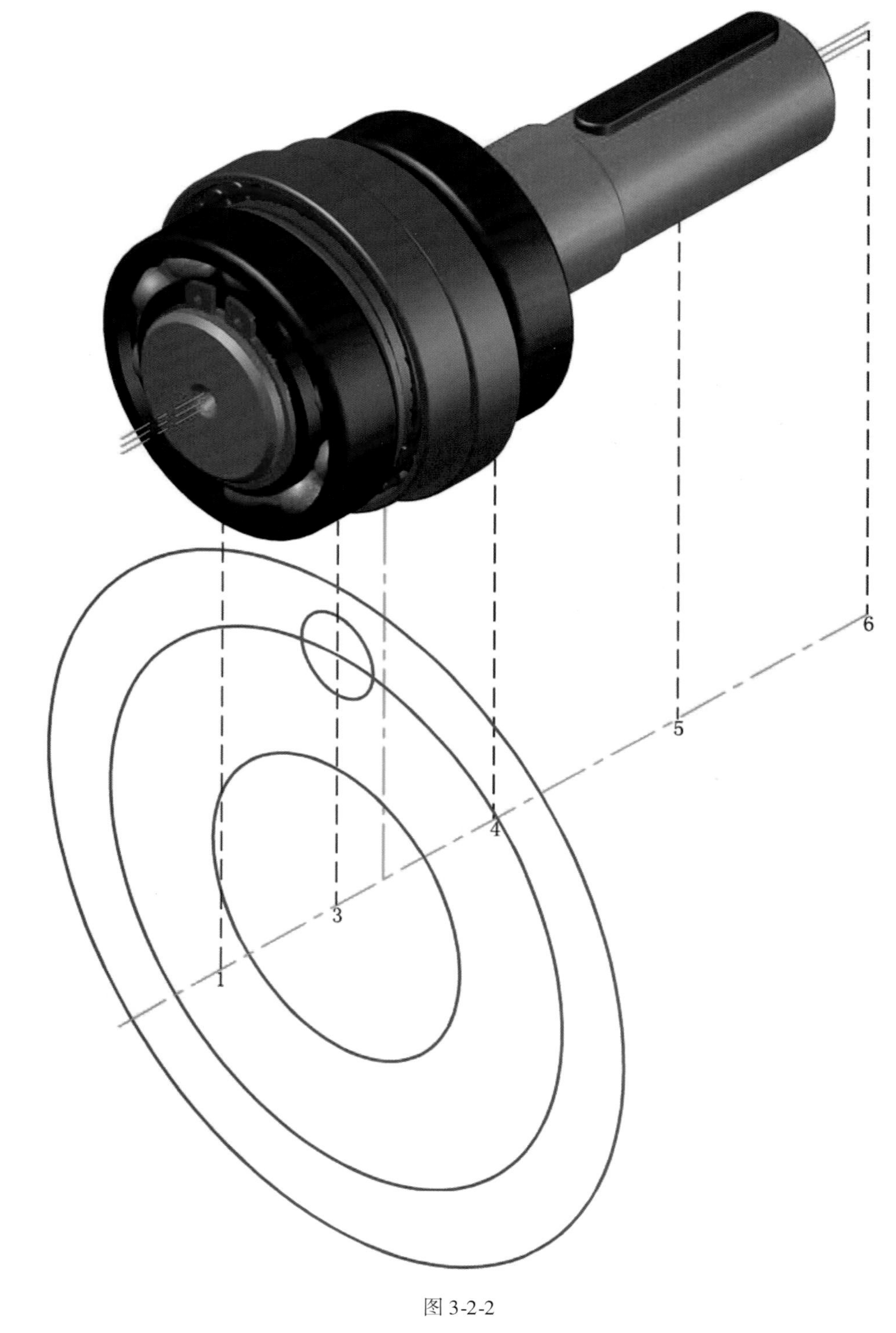

图 3-2-2

三、三维阵列小圆

单击三维阵列按钮，单击上侧小圆，回车，结束选择。选择环形，输入项目数 10，回车，默认填充角为 360°，回车，默认其旋转阵列对象，回车。捕捉同心圆圆心为旋转轴的第一点并单击，捕捉下侧中心线左端为旋转轴的第二点并单击，则小圆进行了阵列并产生了旋转，形成 10 个均布阵列小圆，且均布在 *XY* 平面上，并删除中间圆，如图 3-2-3所示。

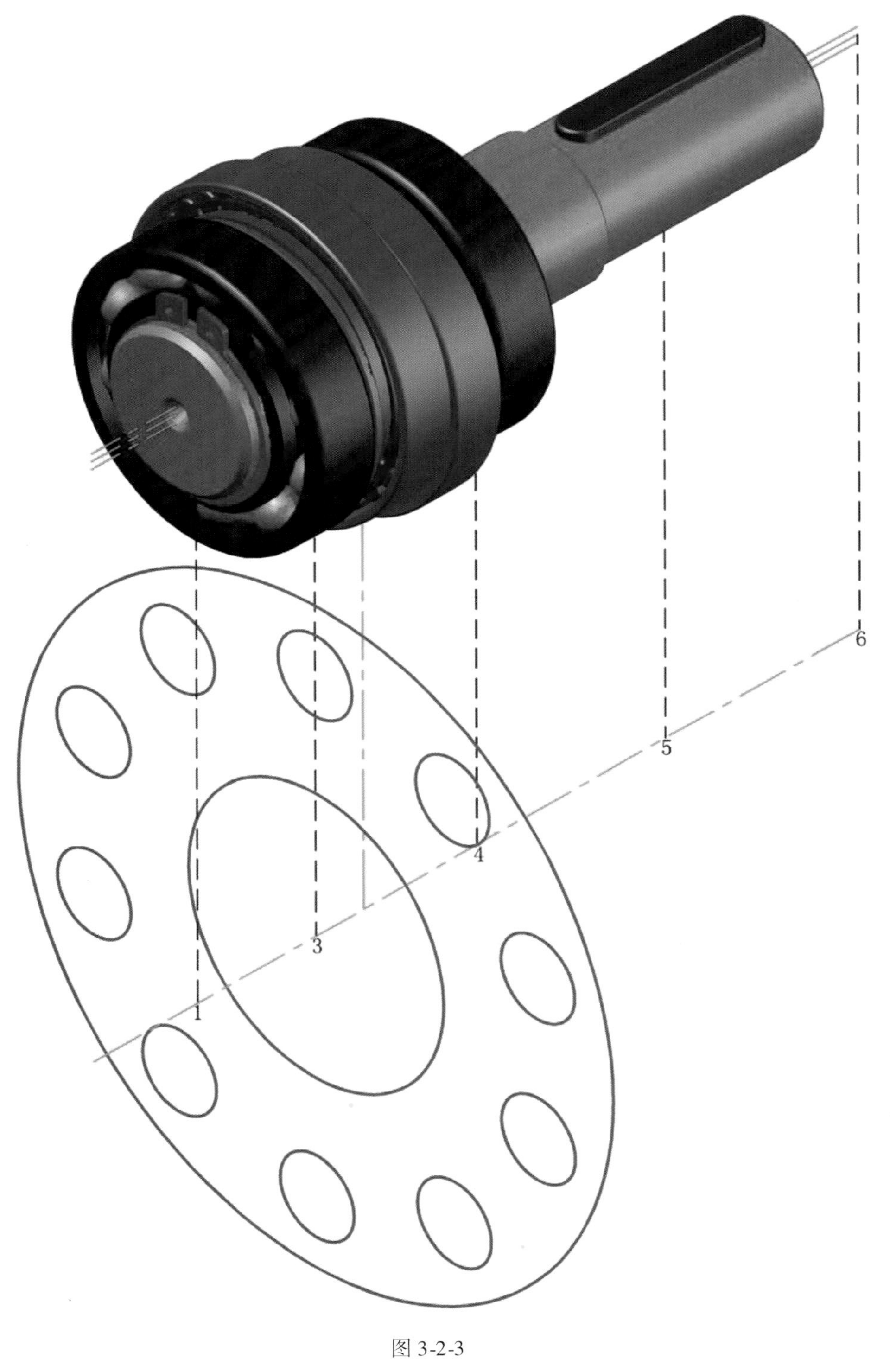

图 3-2-3

四、创建右半侧多孔隔片三维实体

1. 拉伸同心圆及均布阵列小圆

单击拉伸按钮，根据提示：分别单击同心圆及均布阵列小圆，回车，结束选择。将拉伸体向右上侧拉伸，输入拉伸高度 1，回车，结束命令，则同心圆及均布阵列小圆同时被拉伸为圆片合并三维实体，如图 3-2-4 所示。

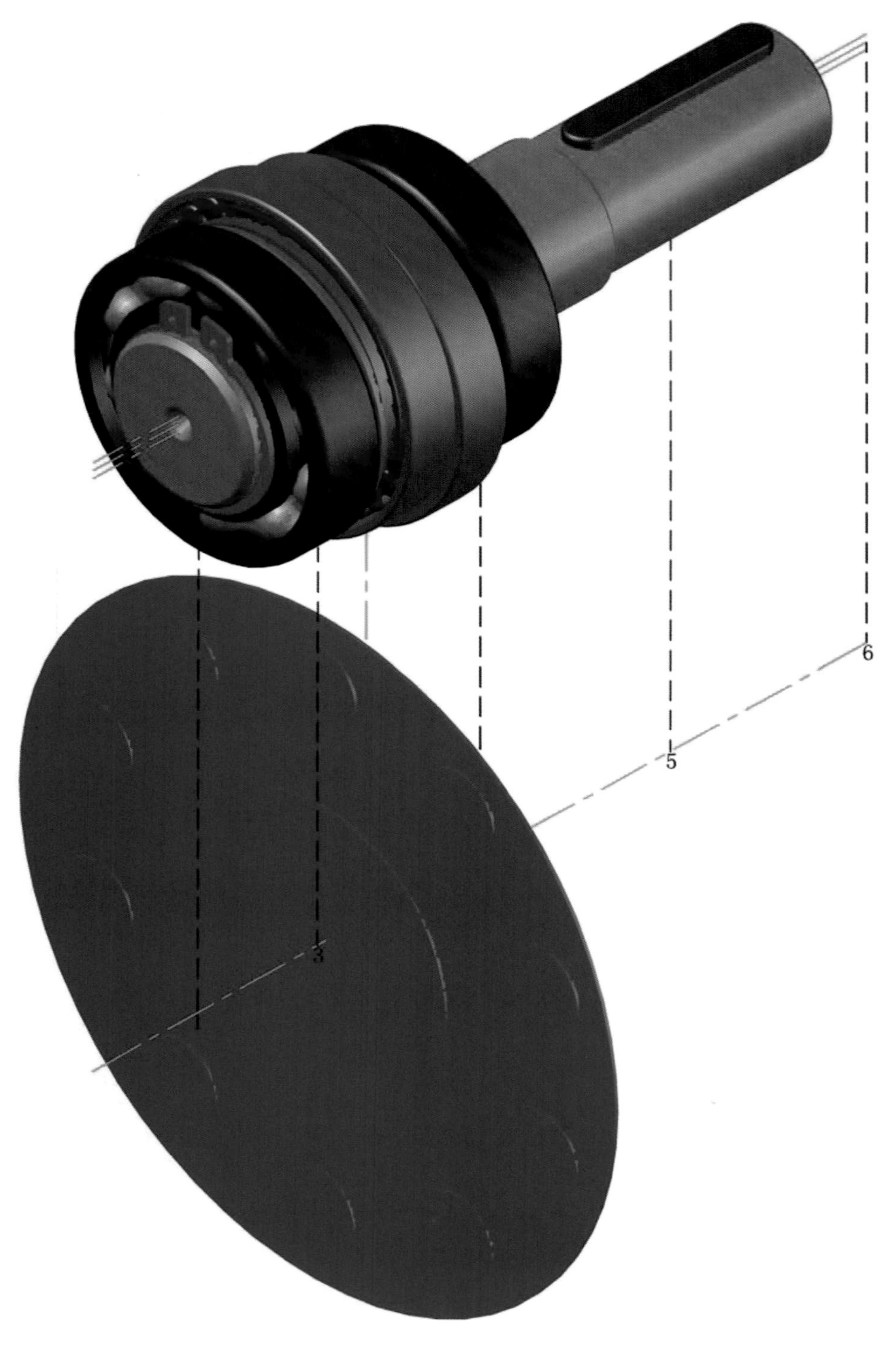

图 3-2-4

2. 对圆片合并三维实体进行布尔运算

单击差集按钮，根据提示：先单击大圆片三维实体，回车，结束选择。再分别单击内圆片及均布阵列小圆片三维实体，回车，结束命令，则从大圆片三维实体中同时减去 11 个圆片三维实体，右半侧多孔隔片三维实体创建完毕，如图 3-2-5 所示。

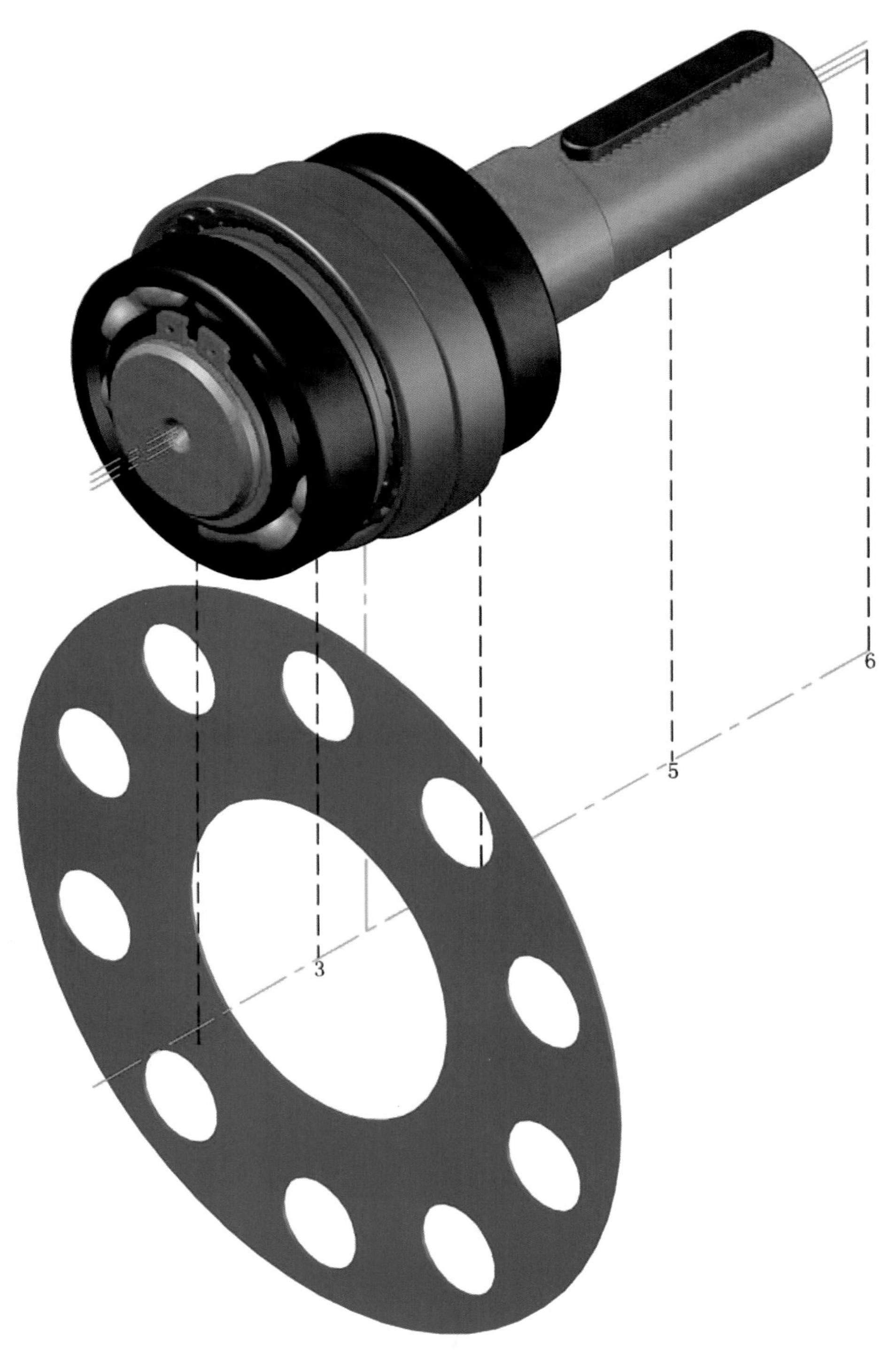

图 3-2-5

第三节　安装多孔隔片三维实体

一、安装右半侧多孔隔片三维实体并对其左端面进行拉伸

1. 安装右半侧多孔隔片三维实体

单击移动按钮，根据提示：单击右半侧多孔隔片三维实体，回车，结束选择。捕捉下侧中心线左端为移动基点并单击，再捕捉中心线左端点并单击，则右半侧多孔隔片三维实体安装完毕。

2. 拉伸右半侧多孔隔片三维实体的左端面

单击拉伸面按钮，根据提示：单击多孔隔片三维实体左端面使其左端面变色，回车，结束选择。输入拉伸高度 1，回车，默认拉伸的倾斜角为 0°，回车，回车，回车，结束命令。则对象左端面向左侧拉伸出一部分使其达到设计厚度 2，并位于左、右侧滚柱轴承三维实体的设计缝隙之中，且与两外圈端面相接触，如图 3-3-1 所示。

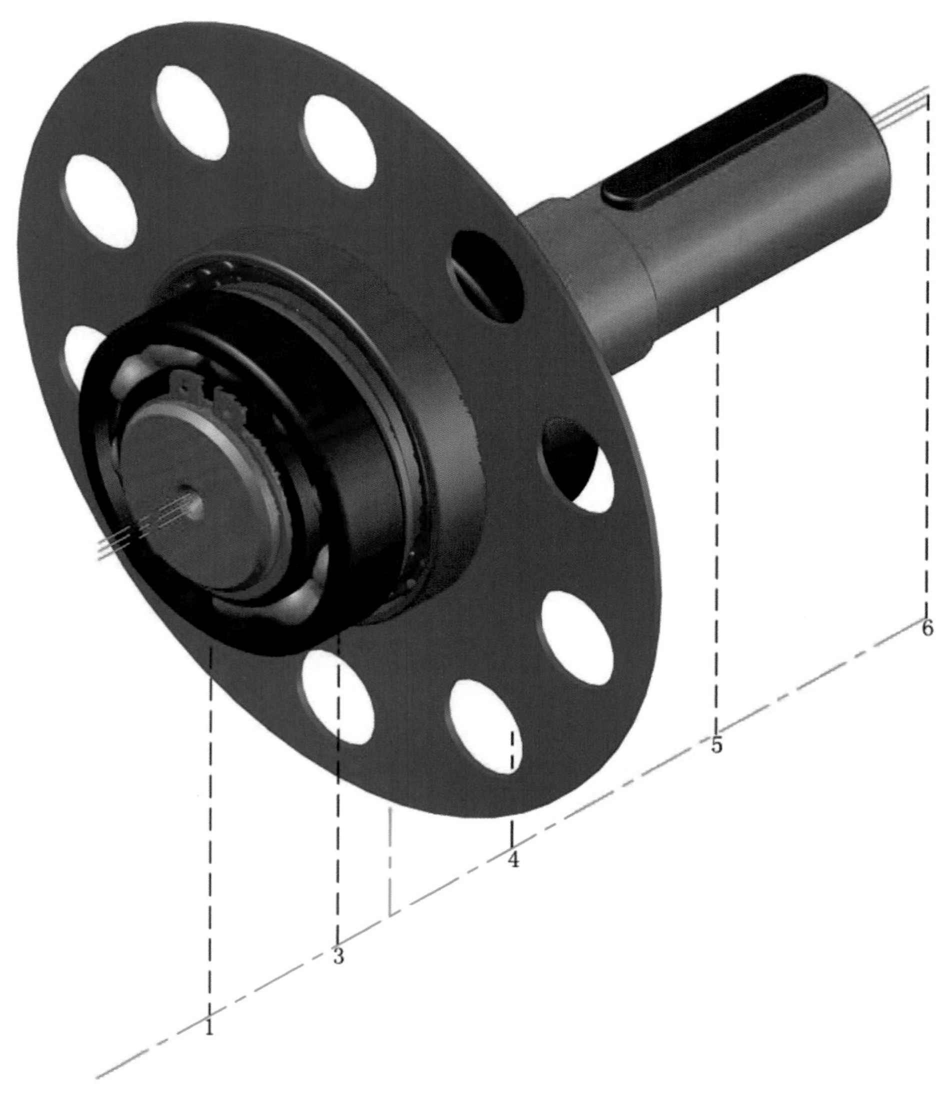

图 3-3-1

二、打开图层

单击图层控制向下按钮，弹出图层所有信息，鼠标箭头指向摆线1层的灯泡形态图形出现开/关图层，并单击灯泡使其变亮，同理，对摆线2层进行相同操作。鼠标箭头移开图层并单击，则两图层重新被打开，左、右侧摆线齿轮三维实体已为可见图形显示在视图中。并位于多孔隔片三维实体的两侧面，其缝隙与多孔隔片三维实体的厚度相等，并删除部分辅助虚线及中心线如下：

单击删除按钮，根据提示：分别单击垂直中心线、下侧中心线、第三、四、五、六条辅助虚线，回车，结束命令，则对象被删除。而第一条辅助虚线未删除，在图中将其保留，用于总装配时的基准线。

至此，输入端三维实体装配图创建完成，下面将另行创建输出端三维实体装配图，然后再与输入端装配在一起，如图3-3-2所示。

图 3-3-2

第二篇　创建输出端三维实体装配图

第四章　创建圆盘套组合三维实体

第一节　创建圆盘套三维实体

一、绘制圆盘套二维图

1. 旋转 ucs 图标并绘制二维图

单击 *Y* 轴按钮，单击右键，则 ucs 图标旋转了 90°，图形将在 *XY* 平面中进行绘制。

选择圆盘套层，单击直线按钮，并于左下侧单击一点，在正交模式下，向上移动鼠标，输入长度 20，回车。向右移动鼠标，输入长度 63.3，回车。向下移动鼠标，输入长度 1.75，回车。向右移动鼠标，输入长度 2.7，回车。向上移动鼠标，输入长度 1.75，回车。向右移动鼠标，输入长度 34，回车。向上移动鼠标，输入长度 12.5，回车。向右移动鼠标，输入长度 8，回车。向上移动鼠标，输入长度 45，回车。向右移动鼠标，输入长度 30，回车。向下移动鼠标，输入长度 62.5，回车。向左移动鼠标，输入长度 24，回车。向下移动鼠标，输入长度 10，回车。向左移动鼠标，输入长度 35，回车。向下移动鼠标，输入长度 28.5，回车。向左移动鼠标，输入长度 10，回车。向上移动鼠标，输入长度 29.5，回车。向左移动鼠标，输入长度 5，回车。向下移动鼠标，输入长度 6，回车。输入 C，回车，则图形自动封闭，圆盘套二维图绘制完毕。

2. 偏移左上侧线段

单击偏移按钮，根据提示：输入偏移距离 50，回车。单击左上侧线段，于下侧单击一点，回车，结束命令，则偏移线段出现，如图 4-1-1 所示。

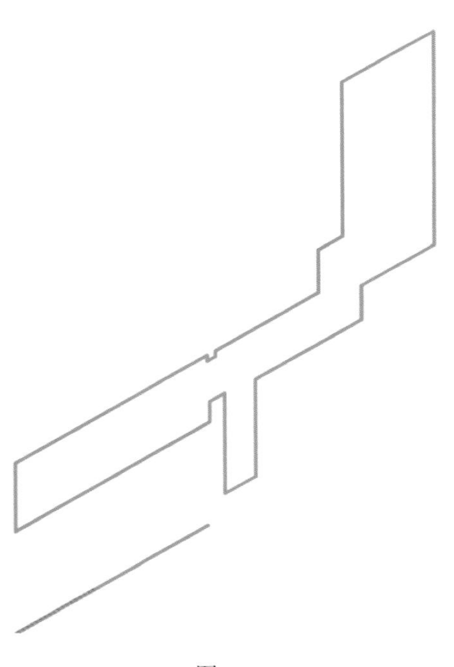

图 4-1-1

3. 用关键点拉伸偏移线段并修改为中心线

用鼠标单击偏移线段，则偏移线段上出现三个蓝色方块关键点，单击左端蓝色方块，向左移动鼠标，输入长度 50，回车，再单击右端蓝色方块，向右移动鼠标，输入长度 229. 7，回车。单击图层管理下拉按钮，在弹出的信息中选择中心线，按 Esc 键退出，则偏移线段的左、右端已拉伸并修改到中心线层，再对其偏移如下：

单击偏移按钮，根据提示：输入偏移距离 82. 5，回车。单击中心线，于上侧单击一点，回车，结束命令，则偏移中心线出现。

4. 对圆盘套二维图倒角及倒圆角

单击倒角按钮：根据提示：单击右键，选择距离，输入第一个倒角距离 2，回车，输入第二个倒角距离 2，回车。先单击左下角水平边，再单击垂直边，回车。重复其倒角命令，单击左上角水平边，再单击垂直边，回车。单击右键，选择距离，输入第一个倒角距离 3，回车，输入第二个倒角距离 3，回车。先单击右上角水平边，再单击垂直边，回车。重复其倒角命令，并对右下角及上侧对角进行相同距离的倒角操作。

单击圆角按钮，根据提示：单击右键，选择半径，输入半径值 1，回车。先单击右下侧内角水平边，再单击垂直边，回车。单击右键，选择半径，输入半径值 2，回车。先单击右上侧内角水平边，再单击垂直边，回车。重复其倒圆角命令，并对另一内角进行相同半径的倒圆角操作，则圆盘套二维图倒角及倒圆角完毕，如图 4-1-2 所示。

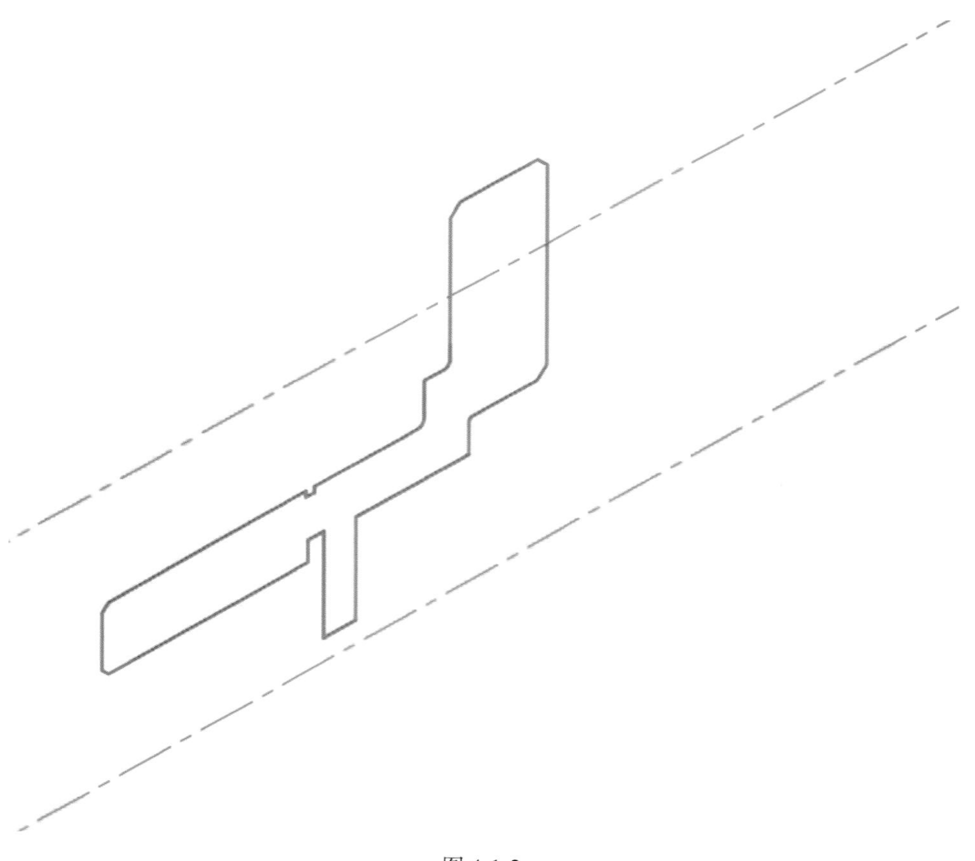

图 4-1-2

5. 创建圆盘套二维图面域、打断偏移中心线及绘制辅助矩形

1）创建面域

单击面域按钮，根据提示：框取圆盘套二维图，回车，结束命令，命令行提示：已创建1个面域。如果创建的面域为隐形，可单击放弃按钮，并旋转ucs图标后再对其重新创建面域，其实隐形面域同样可以创建为三维实体。

2）打断偏移中心线

单击打断按钮，根据提示：单击偏移中心线左侧于适当点，捕捉其左端点并单击。单击右键，选择重复打断，根据提示：再单击偏移中心线右侧于适当点，捕捉其右端点并单击，则偏移中心线的左、右侧部分分别被打断。此打断中心线将成为绘制输出销轴及输出套的销轴中心线。

3）绘制辅助矩形

单击 *Y* 轴按钮，单击右键，则ucs图标旋转了90°，则中心线已垂直于 *XY* 平面。根据绘图环境的改变及绘图的需要，可随时对ucs图标进行旋转来适应当前的绘图需要，以下省略对ucs图标的旋转过程，一般不再进行说明。

选择截面图层，单击矩形命令按钮，根据提示：捕捉中心线右端点并单击，输入(@18，34.4)，回车，结束命令，则辅助矩形绘制完毕，并对其复制如下：

单击复制按钮，根据提示：单击辅助矩形，回车，结束选择。捕捉其下边中点为移动基点并单击，再捕捉中心线左端点并单击，回车，结束命令，则在其左端点上复制出一辅助矩形，如图4-1-3所示。

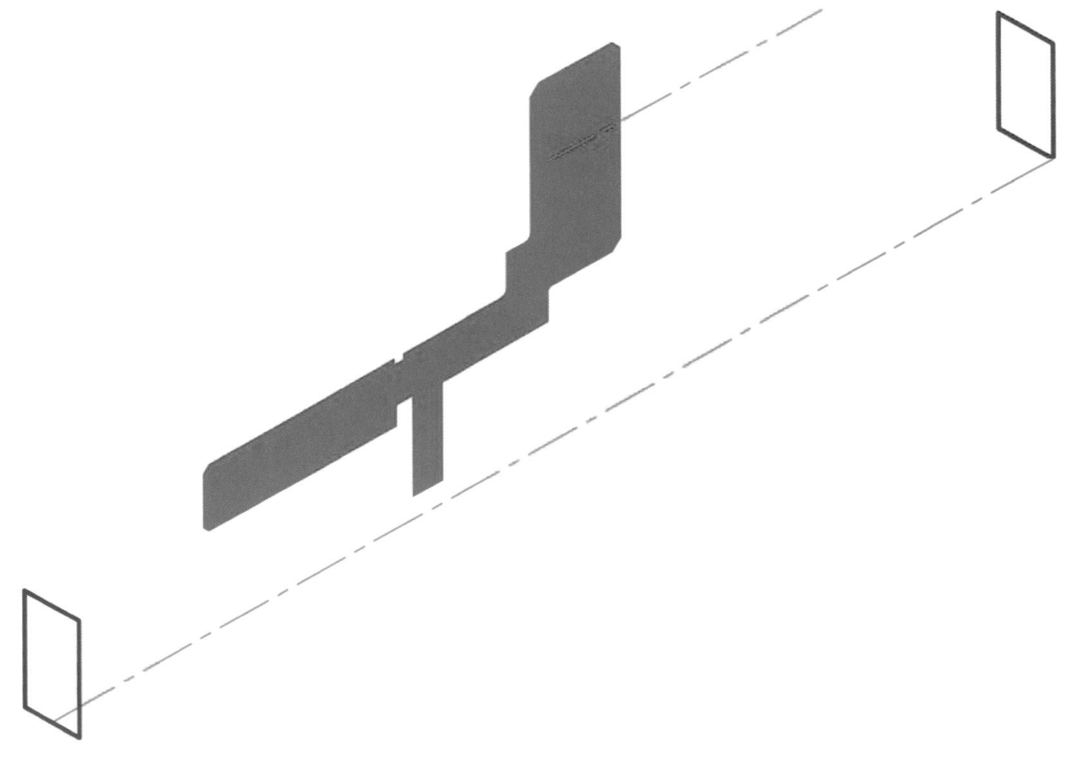

图4-1-3

二、旋转面域及拉伸左侧辅助矩形为三维实体

1. 旋转面域创建三维实体

选择圆盘套层，单击旋转按钮，根据提示：单击面域，回车，结束选择。单击右键，选择对象，单击中心线使之成为旋转轴，回车，默认回旋角为360°，则面域已旋转为圆盘套三维实体。

2. 拉伸左侧辅助矩形创建三维实体

选择截面层，单击拉伸按钮，根据提示：单击左侧辅助矩形，回车，结束选择。将拉伸体向右上侧拉伸，输入拉伸高度115，回车，结束命令。则左侧辅助矩形被拉伸为辅助长方体，并与圆盘套合并在一起，构成合并三维实体，为下一步布尔运算做准备，并删除右侧辅助矩形如下：

单击删除按钮，根据提示：单击右侧辅助矩形，回车，结束命令，则右侧辅助矩形被删除，如图4-1-4所示。

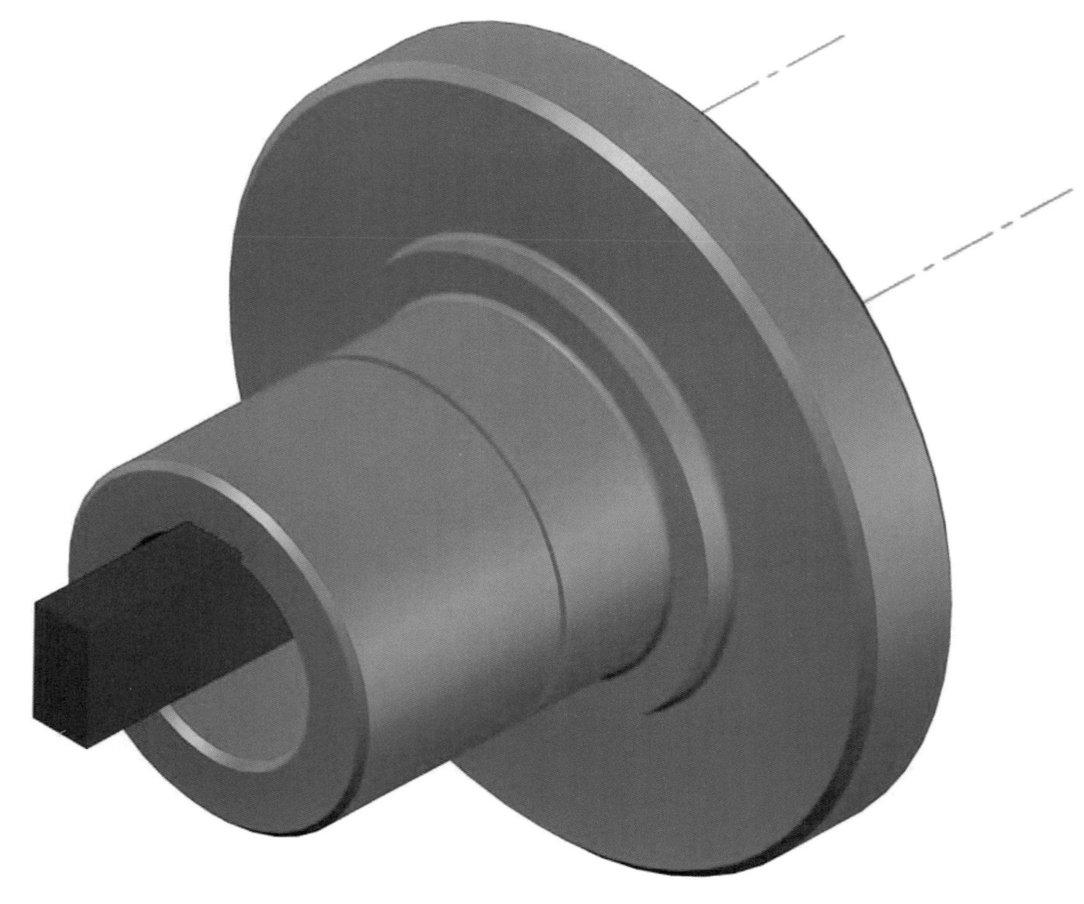

图 4-1-4

3. 对合并三维实体进行布尔运算

单击差集按钮，根据提示：先单击圆盘套三维实体，回车，结束选择。再单击辅助长方体，回车，结束命令，则从圆盘套三维实体内减去一个辅助长方体，便获得一个具有键槽的圆盘套三维实体，如图4-1-5所示。

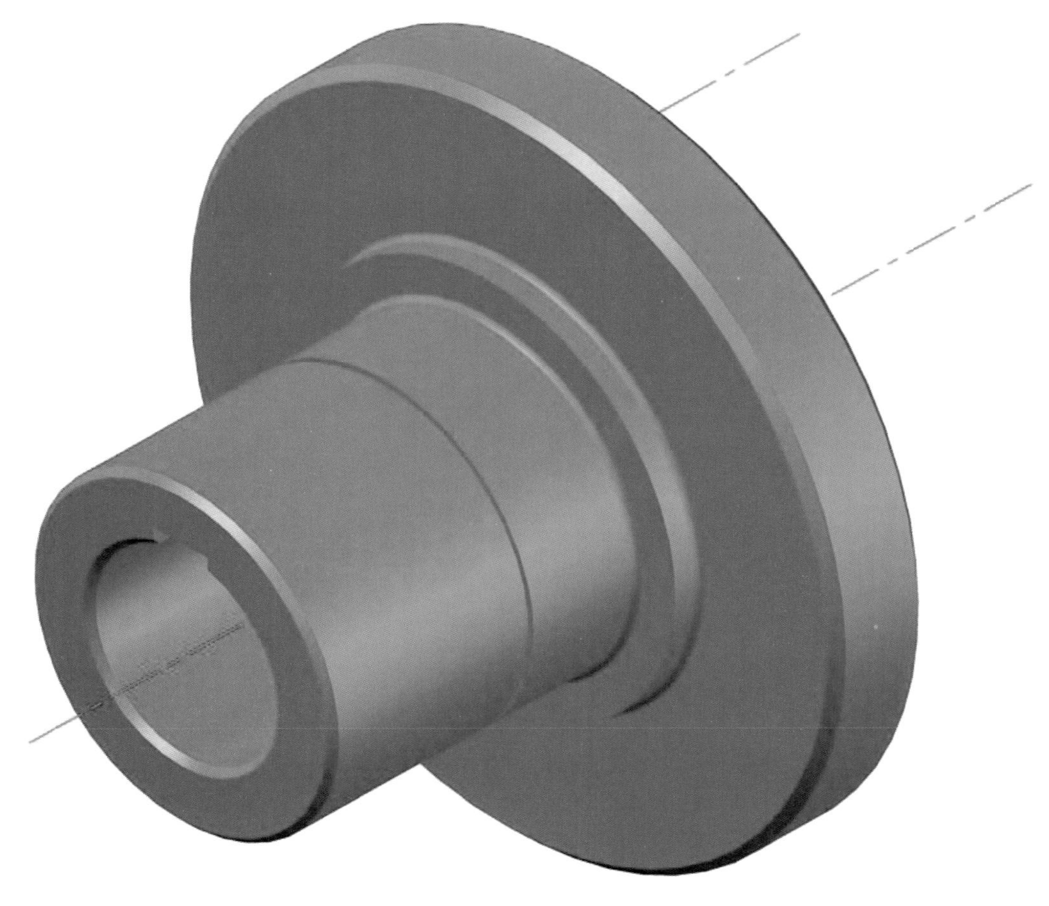

图 4-1-5

第二节　创建球轴承三维实体

一、创建轴承内、外圈三维实体

1. 复制、偏移中心线及绘制、偏移辅助虚线

单击复制按钮，根据提示：单击中心线，回车。捕捉其一端为移动基点并单击，于下侧任意单击一点，回车，则复制中心线出现。单击偏移按钮，根据提示：输入偏移距离 70，回车。单击复制中心线，于下侧单击一点，回车，则下侧偏移中心线出现。

选择虚线层，单击直线按钮，根据提示：捕捉中心线左端点并单击，再捕捉偏移中心线左端点并单击，回车，则第一条辅助虚线绘制完毕。单击偏移按钮，根据提示：输入偏移距离 50，回车。单击第一条辅助虚线，于右侧单击一点，回车。单击右键，选择重复偏移，根据提示：输入偏移距离 116，回车。单击第一条辅助虚线，于右侧单击一点，回车。单击右键，选择重复偏移，根据提示：输入偏移距离 133，回车。单击第一条辅助虚线，于右侧单击一点，回车，结束命令，则四条辅助虚线绘制完毕，并对其进行了编号，同样在复制中心线的右端也标记了“复”字。

2. 绘制内、外圈二维图

1）绘制矩形及圆

选择大轴承图层，单击矩形按钮，捕捉第三条辅助虚线下端点，不点击。向上移动鼠标，当出现沿 *Y* 轴追踪虚线时，输入长度 50，回车。输入（@ 34，13），回车，结束命令，则矩形绘制完毕。

单击圆按钮，捕捉第四条辅助虚线与复制中心线的交点并单击，单击右键，选择直径，输入 25，回车，则圆绘制完毕，并与矩形上一条边相交，如图 4-2-1 所示。

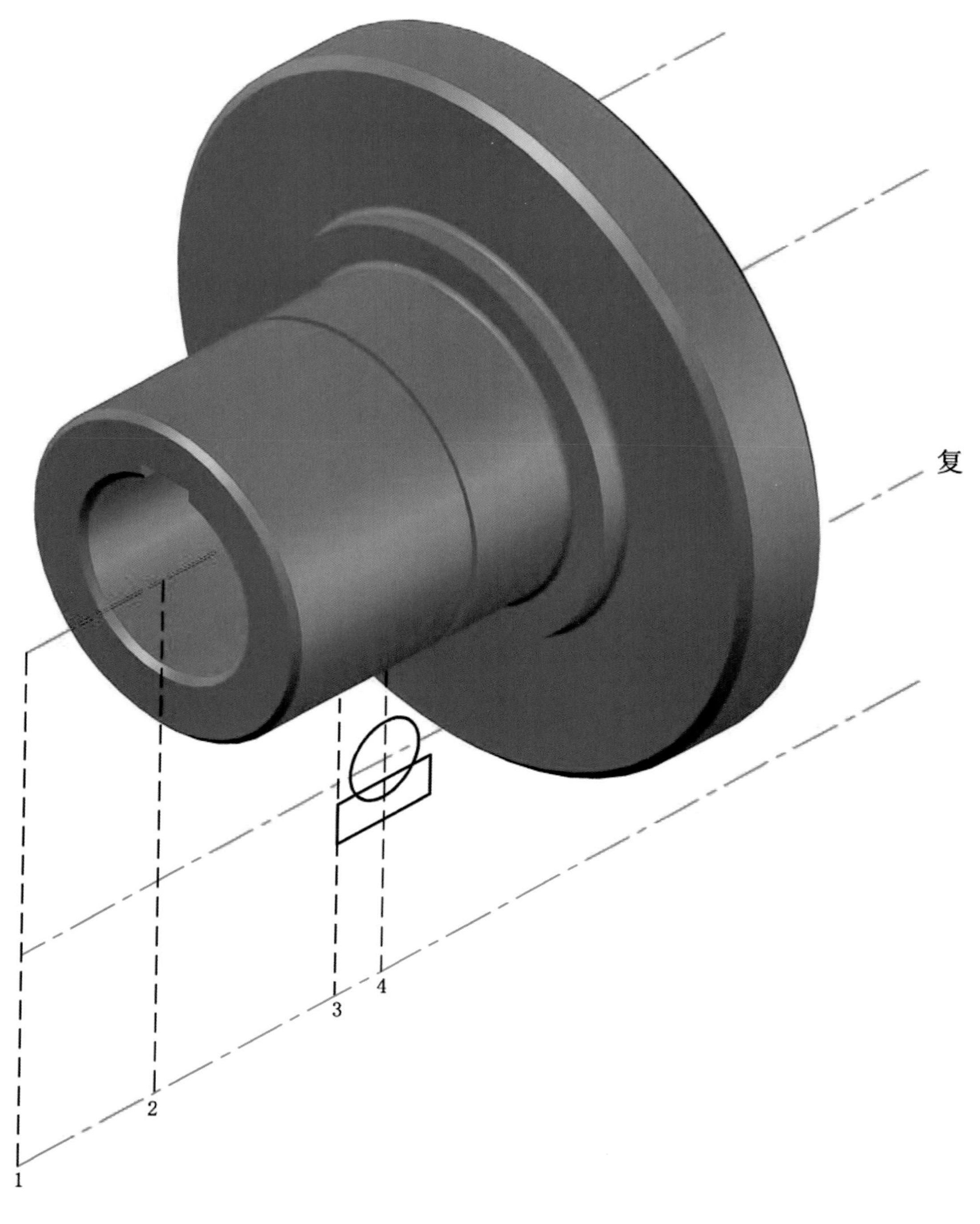

图 4-2-1

2）对矩形进行倒圆角

单击圆角按钮，根据提示：单击右键，选择半径，输入半径值 3.5，回车。先单击矩形右下角垂直边，再单击水平边，回车。重复其圆角命令，分别单击左下角相互垂直边，则矩形下侧两外角倒圆角完毕。

3）剪切矩形与圆

单击修剪按钮，根据提示：分别单击矩形与圆，使其相互成为剪切边，回车，结束选择。先单击弦，再单击圆的上部分，回车，结束命令，则矩形与圆均被剪切，内圈二维图绘制完毕，如图 4-2-2 所示。

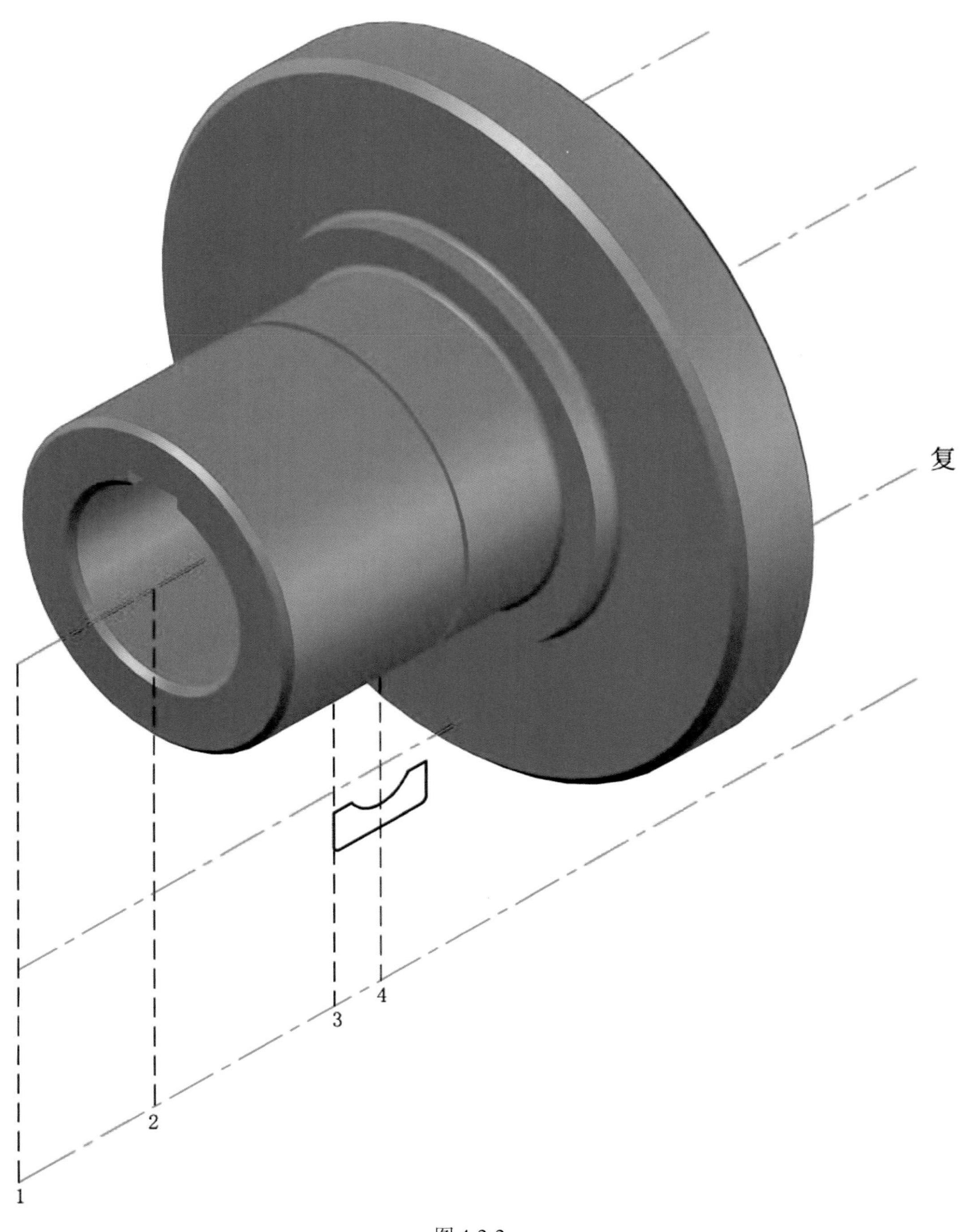

图 4-2-2

4）三维镜像内圈二维图

单击修改下拉菜单，选择三维操作中的三维镜像命令，根据提示：框取内圈二维图，回车。单击右键，选择 *ZX* 平面，捕捉复制中心线一端点并单击，回车，默认不删除原对象，则内圈二维图产生镜像，外圈二维图出现，并对其创建面域如下：

单击面域命令按钮，根据提示：框取内、外圈二维图，回车，结束命令，命令行提示：已创建 2 个面域，如图 4-2-3 所示。

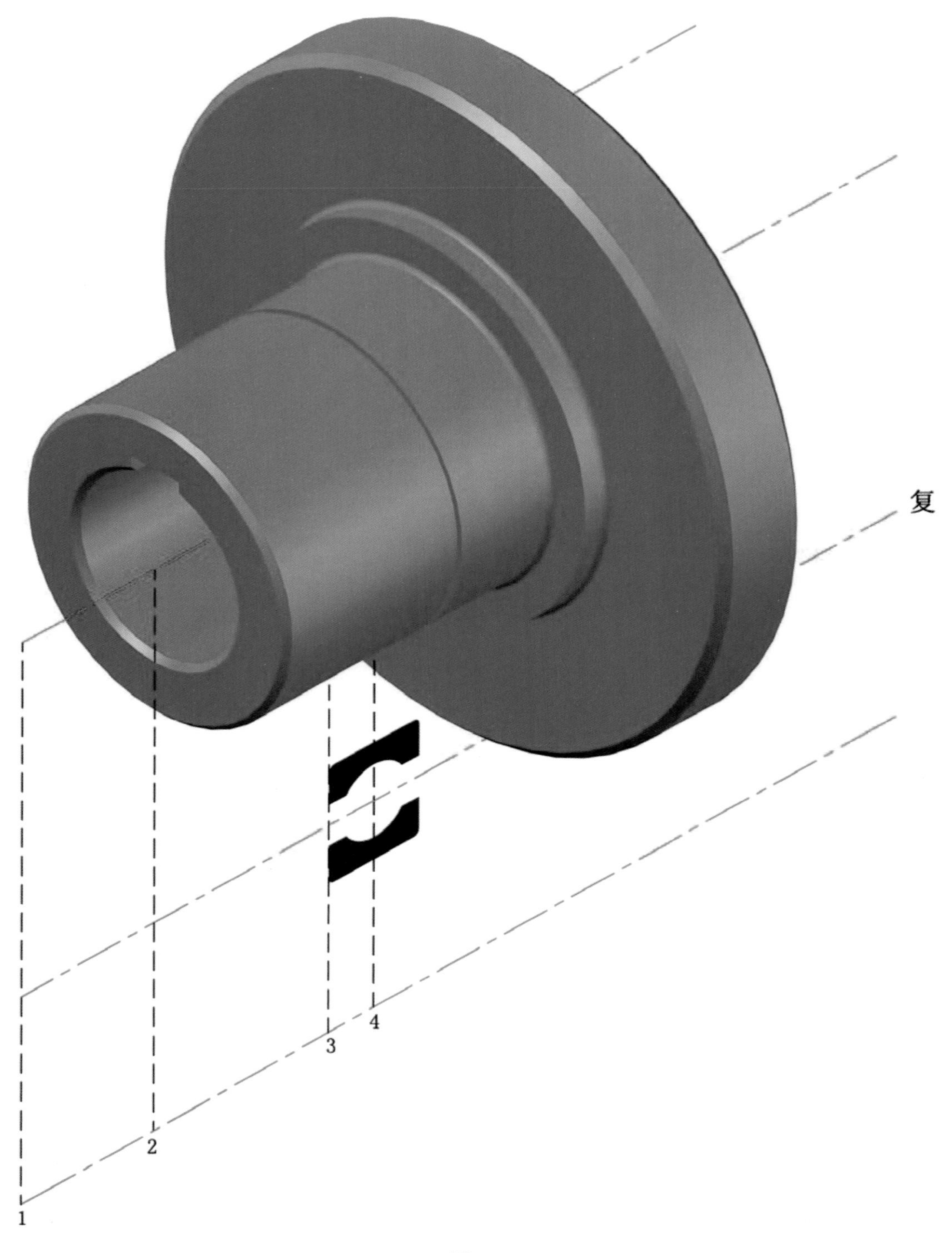

图 4-2-3

5）旋转内、外圈面域创建三维实体

单击旋转按钮，根据提示：分别单击内、外圈面域，回车，结束选择。单击右键，选择对象，单击下侧偏移中心线使之成为旋转轴，回车，默认回旋角为360°，则面域已旋转为内、外圈三维实体，如图4-2-4所示。

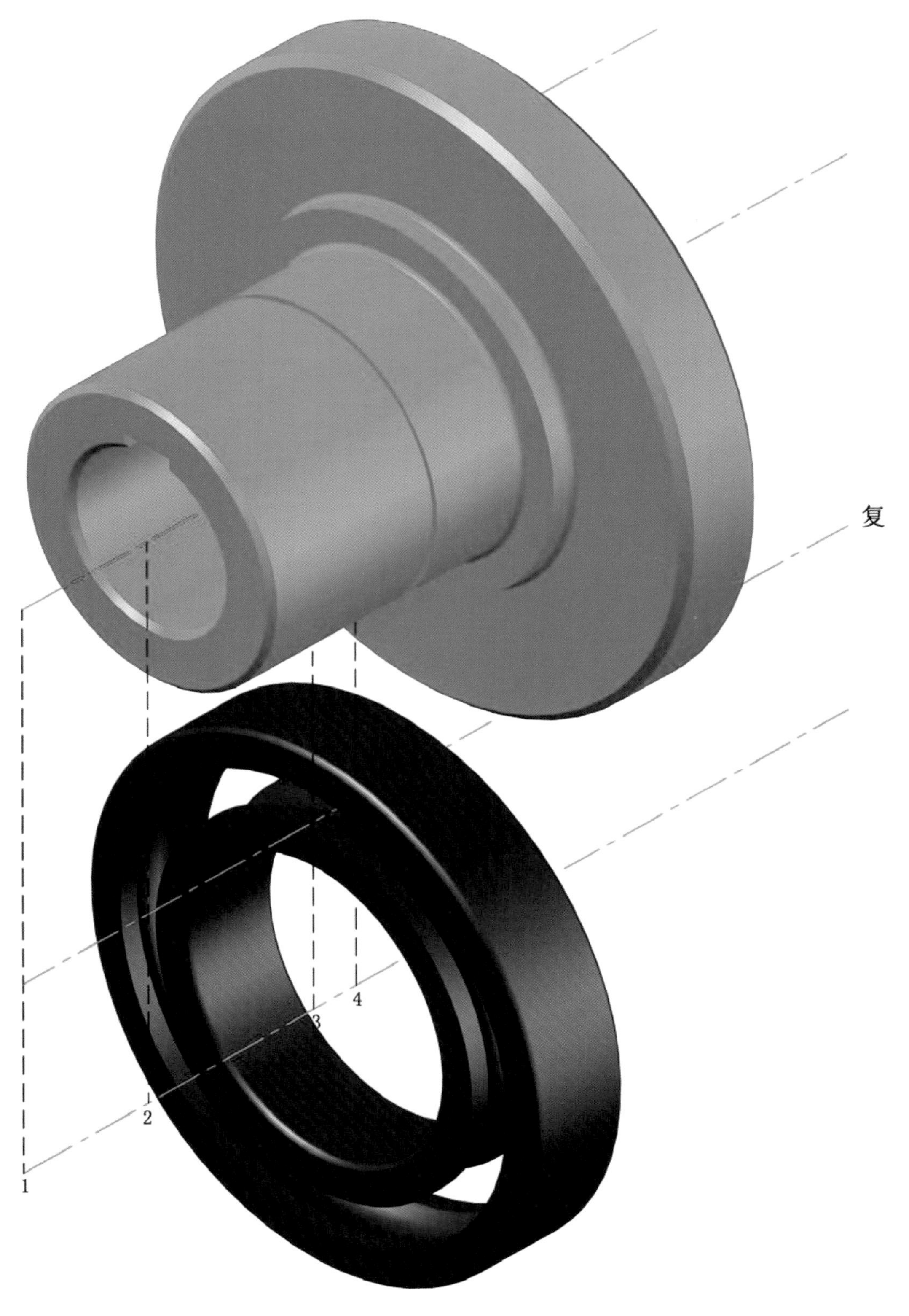

图 4-2-4

6）安装内、外圈三维实体

单击移动按钮，根据提示：分别单击内、外圈三维实体，回车，结束选择。捕捉下侧偏移中心线右端为移动基点并单击，再捕捉中心线右端点并单击，则内、外圈三维实体已精准地安装在圆盘套三维实体上，如图 4-2-5 所示。

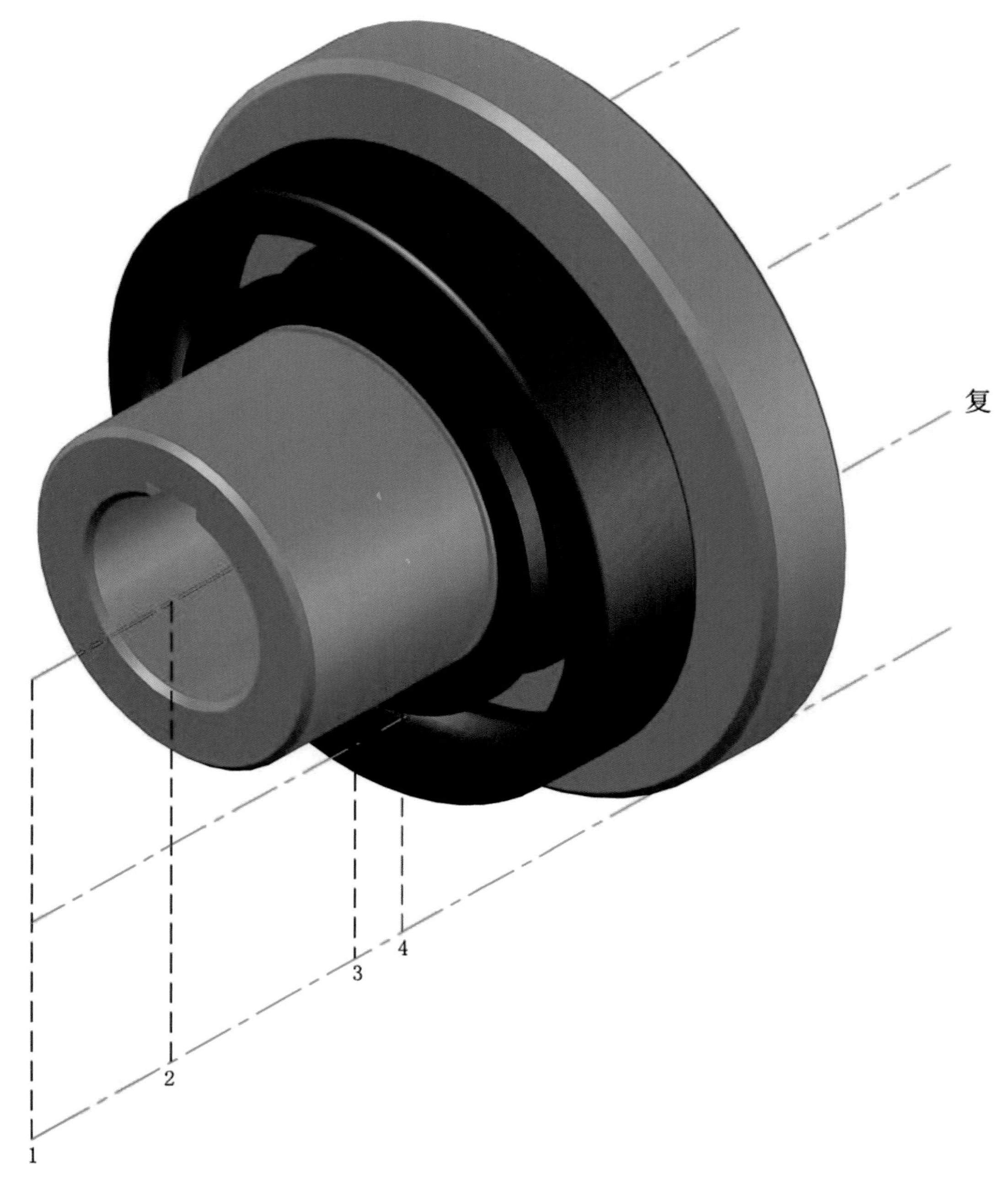

图 4-2-5

二、创建滚珠三维实体并对其进行三维阵列及进行装配

1. 创建三维实心球体

选择大滚珠层，单击球体按钮，根据提示：捕捉复制中心线与第四条辅助虚线的交点并单击，单击右键，选择直径，输入 25，回车，结束命令，则三维实心球体（滚珠）创建完毕，如图 4-2-6 所示。

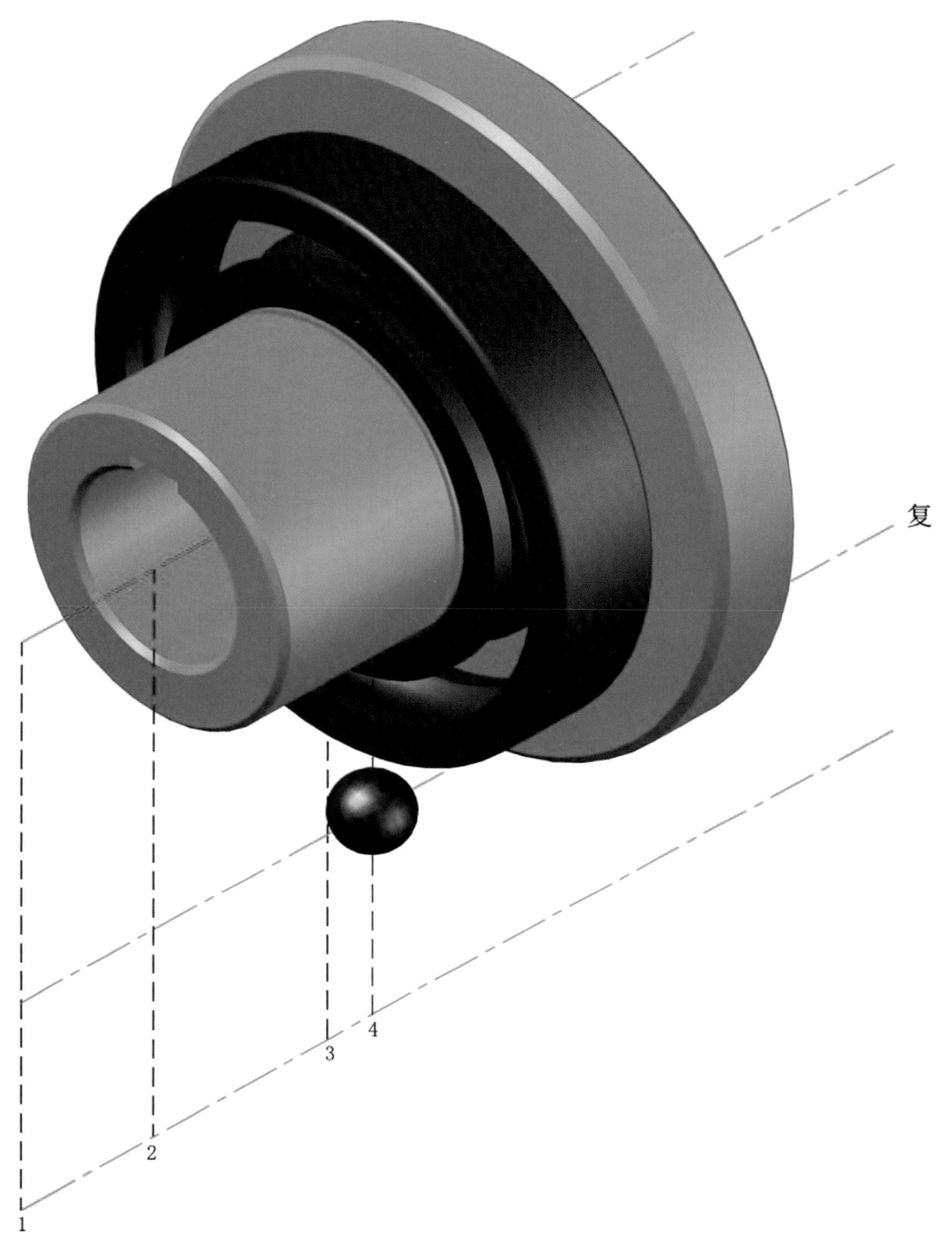

图 4-2-6

2. 三维阵列滚珠

单击修改下拉菜单，选择三维操作中的三维阵列命令，根据提示：单击滚珠，回车，结束选择。单击右键，选择环形，输入项目数 10，回车，默认填充角为 360°，回车，默认其旋转阵列对象，回车。捕捉下侧偏移中心线一端为阵列旋转轴的第一点并单击，捕捉其另一端为阵列旋转轴的第二点并单击，则滚珠进行了阵列并产生了旋转，形成阵列滚珠三维实体，如图 4-2-7 所示。

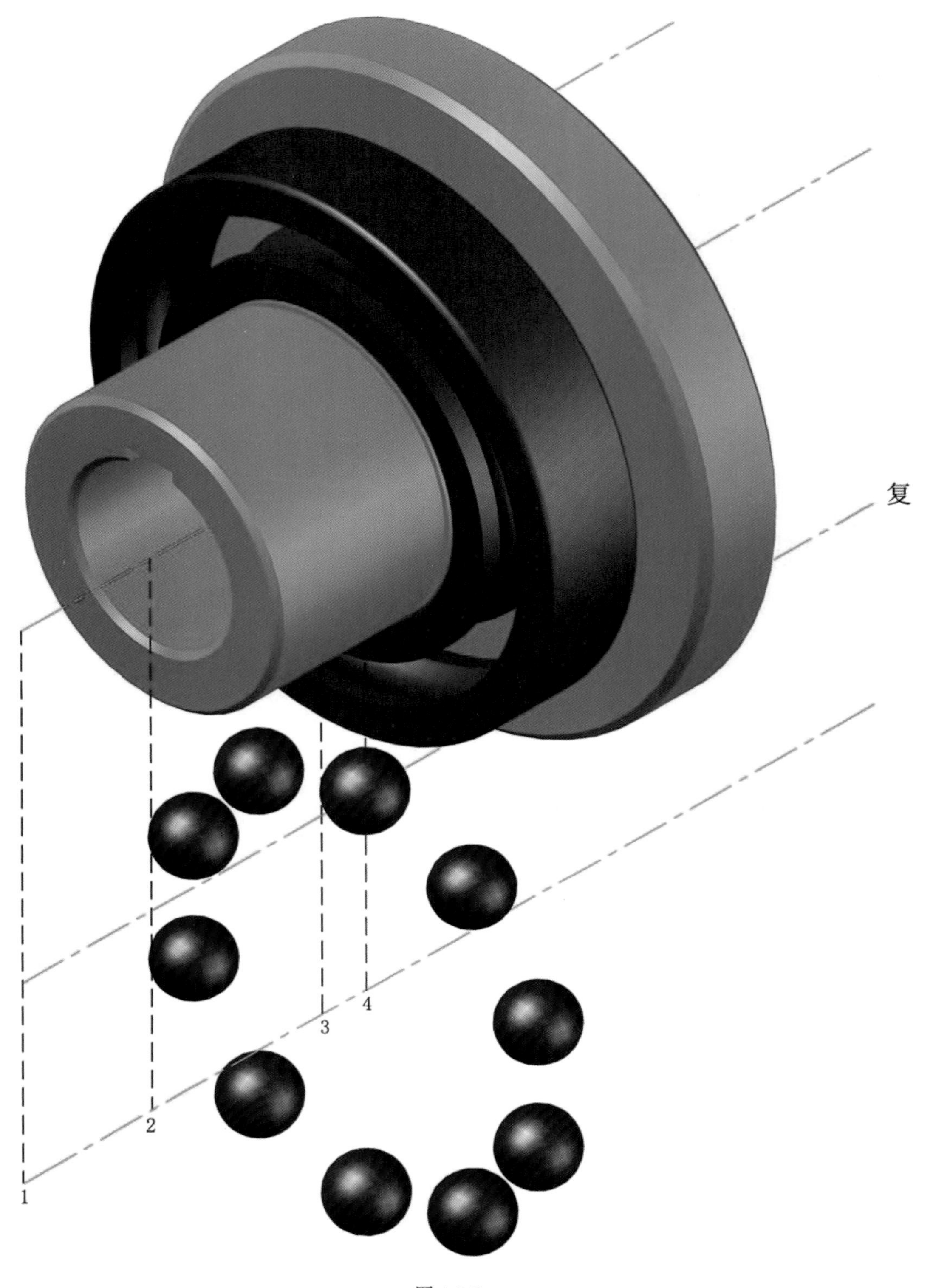

图 4-2-7

3. 安装阵列滚珠三维实体

单击移动按钮，根据提示：框取阵列滚珠三维实体，回车，结束选择。捕捉下侧偏移中心线右端为移动基点并单击，再捕捉中心线右端点并单击，则阵列滚珠三维实体已精准地安装在内、外圈三维实体的正中部位，如图 4-2-8 所示。

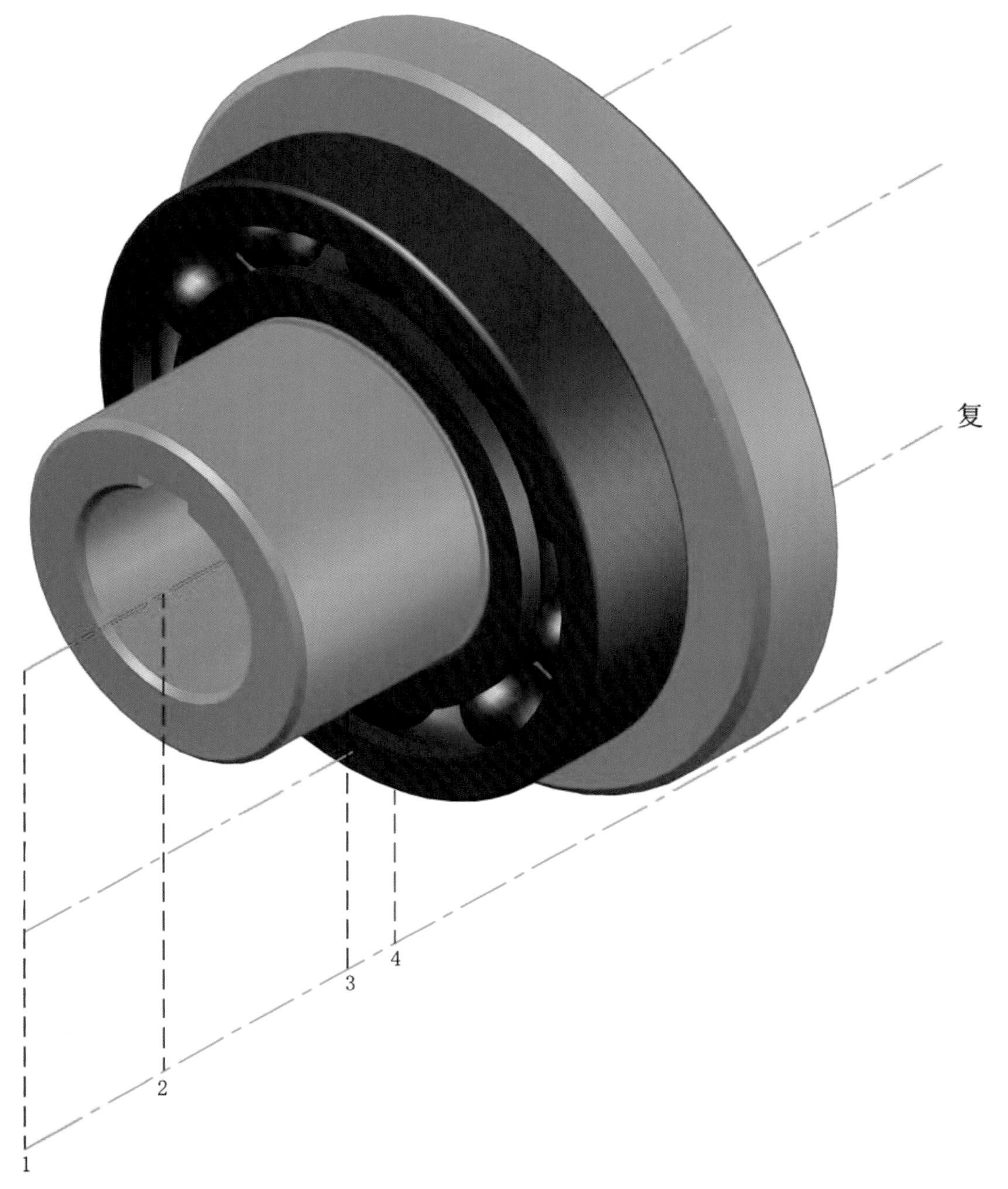

图 4-2-8

三、创建支架三维实体

1. 绘制半圆弧

选择支架层，单击绘图菜单下圆弧选项中的起点、圆心、角度命令，根据提示：捕捉复制中心线与第四条辅助虚线的交点，不点击。向上移动鼠标，当出现沿 Y 轴追踪虚线时，输入长度 12.5，回车。确定了圆弧起点，再捕捉其交点为圆心并单击，则起点与交点之间的距离 12.5 为圆弧半径，输入 180°，回车，结束命令，则半圆弧绘制完毕，并对其偏移如下：

单击偏移按钮，根据提示：输入偏移距离 1.2，回车。单击半圆弧，在右侧单击一点，回车，则偏移半圆弧出现，形成同心半圆弧，并偏移复制中心线如下：

单击偏移按钮，根据提示：输入偏移距离 5.5，回车。单击复制中心线，在上侧单击一点，回车。单击右键，选择重复偏移，输入偏移距离 7，回车。单击复制中心线，于下侧单击一点，回车，则上、下侧剪切偏移中心线出现，并绘制矩形如下：

单击矩形按钮，根据提示：捕捉上侧剪切偏移中心线与第二条辅助虚线的交点并单击，输入（@1.2，-11），回车，结束命令，则矩形绘制完毕，如图 4-2-9 所示。

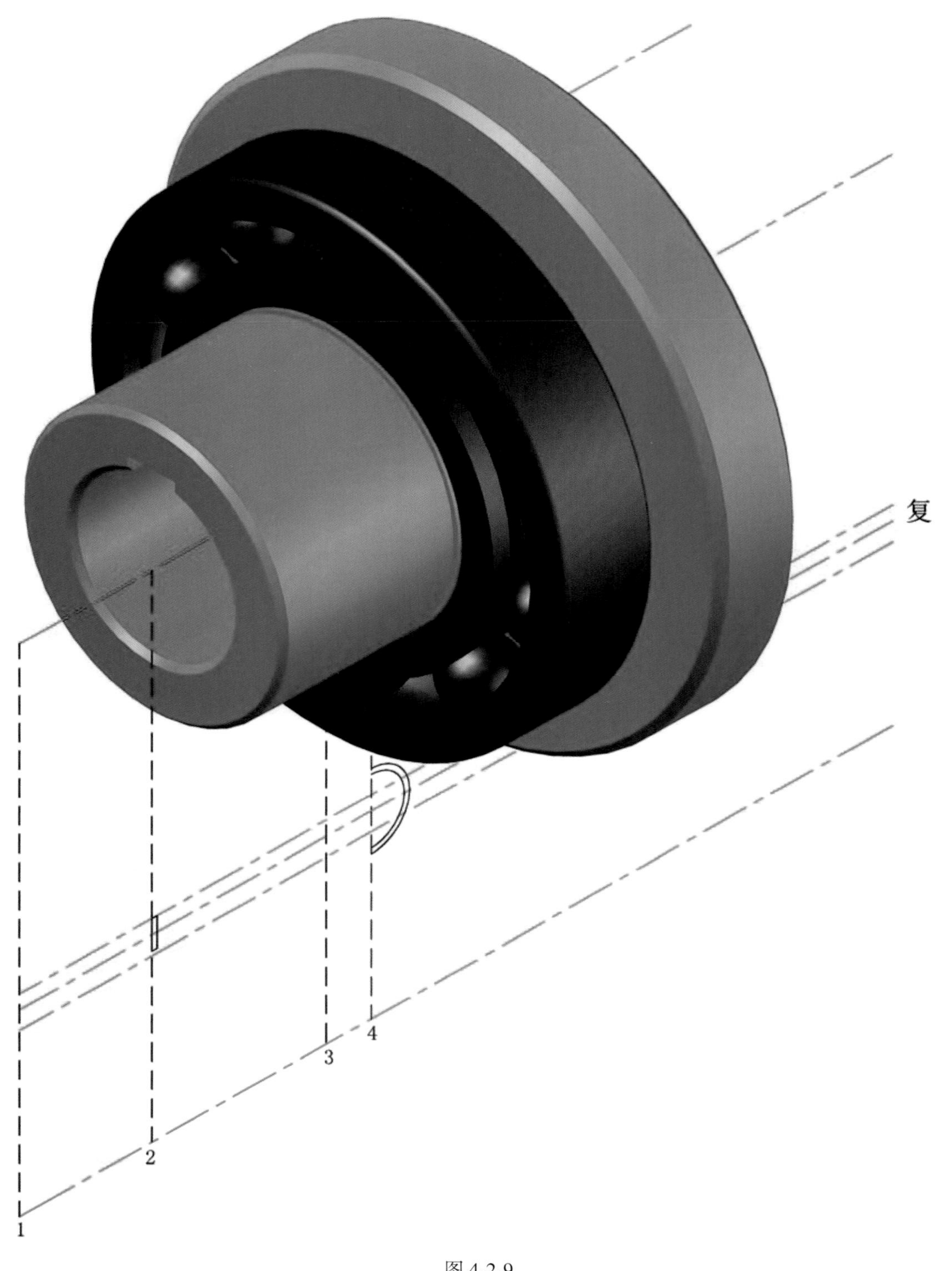

图 4-2-9

2. 绘制滚珠框二维图

单击修剪按钮，根据提示：分别单击同心半圆弧及上、下侧剪切偏移中心线，使其相互成为剪切边，回车。再分别单击同心半圆弧的上、下四段圆弧部分及上、下侧剪切偏移中心线的左、右部分，回车，则对象被剪切成滚珠框二维图，如图 4-2-10 所示。

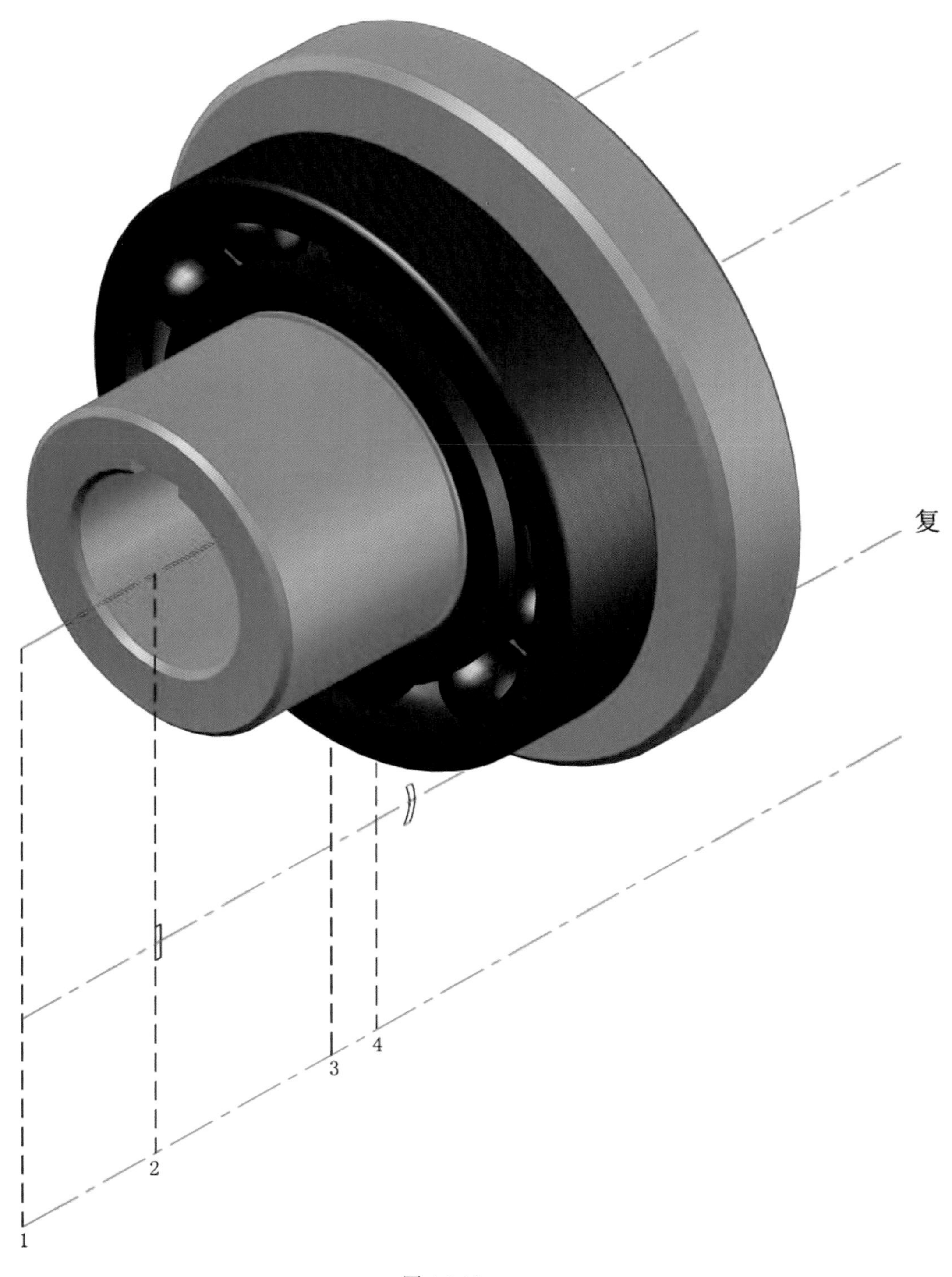

图 4-2-10

3. 创建滚珠框二维图面域

单击面域命令按钮；根据提示：框选滚珠框二维图，回车，结束命令，命令行提示：已创建 1 个面域，如图 4-2-11 所示。

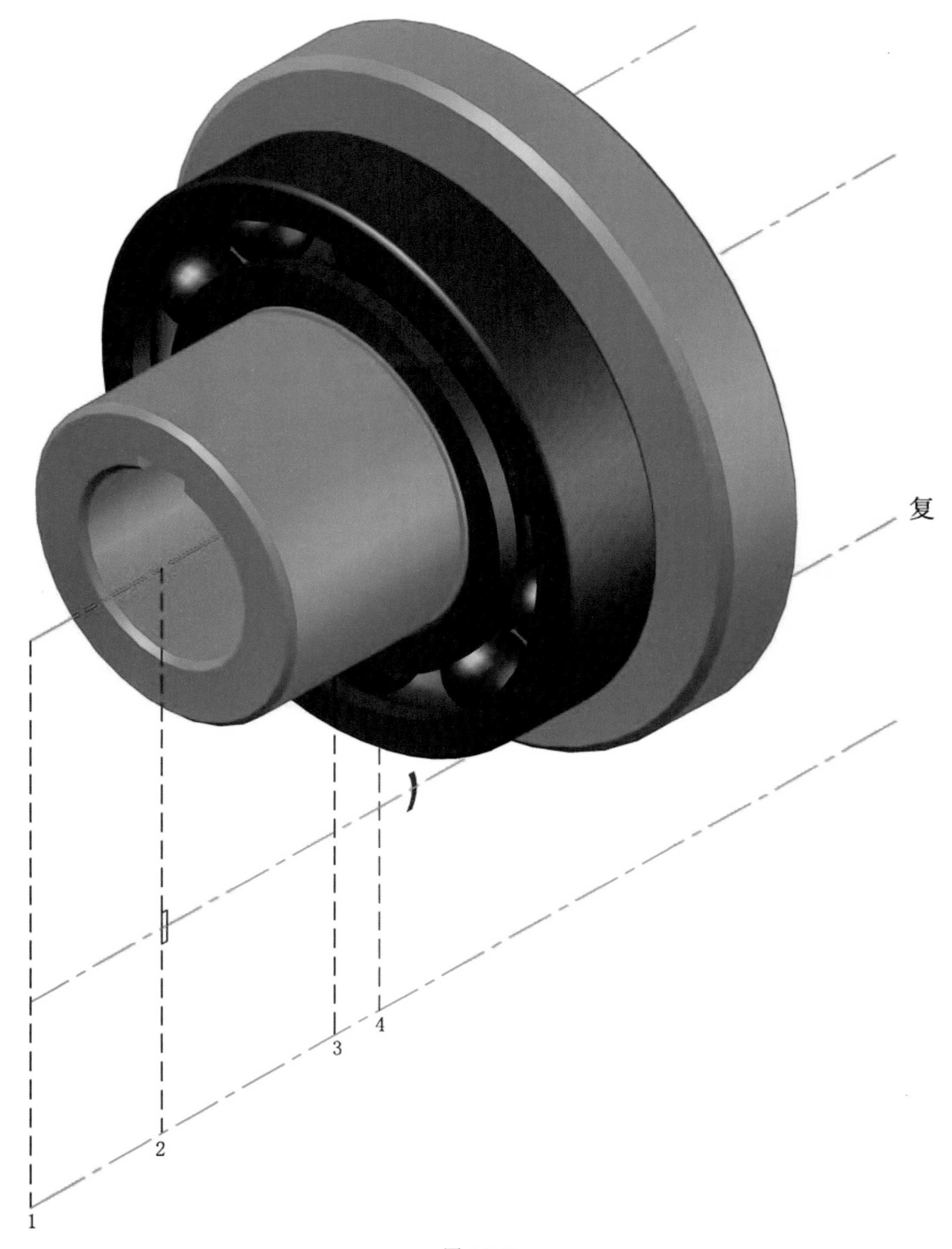

图 4-2-11

4. 创建滚珠框三维实体并直接对其进行三维旋转

单击旋转命令按钮，根据提示：单击面域，回车，结束选择。单击右键，选择对象，单击第四条辅助虚线，使其成为旋转轴，输入回旋角180°，回车，结束命令，则面域按指定角度旋转为滚珠框三维实体。

单击三维旋转按钮，根据提示：单击滚珠框三维实体，回车，结束选择。捕捉第四条辅助虚线下端点并单击，单击垂直于 *Y* 轴的环带，输入旋转角-90°，回车，结束命令，则对象进行了 90°三维旋转，如图4-2-12所示。

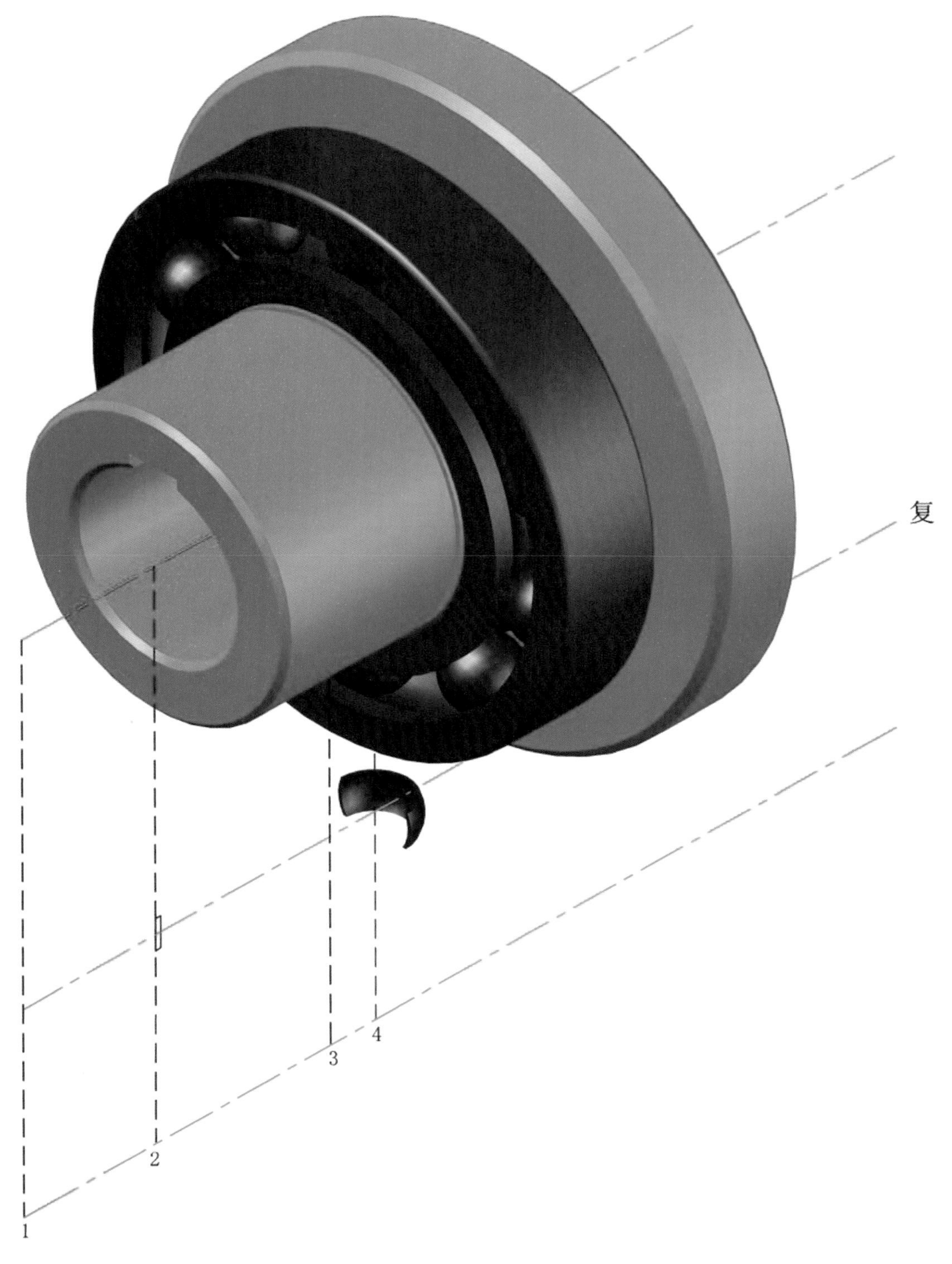

图 4-2-12

5. 绘制辅助圆及辅助同心圆

选择截面层，单击圆按钮，根据提示：捕捉复制中心线左端点并单击，单击右键，选择直径，输入 26，回车。单击右键，选择重复圆，根据提示：捕捉第四条辅助虚线下端点并单击，单击右键，选择直径，输入 160，回车。同理，绘制 ϕ151 及 ϕ129 两圆，则辅助圆及三个辅助同心圆绘制完毕，如图 4-2-13 所示。

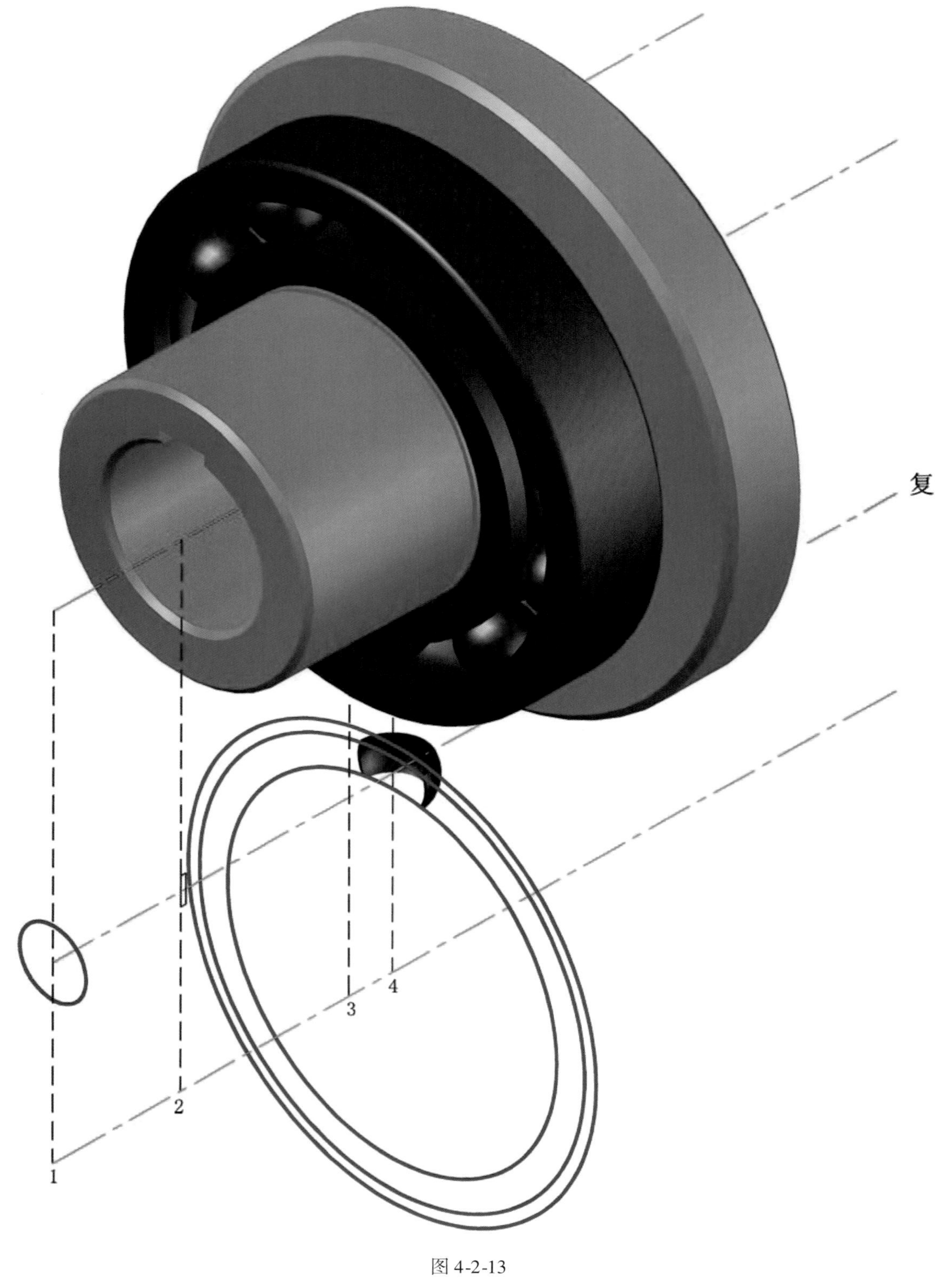

图 4-2-13

6. 对辅助圆及辅助同心圆进行拉伸

单击拉伸按钮，根据提示：单击辅助圆，回车。将拉伸体向右上拉伸，输入拉伸高度 3，回车，结束命令。同理，拉伸辅助同心圆，其拉伸高度为 14，则辅助圆及辅助同心圆分别被拉伸为圆形体，后者与滚珠框构成合并三维实体，如图 4-2-14 所示。

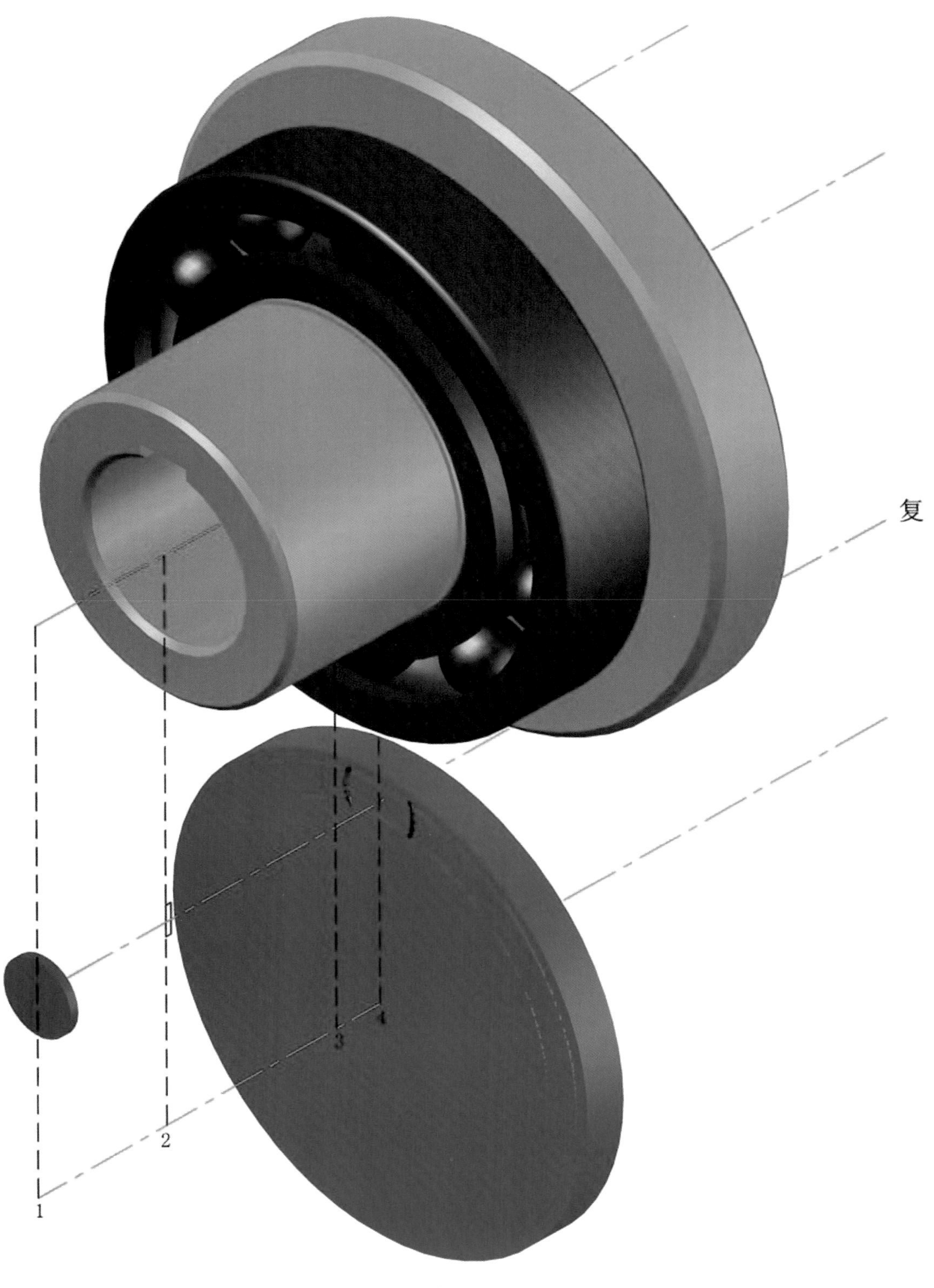

图 4-2-14

7. 对合并三维实体进行布尔运算

单击差集按钮，根据提示：先单击大圆形体，回车，结束选择。再单击中间圆形体，回车，结束命令。则从大圆形体内减去一个中间圆形体，便获得一辅助同心圆环体，并显露出与滚珠框构成的合并三维实体，如图 4-2-15 所示。

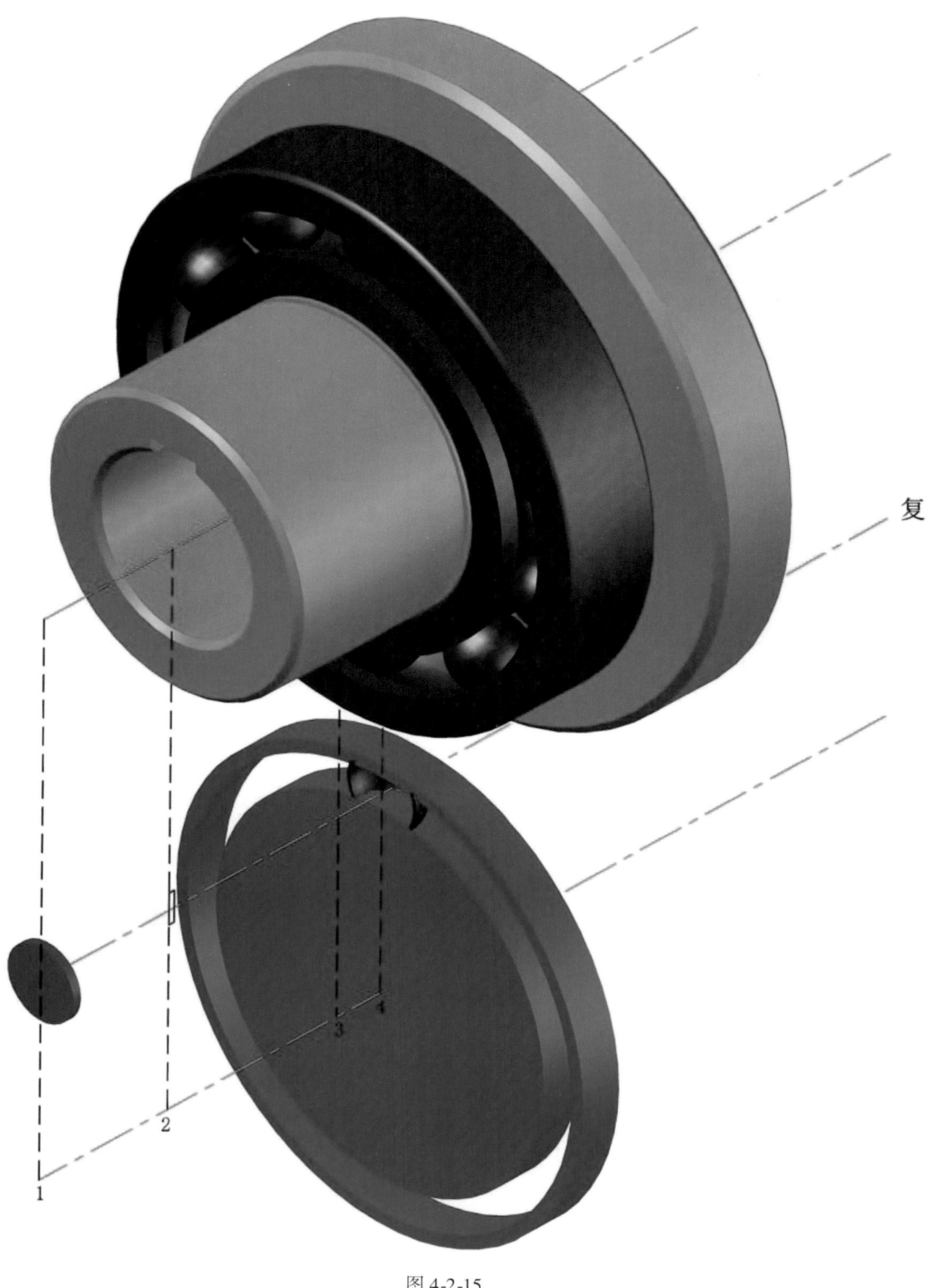

图 4-2-15

8. 创建滚珠框三维实体两端圆弧面

单击差集按钮，根据提示：先单击滚珠框三维实体，回车，结束选择。再单击辅助同心圆环体，回车。则从滚珠框三维实体中减去辅助同心圆环体，便获得一个两端具有圆弧面的滚珠框三维实体，将与支架三维实体进行圆滑连接，如图 4-2-16 所示。

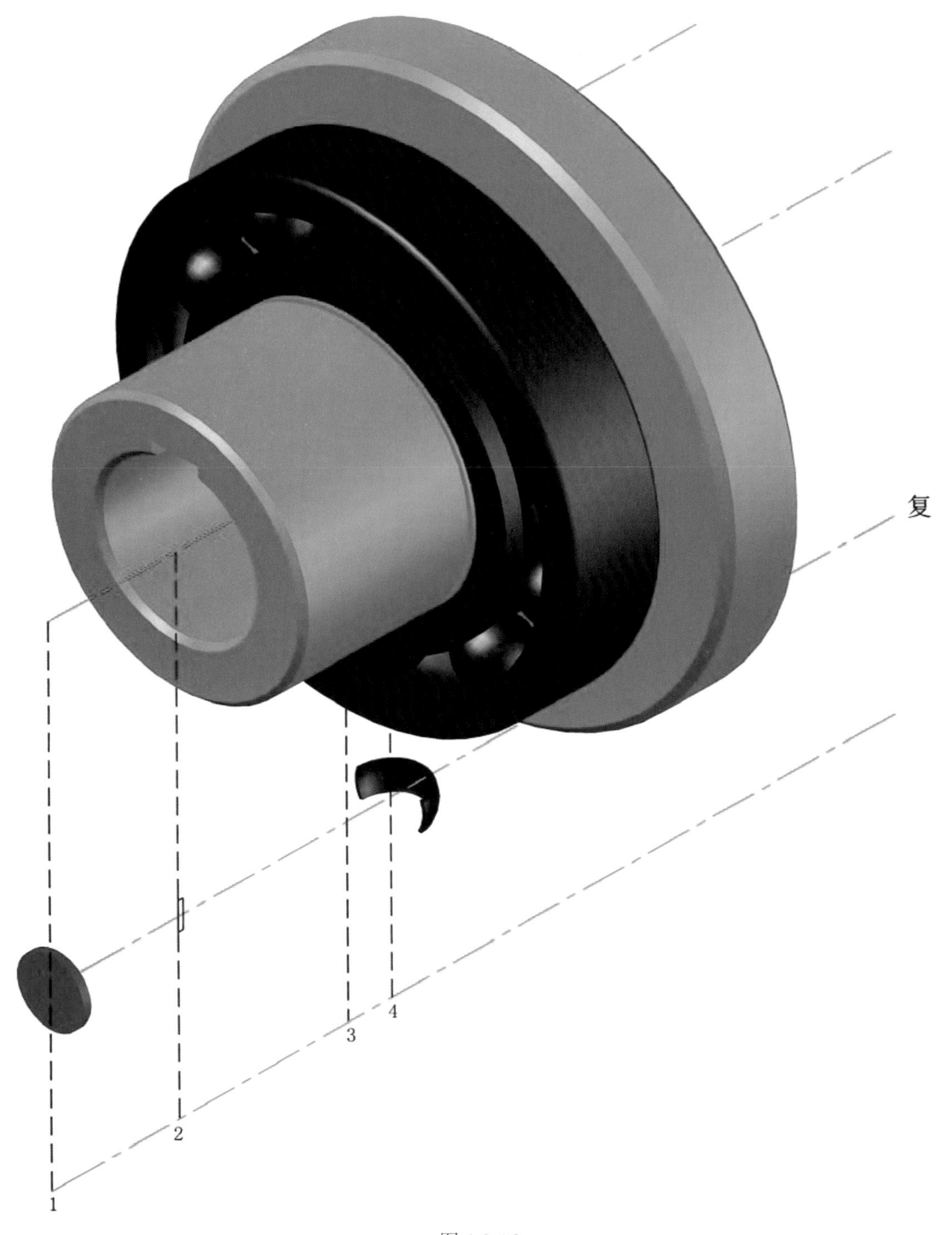

图 4-2-16

9. 旋转矩形及阵列辅助圆形体

单击旋转按钮，根据提示：单击矩形，回车。单击右键，选择对象，单击下侧偏移中心线左侧使其成为旋转轴，输入回旋角 36°，回车，则矩形旋转为支架三维实体。

单击修改下拉菜单，选择三维操作中的三维阵列命令，根据提示：单击辅助圆形体，回车，结束选择。单击右键，选择环形，输入项目数 2，回车，输入填充角 36°，回车，默认其旋转阵列对象，回车。捕捉下侧偏移中心线左端为阵列旋转轴的第一点并单击，捕捉其另一端为阵列旋转轴的第二点并单击，则对象进行了阵列并产生了旋转，形成阵列辅助圆形体，如图 4-2-17 所示。

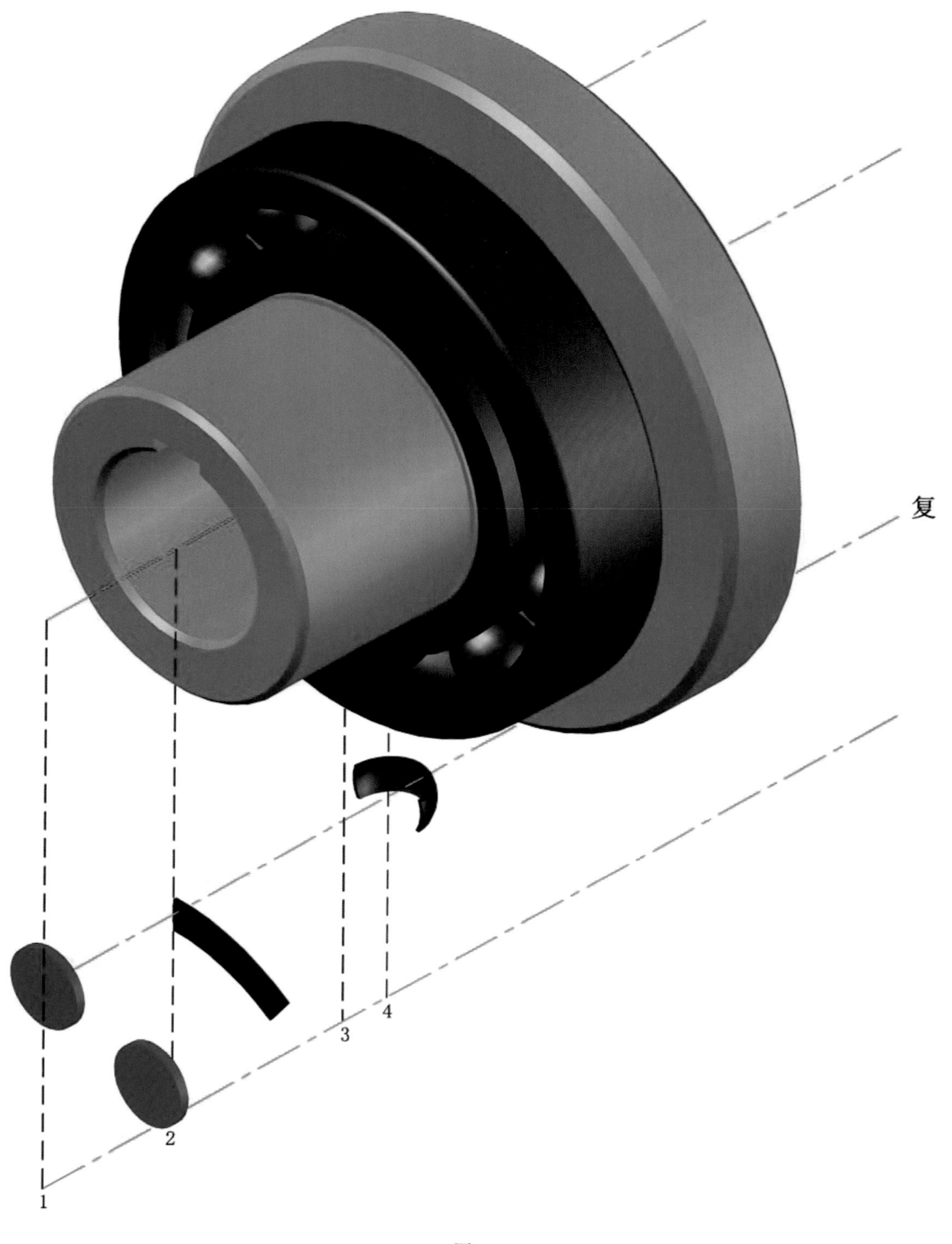

图 4-2-17

10. 将阵列辅助圆形体与支架三维实体进行合并

单击移动按钮，根据提示：分别单击阵列辅助圆形体，回车，结束选择。捕捉第一条辅助虚线下端为移动基点并单击，再捕捉第二条辅助虚线下端点并单击，则两者合并在一起构成合并三维实体，为下一步布尔运算做准备，如图 4-2-18 所示。

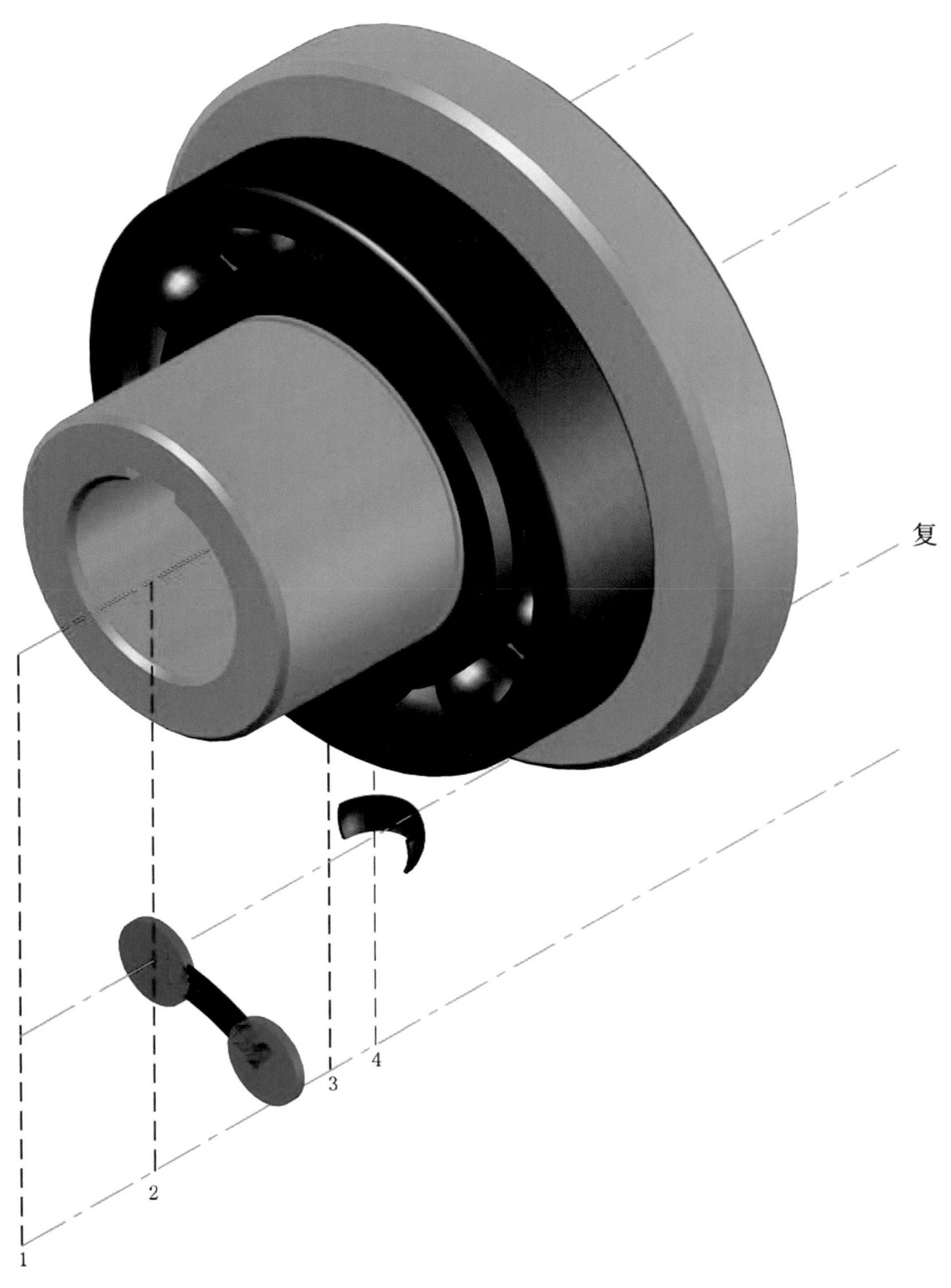

图 4-2-18

11. 对合并三维实体进行布尔运算并对其进行复制

单击差集按钮，根据提示：先单击支架三维实体，回车，结束选择。再分别单击辅助圆形体，回车。则从支架三维实体内同时减去两个辅助圆形体，便获得一个两端具有弧形的支架三维实体。单击复制按钮，根据提示：单击支架三维实体，回车。捕捉第二条辅助虚线下端为移动基点并单击，再捕捉第四条辅助虚线下端点并单击，回车。则支架与滚珠框已构成合并三维实体，原对象则成为观察图，如图 4-2-19 所示。

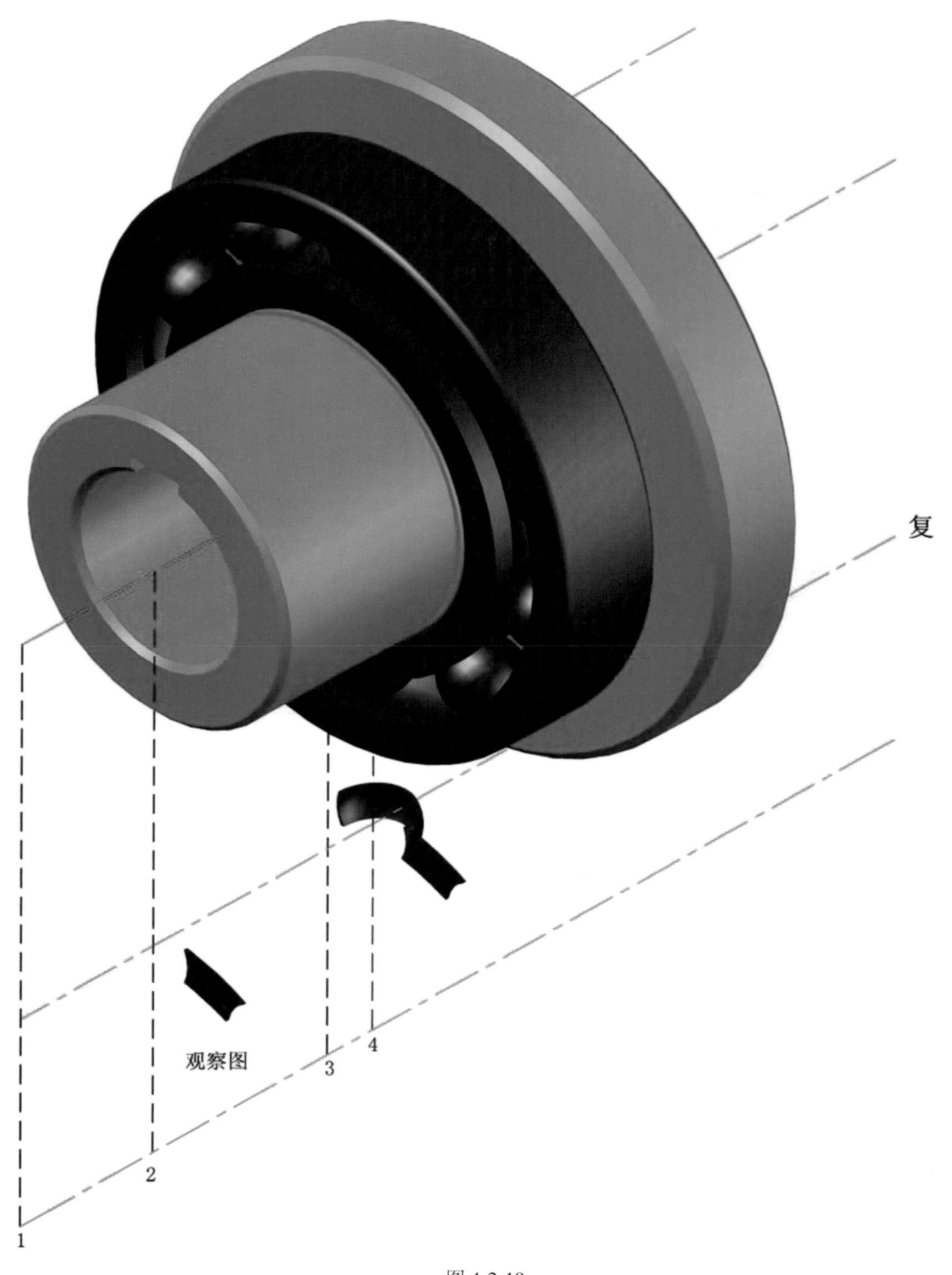

图 4-2-19

12. 三维阵列合并三维实体

单击修改下拉菜单，选择三维操作中的三维阵列命令，根据提示：框取合并三维实体，回车。单击右键，选择环形，输入项目数 10，回车，默认填充角为 360°，回车，默认其旋转阵列对象，回车。捕捉下侧偏移中心线一端为阵列旋转轴的第一点并单击，捕捉其另一端为阵列旋转轴的第二点并单击，则对象进行了阵列并产生了旋转，形成右侧滚珠支架合并三维实体，并删除左侧观察图，如图 4-2-20 所示。

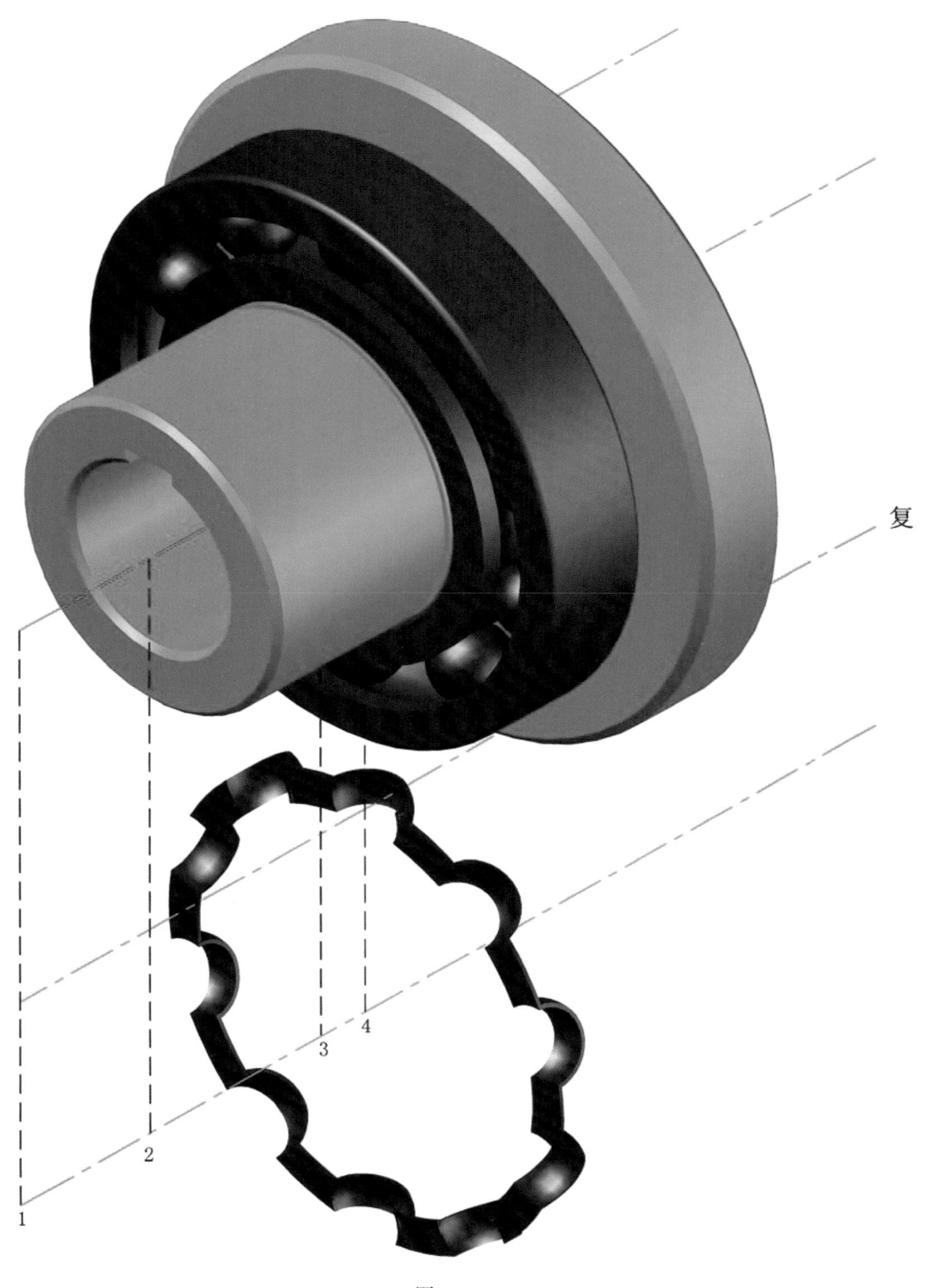

图 4-2-20

13. 三维镜像右侧滚珠支架合并三维实体

单击修改下拉菜单，选择三维操作中的三维镜像命令，框取合并三维实体，回车。单击右键，选择 *XY* 平面，捕捉第四条辅助虚线下端点并单击，回车，默认不删除原对象，则镜像出另一半，构成松散型滚珠支架合并三维实体，如图 4-2-21 所示。

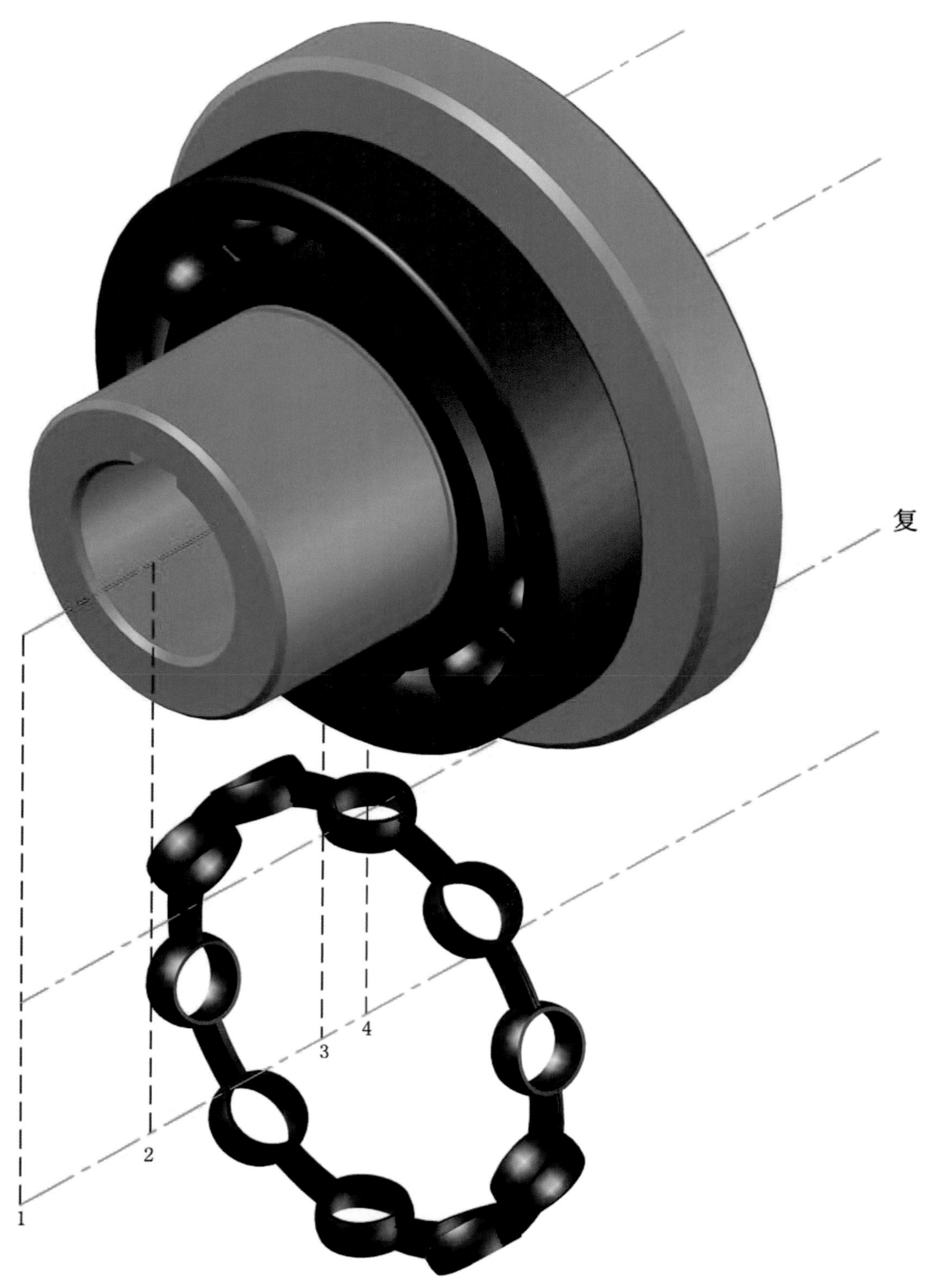

图 4-2-21

四、对松散型合并三维实体进行布尔运算

单击布尔并集按钮，根据提示：框取松散型滚珠支架三维实体一次，再对其框选一次，回车，则对象合并为一个整体型滚珠支架三维实体，并将其安装如下：

单击移动按钮，根据提示：单击整体型滚珠支架三维实体，回车，结束选择。捕捉下侧偏移中心线左端为移动基点并单击，再捕捉中心线左端点并单击，则对象已精准地安装在阵列滚珠及内、外圈三维实体之中，球轴承三维实体的创建和安装过程已全部完成，如图 4-2-22 所示。

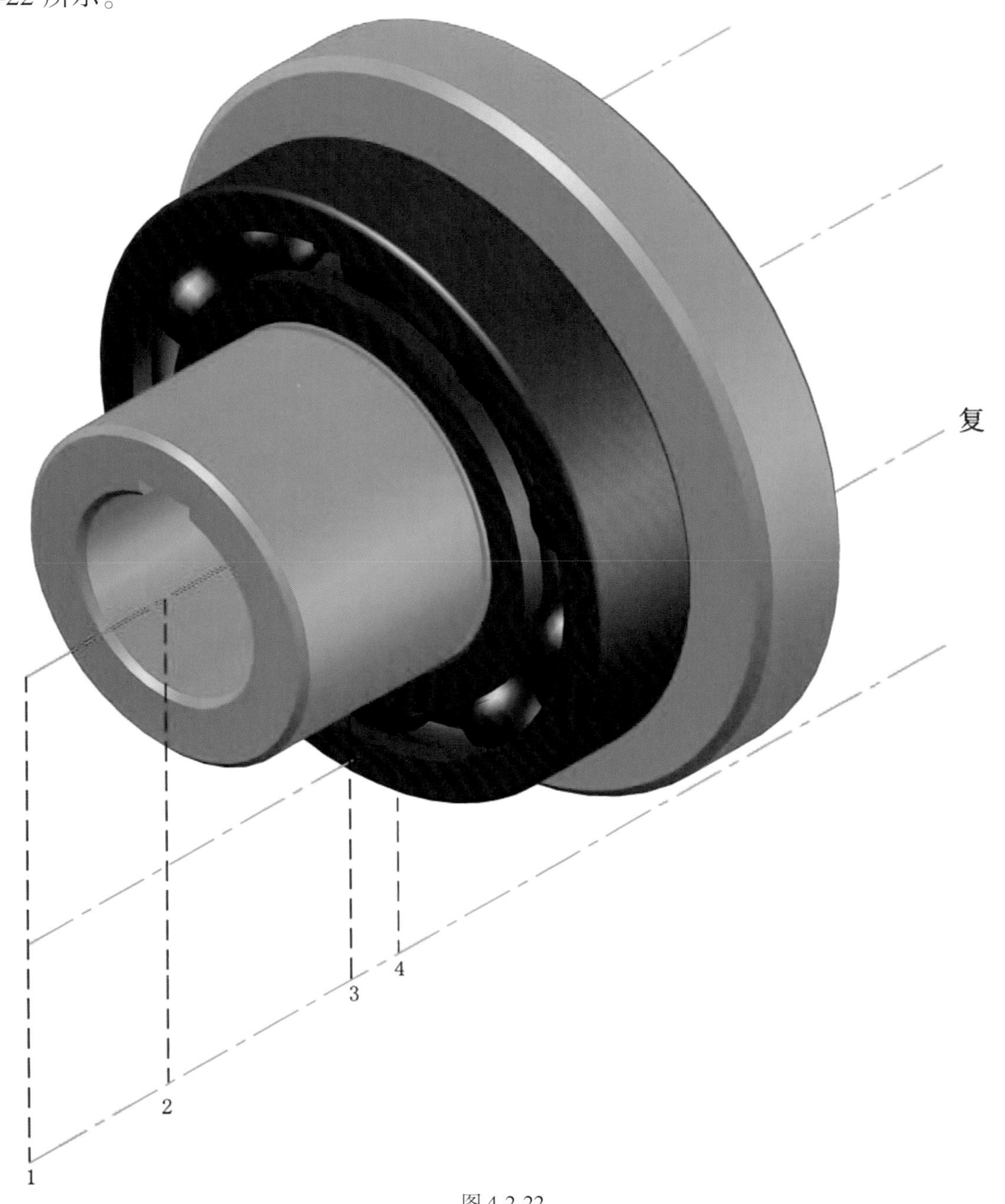

图 4-2-22

五、创建轴挡圈三维实体

1. 偏移中心线、绘制同心圆及圆

单击偏移按钮，根据提示：输入偏移距离 1.5，回车。单击下侧偏移中心线，于上侧单击一点，回车，则上侧偏移中心线出现。

选择轴挡圈层，单击圆按钮，根据提示：捕捉第三条辅助虚线与上侧偏移中心线的交点并单击，单击右键，选择直径，输入 96.5，回车。同理，再绘制另一圆 $\phi125$，则两同心圆绘制完毕。单击圆按钮，捕捉第三条辅助虚线下端点并单击，单击右键，选择直径，输入 108.5，回车，则其间非同心圆绘制完毕，并偏移辅助虚线如下：

单击偏移按钮，根据提示：输入偏移距离 4，回车。单击第三条辅助虚线，于一侧单击一点，再单击此辅助虚线，于另一侧单击一点，回车。单击右键，选择重复偏移，根据提示：输入偏移距离 25，回车。单击第三条辅助虚线，于一侧单击一点，再单击此辅助虚线，于另一侧单击一点，回车，结束命令。则四条偏移虚线出现，并分别与三个圆相交，再删除复制中心线及第四条辅助虚线，如图 4-2-23 所示。

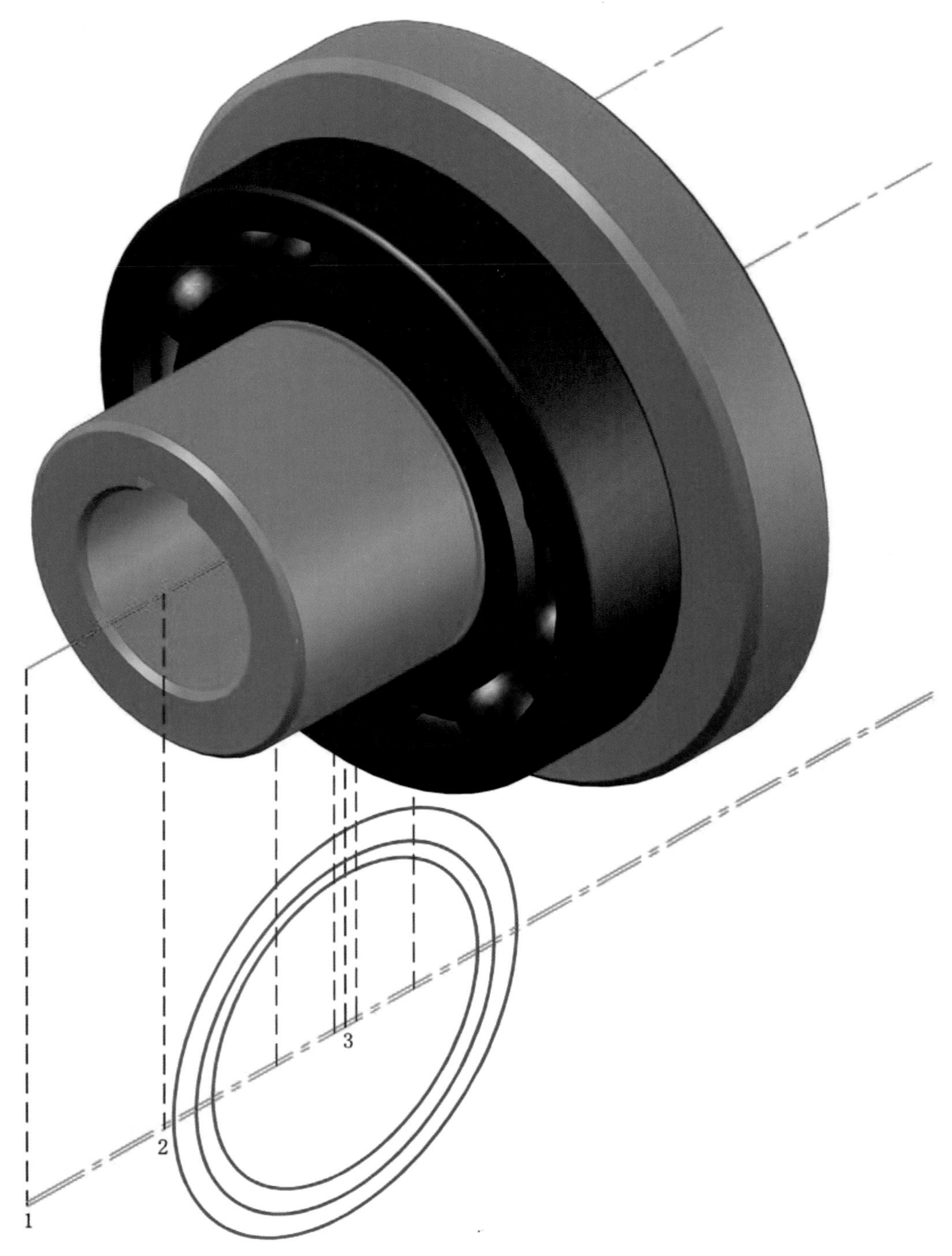

图 4-2-23

2. 创建轴挡圈三维实体并安装（参照前例）

将三个圆及四条偏移虚线剪切成为轴挡圈二维图及绘制钳孔圆，并创建其面域及进行拉伸，拉伸高度为2.5，再对其做差集运算以减去两个小圆柱体，然后对其倒圆角，轴挡圈三维实体创建完成。以 Y 为旋转轴，第三条辅助虚线下端为基准点，对其进行90°三维旋转。再以上侧偏移中心线端点为基准点来进行安装，就可将其卡嵌在挡圈槽中，构成圆盘套、球轴承及轴挡圈组合三维实体。如图4-2-24所示。

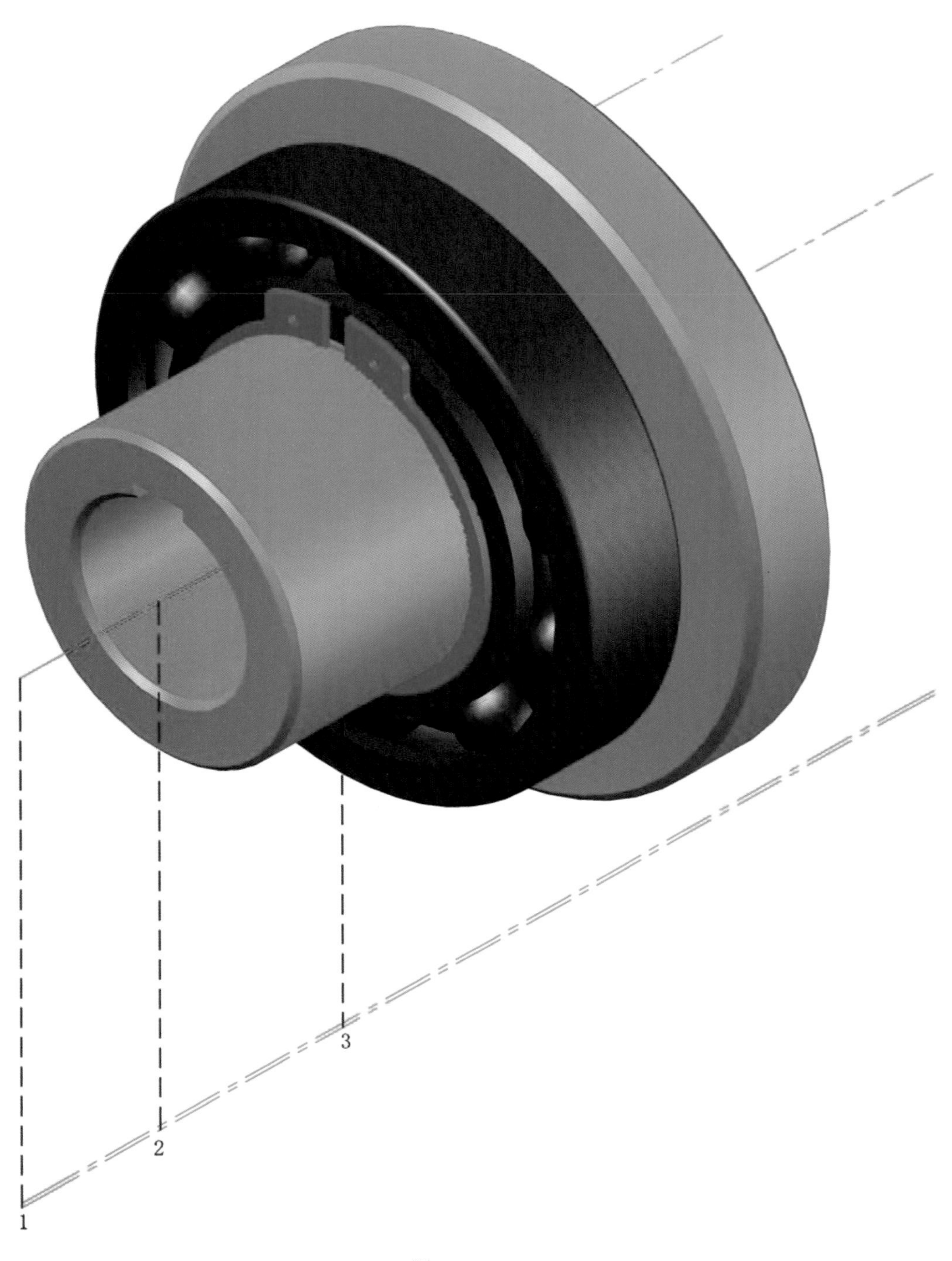

图4-2-24

第三节　创建输出套及输出销轴三维实体

一、三维旋转视图并将该幅图中的下侧偏移中心线暂时打断

1. 对圆盘套组合三维实体、中心线及其辅助虚线进行三维旋转

单击修改下拉菜单，选择三维操作中的三维旋转命令，根据提示：框取视图，回车。捕捉中心线中点并单击，单击垂直于 Y 轴的环带，输入旋转角180°，回车，则对象进行了180°三维旋转。视图经旋转后，便于绘制其零件图。

2. 打断下侧偏移中心线

单击打断按钮，根据提示：用拾取框单击下侧偏移中心线于任意点，再捕捉其左端点并单击，则下侧偏移中心线左部分已被打断，并删除上侧偏移中心线如下：

单击删除按钮，根据提示：单击上侧偏移中心线，回车，结束命令，则对象已被删除，如图 4-3-1 所示。

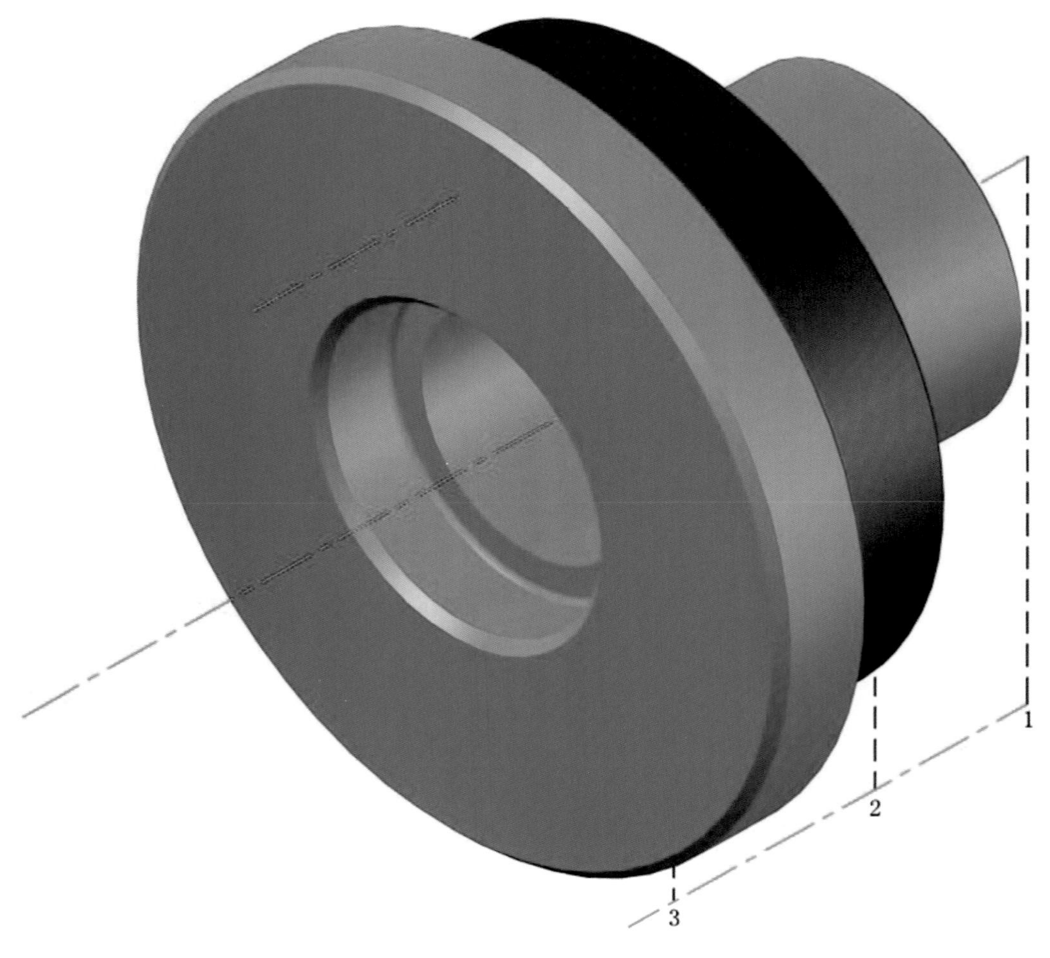

图 4-3-1

3. 偏移辅助虚线并对其进行延伸

单击偏移按钮，根据提示：输入偏移距离164，回车。单击第一条辅助虚线，于左侧单击一点，回车。单击右键，选择重复偏移，根据提示：输入偏移距离224，回车。再单击第一条辅助虚线，于左侧单击一点，回车，结束命令，则两条偏移虚线出现，并在其下端点处分别标记了“装”字及“左”字，再对左侧偏移虚线延伸如下：

单击延伸按钮，根据提示：单击销轴中心线，回车，结束选择。再单击左侧偏移虚线上部分，回车，结束命令。则左侧偏移虚线延伸至销轴中心线上且与其垂直，并在其交点上绘制圆如下：

选择销轴层，单击圆按钮，根据提示：捕捉销轴中心线与左侧偏移虚线的交点并单击，单击右键，选择直径，输入18，回车，则圆绘制完毕，如图4-3-2所示。

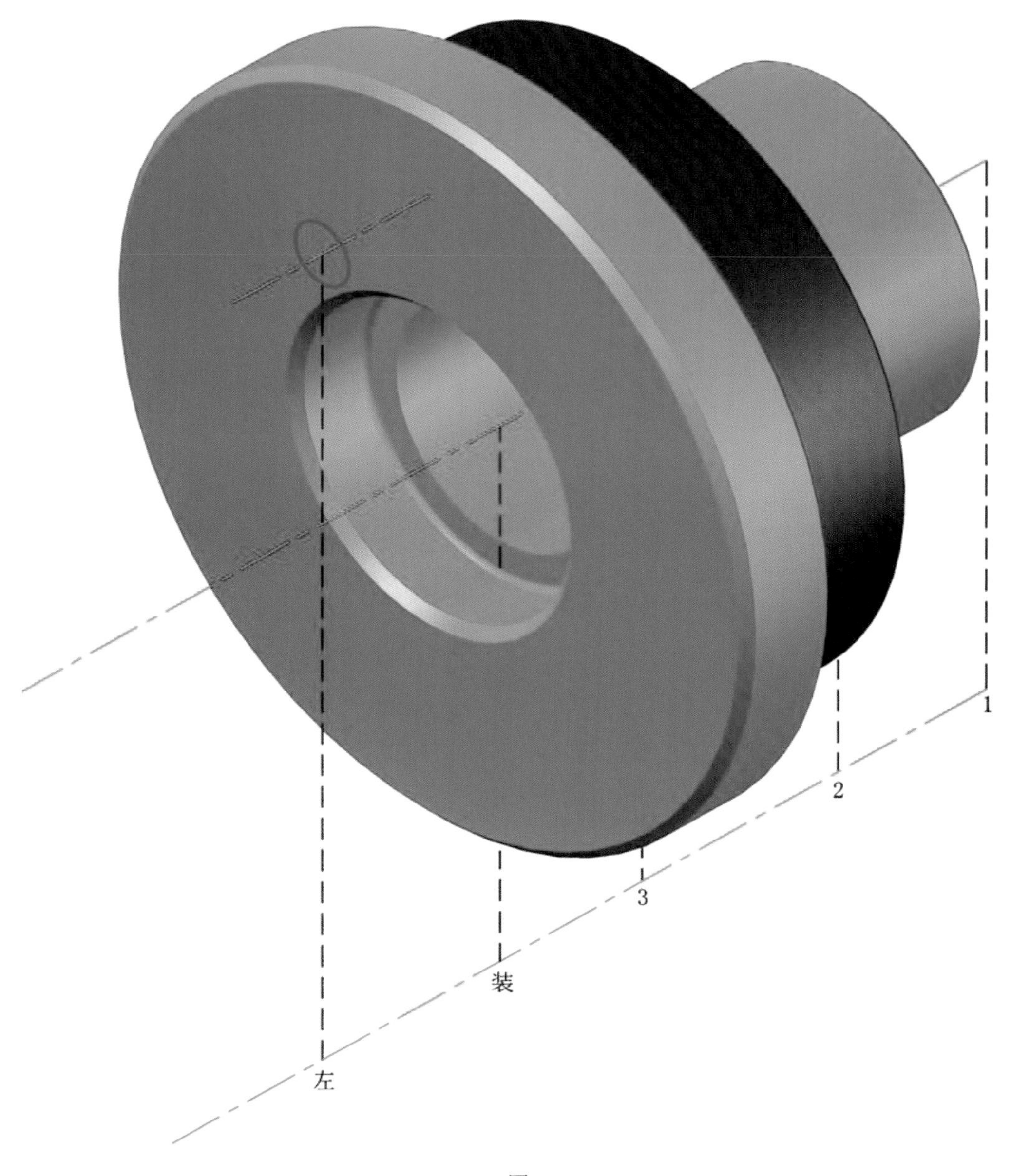

图4-3-2

二、对圆盘套三维实体打销轴孔及绘制矩形

1. 拉伸圆

单击拉伸命令按钮，根据提示：单击圆，回车，结束选择。将拉伸体向右上侧拉伸，输入拉伸高度 66，回车，结束命令，则圆被拉伸为圆柱体，并与圆盘套三维实体合并在一起，如图 4-3-3 所示。

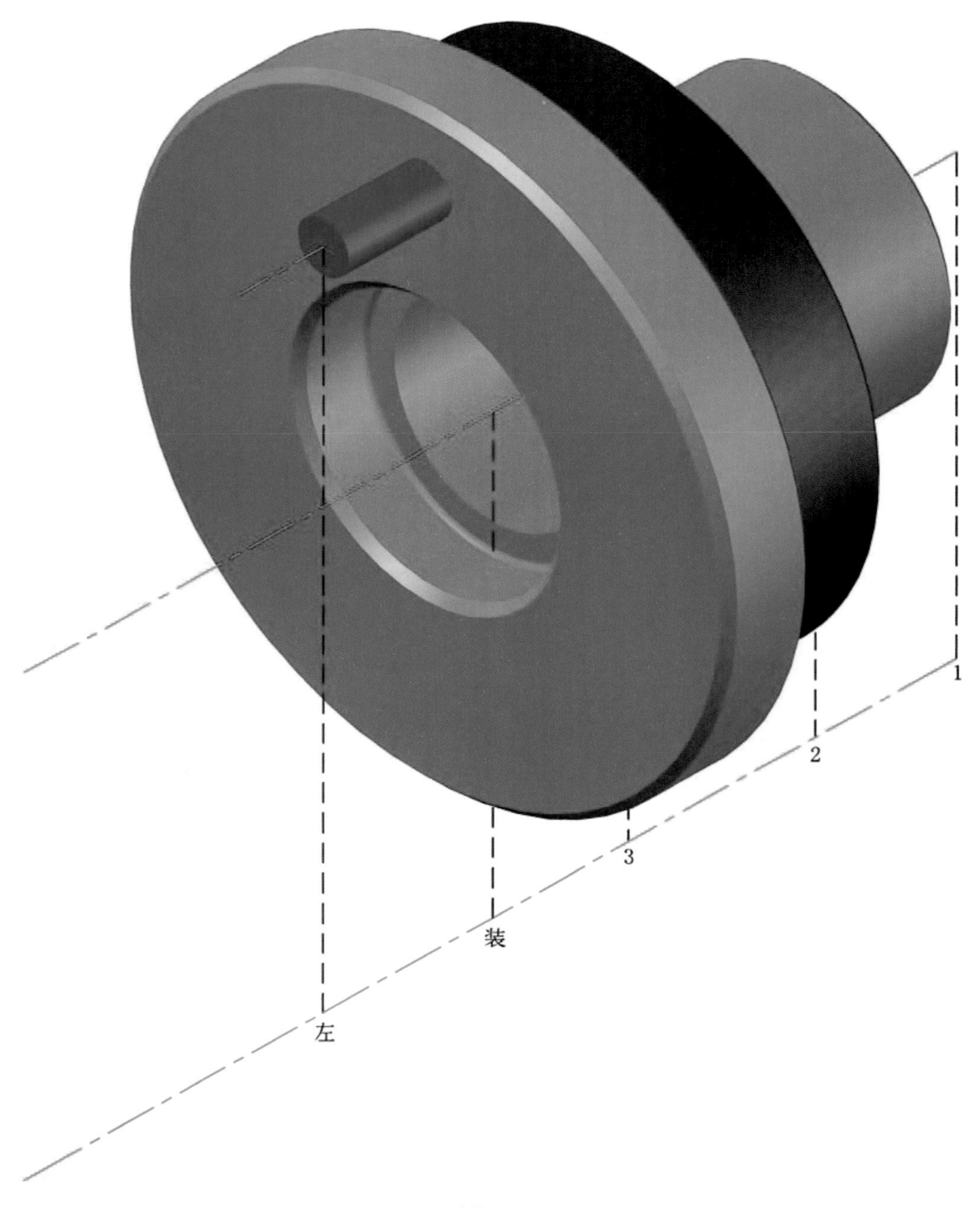

图 4-3-3

2. 三维阵列圆柱体

单击修改下拉菜单，选择三维操作中的三维阵列命令，根据提示：单击圆柱体及其销轴中心线，回车。单击右键，选择环形，输入项目数 10，回车，默认填充角为 360°，回车，默认其旋转阵列对象，回车。捕捉中心线一端为阵列旋转轴的第一点并单击，捕捉其另一端为阵列旋转轴的第二点并单击，则对象进行了阵列并产生了旋转，形成阵列圆柱体，并均布在圆盘套三维实体上，与其构成合并三维实体，为下一步布尔运算做准备，如图 4-3-4所示。

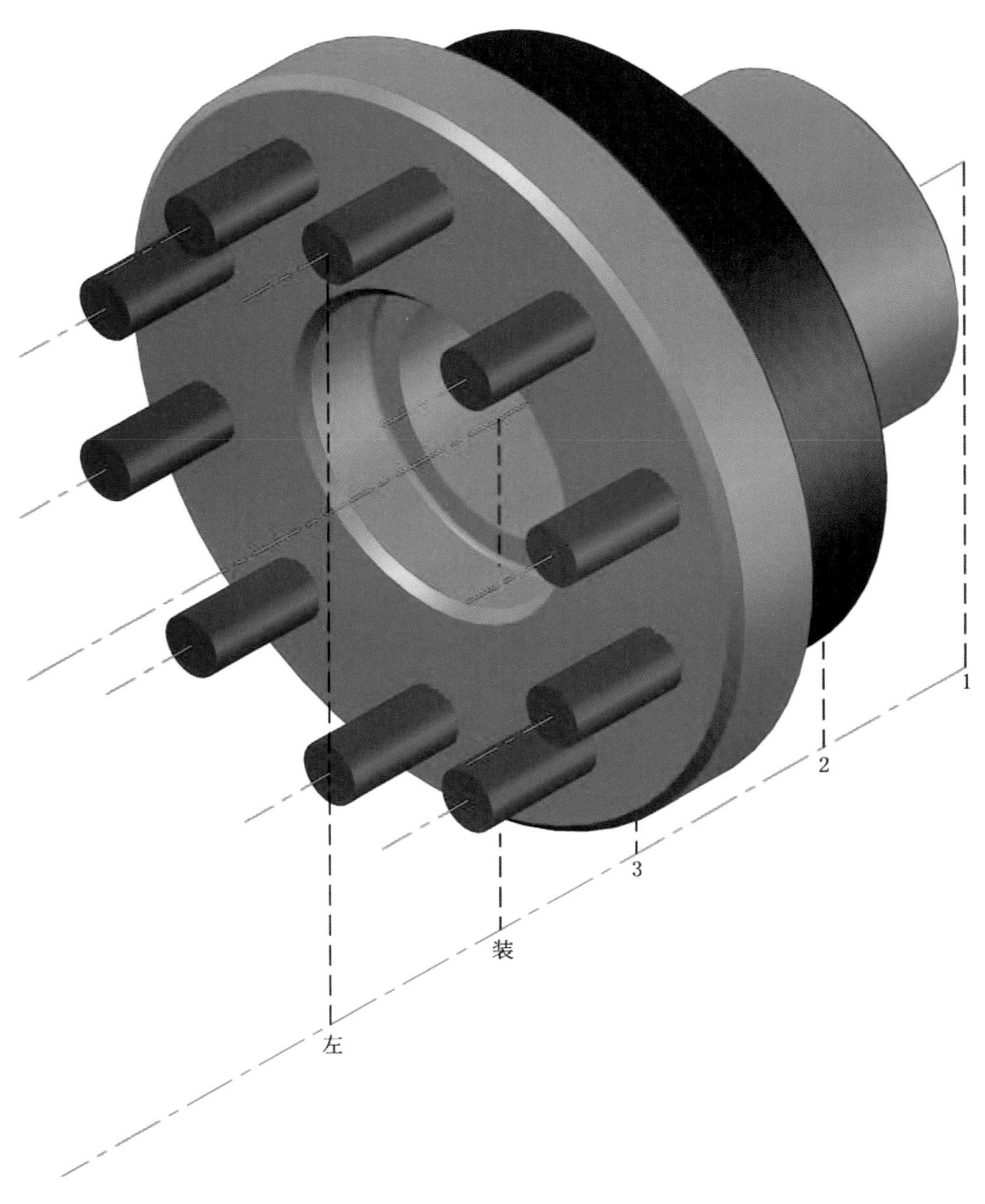

图 4-3-4

3. 对合并三维实体进行布尔运算

单击差集按钮，根据提示：先单击圆盘套三维实体，回车，结束选择。再分别单击阵列圆柱体，回车，结束命令。则从圆盘套三维实体内同时减去 10 个阵列圆柱体，便完成了打孔操作过程，圆盘套三维实体的均布销轴孔创建完毕。

4. 绘制矩形

选择输出套层，单击矩形按钮，捕捉销轴中心线与左侧偏移虚线的交点，不点击。向上移动鼠标，当出现沿 *Y* 轴追踪虚线时，输入长度 9，回车。输入（@36，3.5），回车，则矩形绘制完毕，并对其倒角如下：

单击倒角按钮，根据提示：单击右键，选择距离，输入第一个倒角距离 0.5，回车，输入第二个倒角距离 0.5，回车。单击右键，选择多段线，单击矩形一边，则此矩形四个顶点处均被倒角，如图 4-3-5 所示。

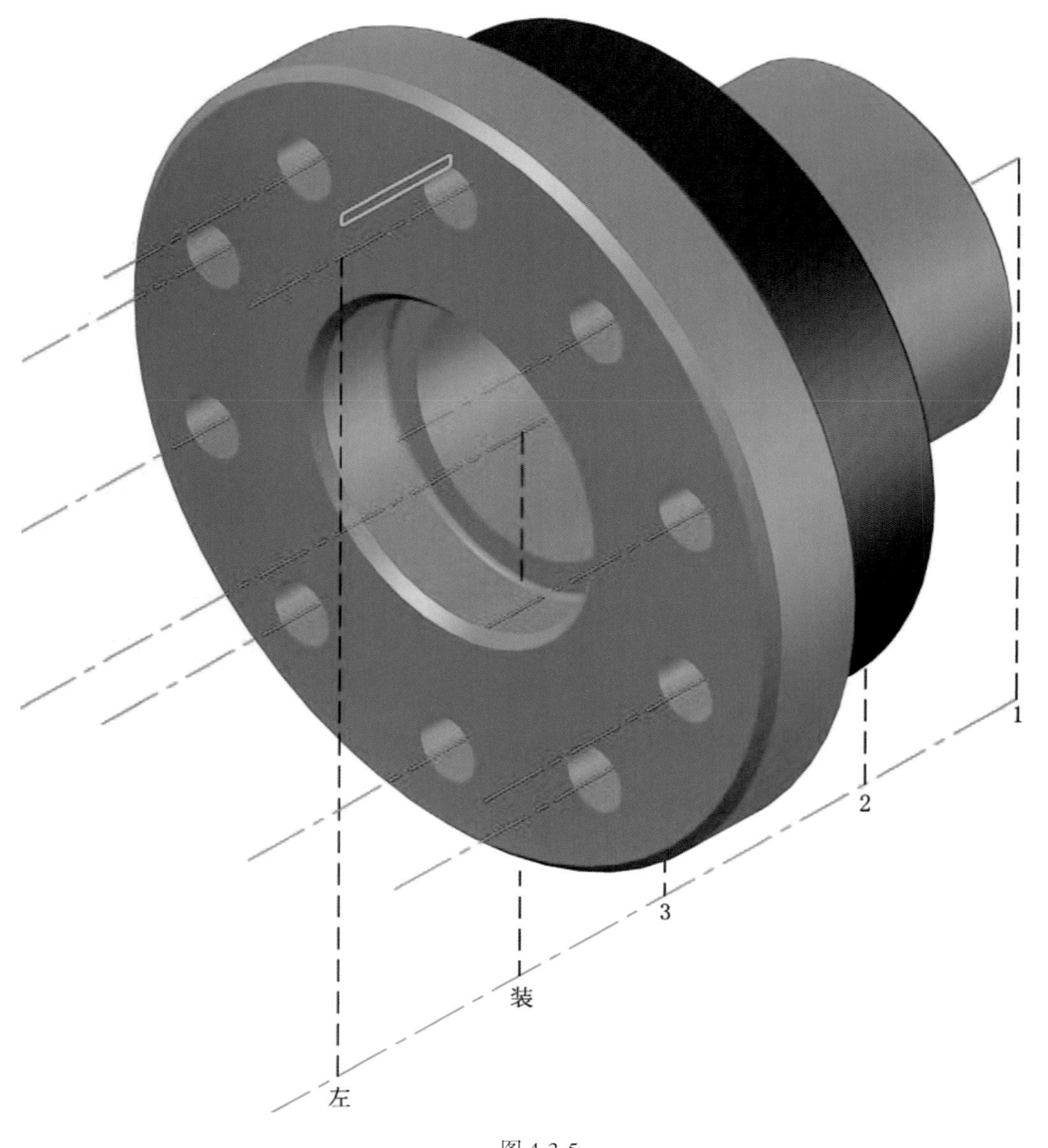

图 4-3-5

三、创建输出套三维实体并完成圆盘套组合三维实体的装配

1. 旋转矩形

单击旋转按钮，根据提示：单击矩形，回车，结束选择。单击右键，选择对象，单击其销轴中心线，使之成为旋转轴，回车，默认回旋角为360°，则矩形已旋转为输出套三维实体，如图4-3-6所示。

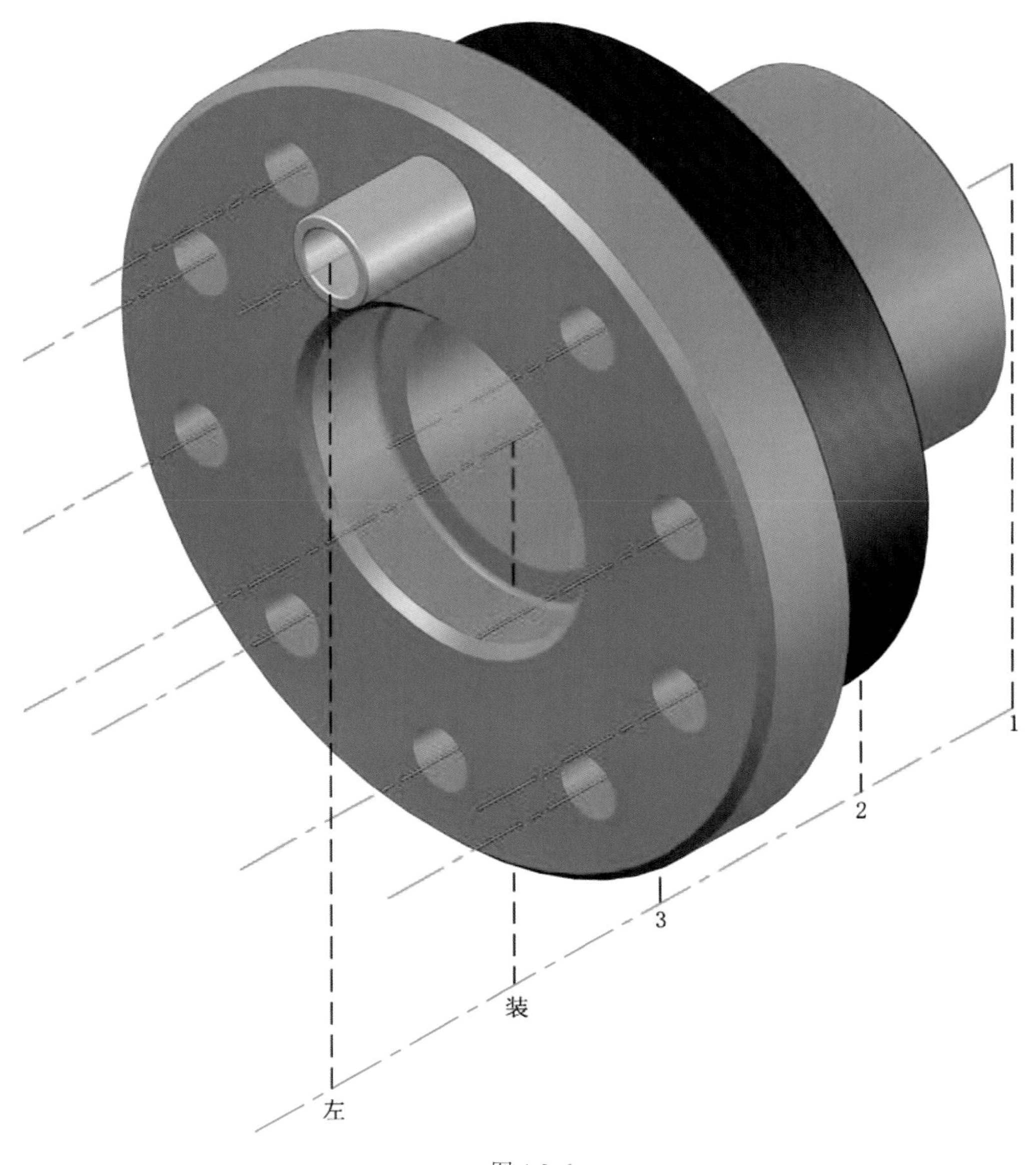

图4-3-6

2. 复制圆柱体并对其进行倒角

单击复制按钮，根据提示：单击图4-3-3中的圆柱体，回车，结束选择。捕捉其销轴中心线左端为移动基点并单击，再捕捉输出套三维实体销轴中心线左端点并单击，回车，结束命令。则圆柱体（销轴三维实体）复制完毕，已准确进入输出套及圆盘套三维实体的销轴孔中，并对其倒角如下：

单击倒角按钮，根据提示：单击右键，选择距离，输入第一个倒角距离 1.5，回车，输入第二个倒角距离 1.5，回车。单击销轴三维实体左侧边环，三次回车，再单击左侧边环，回车，回车。重复其倒角命令，单击其右侧边环，三次回车，再单击右侧边环，回车，则销轴三维实体两端边环倒角完毕。

3. 对圆盘套三维实体的销轴孔进行倒角

单击倒角按钮，根据提示：默认当前的两个倒角距离，单击圆盘套三维实体左侧一销轴孔边环，三次回车，再单击此边环，回车，回车。重复其倒角命令，并相继对左侧其他销轴孔进行相同距离的倒角操作，则圆盘套三维实体的均布销轴孔左侧边环倒角完毕，如图 4-3-7 所示。

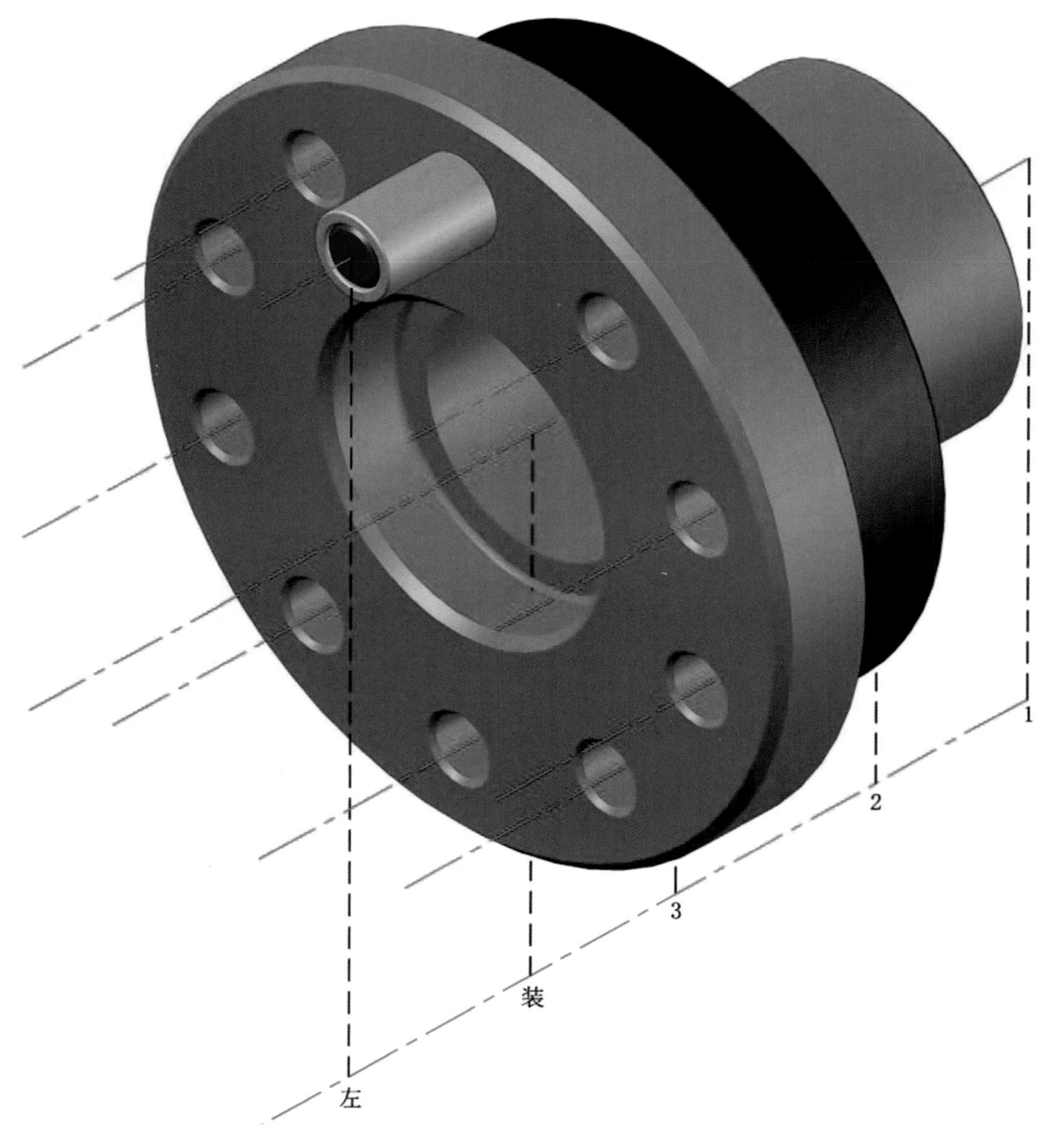

图 4-3-7

4. 复制输出销轴及输出套三维实体

单击复制按钮，根据提示：分别单击输出销轴及输出套三维实体，回车，结束选择。捕捉其销轴中心线左端为移动基点并单击，再捕捉相邻阵列销轴中心线左端点并单击，并依次捕捉其他阵列销轴中心线左端点并单击，回车，结束命令。则对象以连续复制的方式完成了复制过程，将其分别安装在圆盘套三维实体的均布销轴孔中，圆盘套三维实体装配图创建完毕，并删除部分辅助虚线及中心线如下：

单击删除按钮，根据提示：分别单击第一、第三条辅助虚线及下侧偏移中心线，回车，结束命令，则对象已被删除，如图 4-3-8 所示。

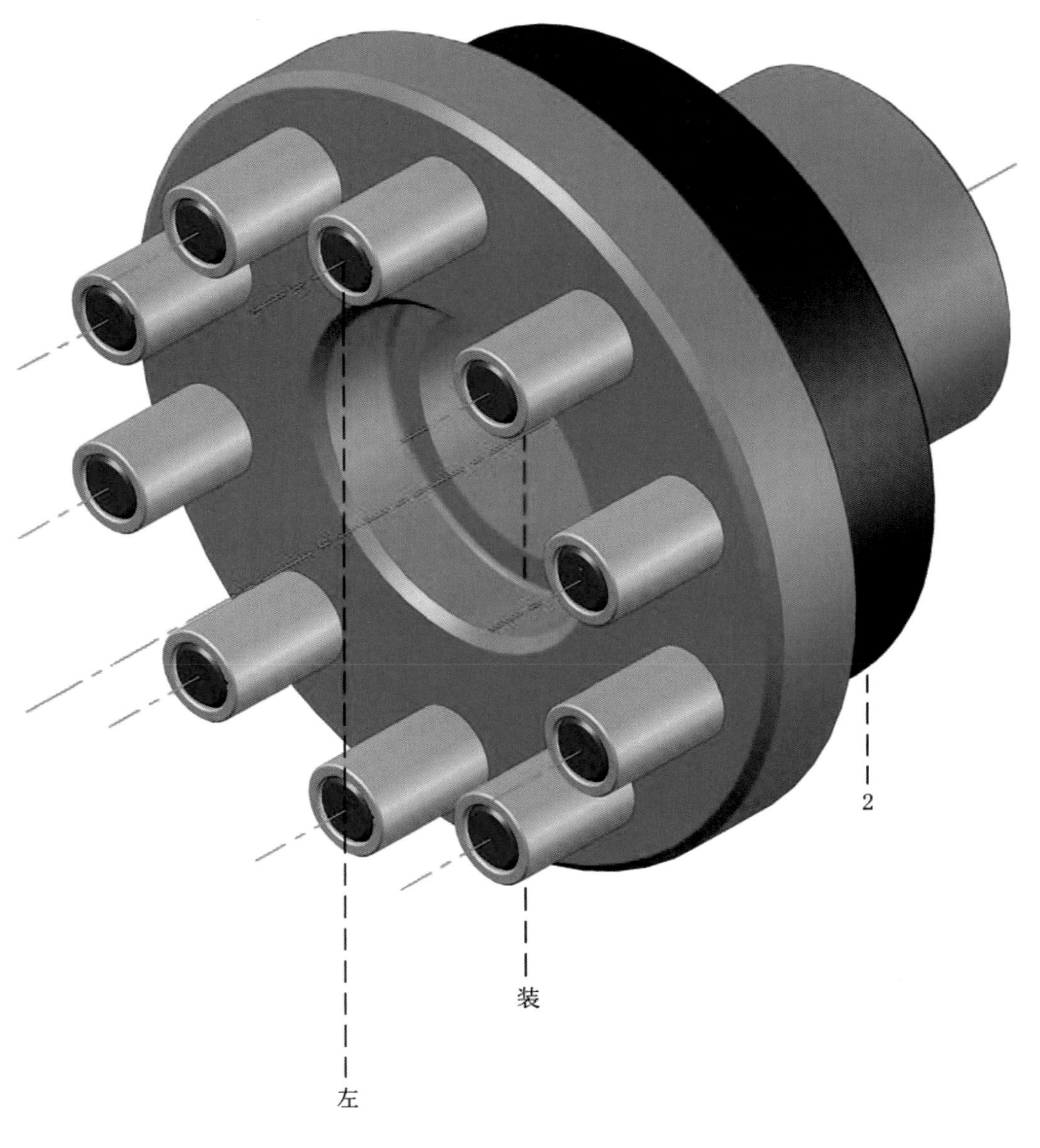

图 4-3-8

第五章　创建输出轴三维实体

第一节　绘制输出轴二维图并创建三维实体

一、绘制输出轴二维图并拉伸及修改下侧线段为中心线

1. 绘制输出轴二维图

绘制输出轴二维图形时，ucs 图标的 *Z* 箭头为右下外指向。

选择输出轴图层，单击直线按钮，于左侧单击一点，在正交模式下，向右移动鼠标，输入长度 210，回车。向上移动鼠标，输入长度 32.5，回车。向左移动鼠标，输入长度 100，回车。向上移动鼠标，输入长度 5，回车。向左移动鼠标，输入长度 39，回车。向上移动鼠标，输入长度 2.5，回车。向左移动鼠标，输入长度 25，回车。向上移动鼠标，输入长度 5，回车。向左移动鼠标，输入长度 18，回车。向下移动鼠标，输入长度 15，回车。向左移动鼠标，输入长度 68，回车。向下移动鼠标，输入长度 17，回车。右键单击极轴按钮，选择设置，弹出草图设置对话框，输入增量角 300°，选择启用极轴追踪，默认极轴角测量为绝对，单击确定退出。移动鼠标，当鼠标标签角度显示为 300°时，输入长度 3.5，回车。再次进入草图设置对话框，修改其增量角为 330°并退出设置。移动鼠标，当鼠标标签角度显示为 330°时，输入长度 6.5，回车。按 F8 打开正交模式，向右移动鼠标，输入长度 5，回车。向下移动鼠标，输入长度 2，回车。向右移动鼠标，输入长度 25，回车。输入 C，回车，结束命令，则图形自动封闭，输出轴二维图绘制完毕，如图 5-1-1 所示。

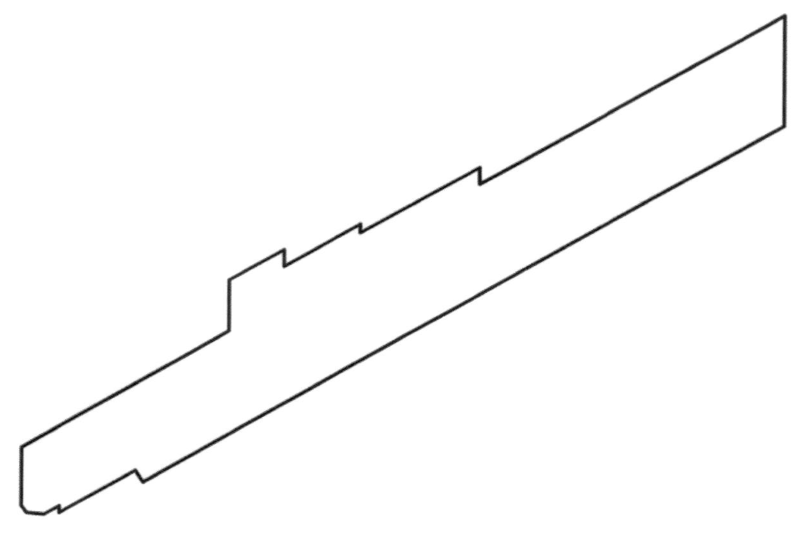

图 5-1-1

2. 拉伸并修改下侧线段为中心线

用鼠标单击下侧 210 长线段，则此线段上出现三个蓝色方块关键点。先单击左端蓝色方块，并向左移动鼠标，输入长度 90，回车。再单击右端蓝色方块，并向右移动鼠标，输入长度 50，回车。单击图层管理向下按钮，在弹出的图层信息中，选择中心线，按 Esc 退出。则此线段被拉长，并修改到中心线层。由于线段被拉长并修改为中心线，所以需要用直线命令将其重新连接起来，使图形封闭后才能对其创建面域。

3. 重新连接下侧线段

单击直线按钮，根据提示：捕捉左下侧斜线下端点并单击，向右移动鼠标，再捕捉右侧垂直线段下端点并单击，回车，结束命令，则两点间重新连接完毕。

4. 对输出轴二维图进行倒角

单击倒角按钮，根据提示：单击右键，选择距离，输入第一个倒角距离 2，回车，输入第二个倒角距离 2，回车。先单击右上角垂直边，再单击水平边，回车。重复其倒角命令，并分别对左上侧两个外角进行相同距离的倒角操作，回车。单击右键，根据提示：选择距离，输入第一个倒角距离 1，回车，输入第二个倒角距离 1，回车。单击上侧一外角相互垂直边，回车。重复其倒角命令，并分别对另外两个外角进行相同距离的倒角操作，则输出轴二维图倒角完毕。

5. 对输出轴二维图进行倒圆角

单击圆角按钮，根据提示：单击右键，选择半径，输入半径值 1，回车。先单击左上侧内角垂直边，再单击水平边。回车，重复其倒圆角命令，并分别对右上侧三个内角进行相同半径的倒圆角操作，则输出轴二维图倒圆角完毕，如图 5-1-2 所示。

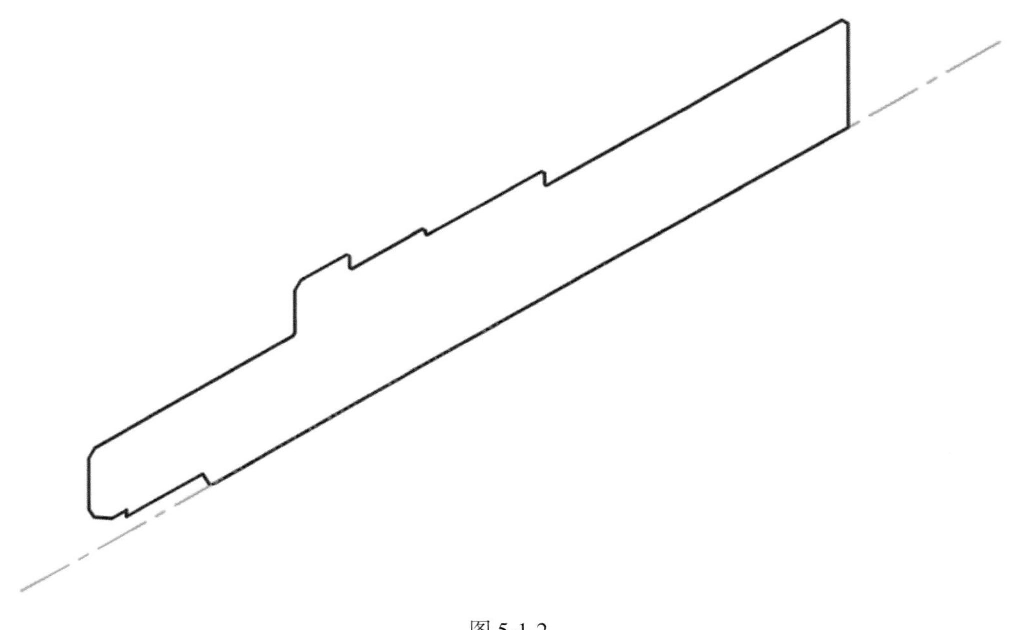

图 5-1-2

6. 复制、偏移、绘制中心线及辅助虚线

单击复制按钮，根据提示：单击中心线，回车，结束选择。向下移动鼠标，于下侧任意单击一点，回车，则复制中心线出现，并在其右端点处标记了“复”字。

单击偏移按钮，根据提示：输入偏移距离 55，回车。单击复制中心线，于下侧单击一点，回车，结束命令，则偏移出一条下侧中心线。

选择虚线层，单击直线按钮，根据提示：捕捉中心线左端点，不点击。向右移动鼠标，当出现沿 *X* 轴追踪虚线时，输入长度 118，回车。向下移动鼠标，捕捉在下侧中心线上出现的垂足并单击，回车，则装配虚线绘制完毕并在其下端点处标记了“装”字。此装配虚线为输出轴三维实体与圆盘套三维实体装配图进行装配时的基准线。

单击偏移按钮，根据提示：输入偏移距离 18，回车。单击装配虚线，于右侧单击一点，回车。单击右键，选择重复偏移，根据提示：输入偏移距离 31，回车。单击装配虚线，于右侧单击一点，回车。单击右键，选择重复偏移，根据提示：输入偏移距离 81，回车。单击装配虚线，于右侧单击一点，回车。单击右键，选择重复偏移，根据提示：输入偏移距离 181，回车。单击装配虚线，于右侧单击一点，回车。单击右键，选择重复偏移，根据提示：输入偏移距离 50，回车。单击装配虚线，于左侧单击一点，回车，结束命令，则五条偏移辅助虚线出现，暂不对其进行编号。

7. 创建输出轴二维图面域

单击面域按钮，根据提示：框取输出轴二维图，回车，结束命令，命令行提示：已创建 1 个面域，如图 5-1-3 所示。

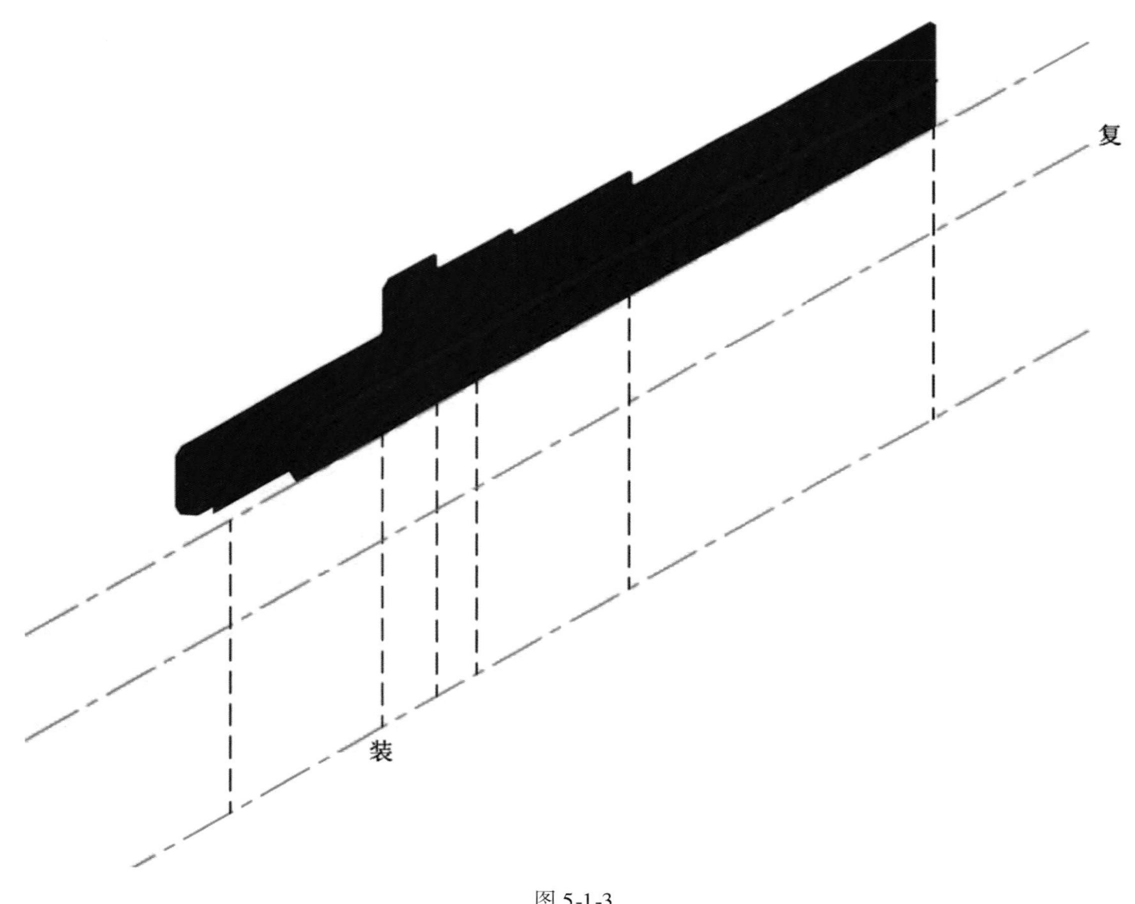

图 5-1-3

二、创建输出轴三堆实体并绘制平键二维图

1. 旋转面域

单击旋转命令按钮，根据提示：单击面域，回车，结束选择。单击右键，选择对象，单击中心线使之成为旋转轴，回车，默认回旋角为 360°，则面域已旋转为输出轴三维实体，如图 5-1-4 所示。

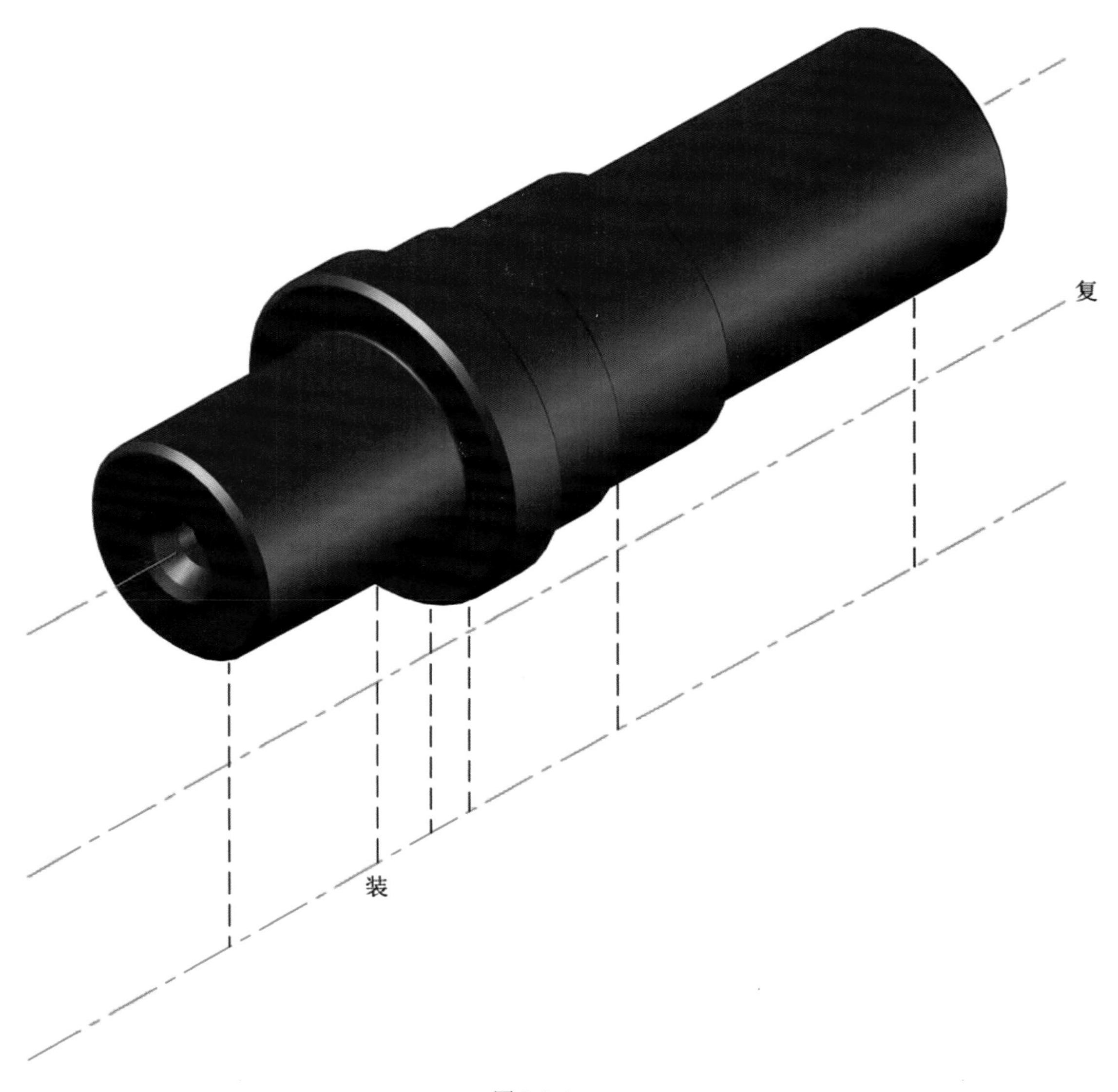

图 5-1-4

2. 绘制左、右侧平键二维图

选择输出轴平键图层，单击多段线按钮，根据提示：捕捉下侧中心线右端点，不点击。向左移动鼠标，当出现沿 X 轴追踪虚线时，输入长度 64，回车。单击右键，选择圆弧，进入圆弧模式，在正交模式下，向下移动鼠标，输入长度 18，回车。单击右键，选择直线，切换到直线模式，向左移动鼠标，输入长度 72，回车。单击右键，选择圆弧，返回到圆弧模式，向上移动鼠标，输入长度 18，回车。单击右键，选择闭合，则图形为下侧等长直线自动封闭，右侧平键二维图绘制完毕。

单击右键，选择重复多段线，根据提示：捕捉下侧中心线左端点，不点击。向右移动鼠标，当出现沿 X 轴追踪虚线时，输入长度 104，回车。单击右键，选择圆弧，进入圆弧模式，向下移动鼠标，输入长度 18，回车。单击右键，选择直线，切换到直线模式，向左移动鼠标，输入长度 40，回车，单击右键，选择圆弧，返回到圆弧模式，向上移动鼠标，输入长度 18，回车，单击右键，选择闭合，则图形为下侧等长直线自动封闭，左侧平键二维图绘制完毕，如图 5-1-5 所示。

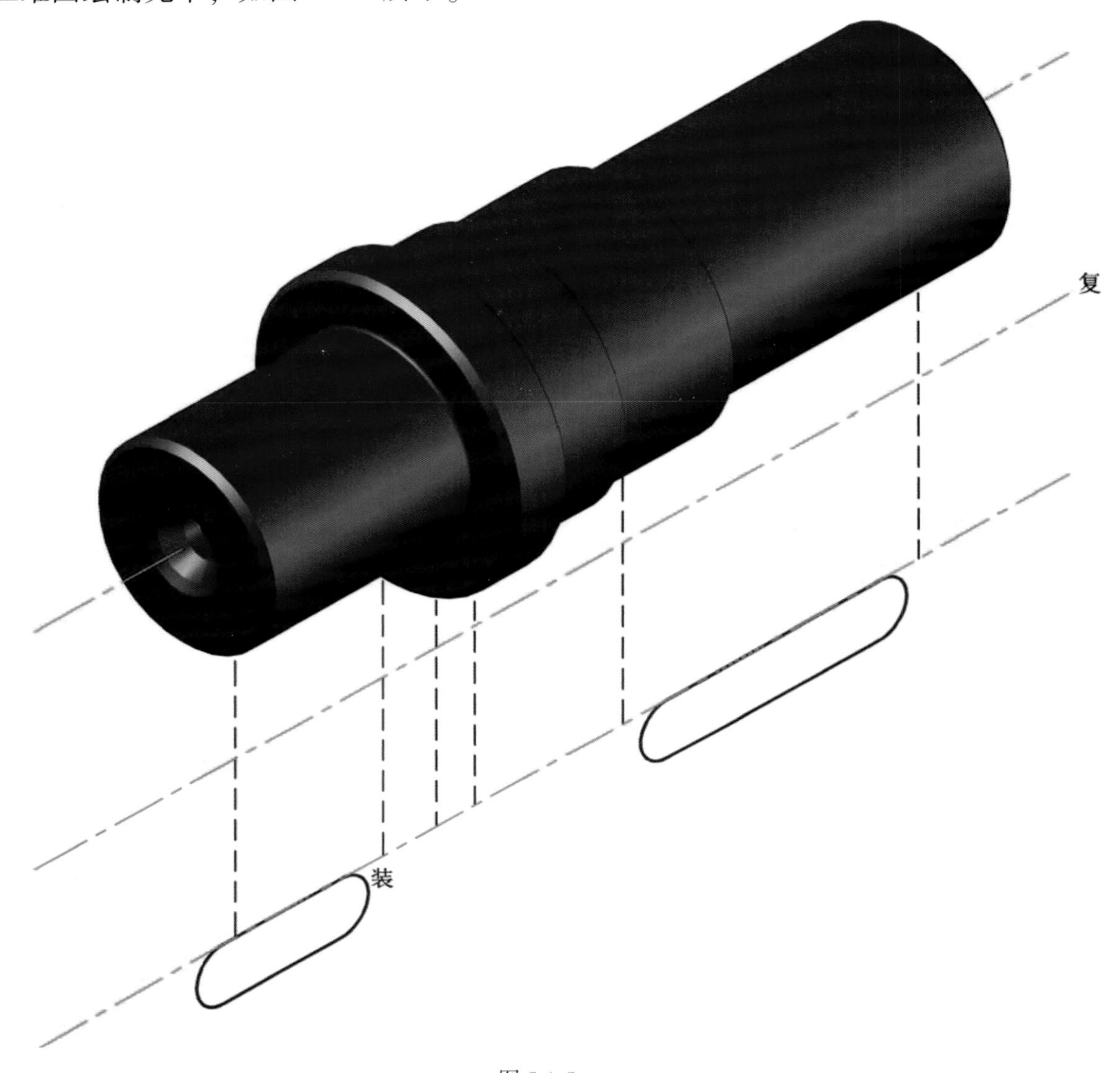

图 5-1-5

3. 平移平键二维图

单击移动按钮，根据提示：分别单击左、右侧平键二维图，回车，结束选择。捕捉其一圆弧圆心为移动基点并单击，再捕捉在下侧中心线上出现的垂足并单击，则左、右侧平健二维图移动完毕，此时的四个圆弧圆心均在下侧中心线上。

4. 拉伸平键二维图为三维实体

单击拉伸命令按钮，根据提示：分别单击左、右侧平键二维图，回车，结束选择。输入拉伸高度 11，回车，结束命令，则左、右侧平键二维图同时被拉伸为平键三维实体，如图 5-1-6所示。

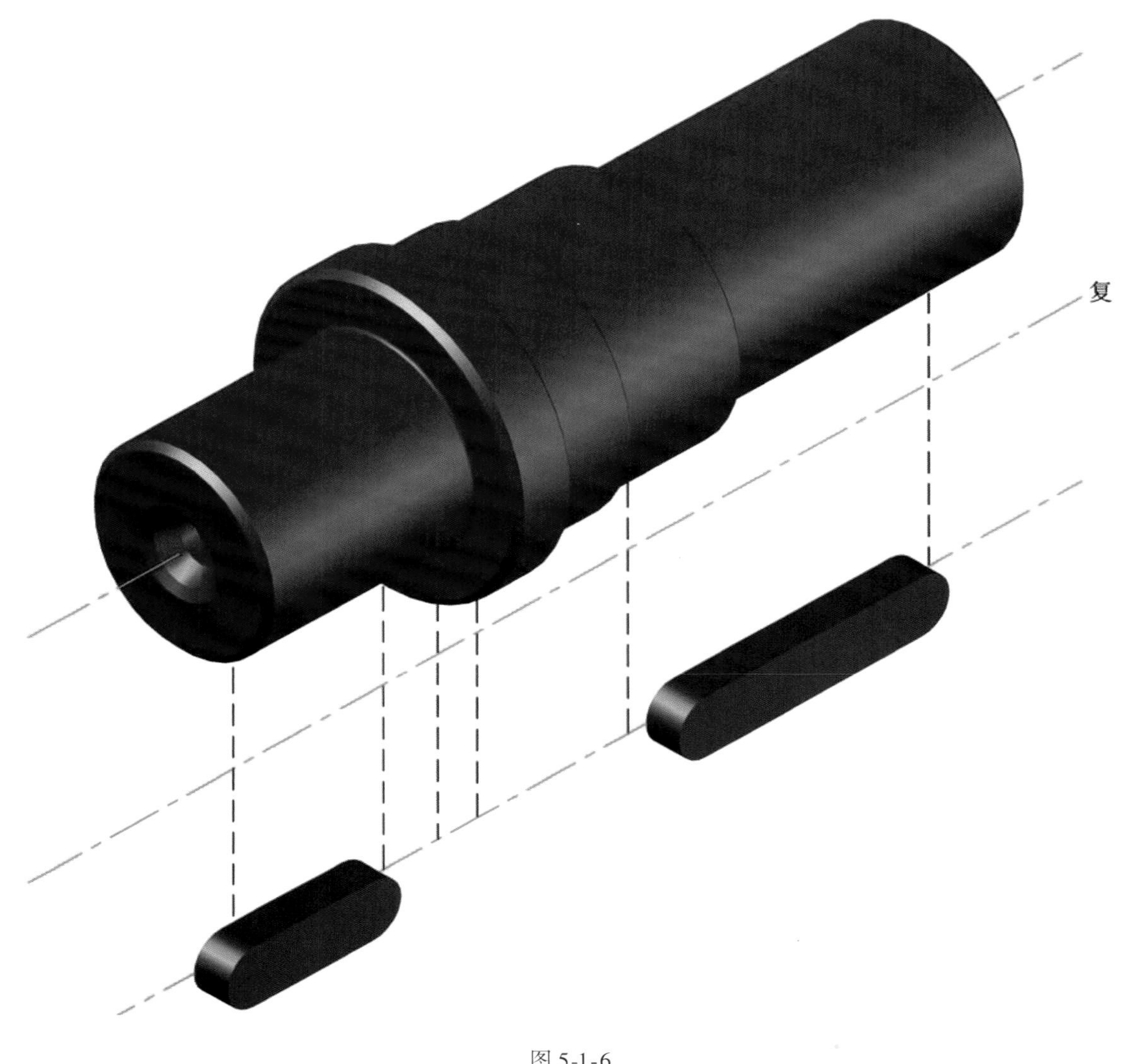

图 5-1-6

5. 三维旋转左、右侧平键三维实体并对其进行复制

单击修改下拉菜单，选择三维操作中的三维旋转命令，分别单击左、右侧平键三维实体，回车。捕捉下侧中心线一端点并单击，单击垂直于 X 轴的环带，输入旋转角 -90°，回车，则左、右侧平键三维实体进行了 90°三维旋转。并绘制垂直基准线段如下：

单击直线按钮，根据提示：捕捉中心线左端点并单击，向上移动鼠标，输入长度 22.9，回车，回车。单击右键，选择重复直线，根据提示：捕捉其右端点并单击，向上移动鼠标，输入长度 27，回车，回车，则中心线的左、右侧垂直基准线段绘制完毕。

单击复制按钮，根据提示：单击左侧平键三维实体，回车。捕捉下侧中心线左端为移动基点并单击，再捕捉左侧垂直基准线段上端点并单击，回车。单击右键，选择重复复制，根据提示：单击右侧平键三维实体，回车。捕捉下侧中心线右端为移动基点并单击，再捕捉右侧垂直基准线段上端点并单击，回车，则两对象复制完毕，并与输出轴合并在一起，构成合并三维实体，为下一步布尔运算做准备。

6. 对下侧两平键三维实体进行倒角

单击倒角按钮，根据提示：单击右侧平键三维实体底面一棱边，单击右键，选择下一个，回车。输入基面的倒角距离 0.6，回车，输入其他曲面的倒角距离 0.6，回车。单击右键，选择环，再单击此棱边，回车，则底面各棱边均已完成倒角。单击右键，选择重复倒角，根据提示：单击其顶面一棱边，单击右键，选择下一个，回车，回车，回车。单击右键，选择环，再单击此棱边，回车，则顶面各棱边也已完成倒角。同理，对左侧平键三维实体进行相同距离的倒角操作，如图 5-1-7 所示。

图 5-1-7

三、创建输出轴三维实体左、右侧键槽并安装平键三维实体

1. 对合并三维实体进行布尔运算

单击差集按钮，根据提示：先单击输出轴三维实体，回车，结束选择。再分别单击左、右侧平键三维实体，回车，结束命令。则从输出轴三维实体中同时减去两个三维实体，左、右侧键槽创建完毕，下侧的两个已倒角的平键三维实体则成为安装用对象。如图 5-1-8 所示。

图 5-1-8

2. 在输出轴三维实体的左、右侧键槽中分别安装平键三维实体

单击移动按钮，根据提示：先单击左侧平键三维实体，回车，结束选择。捕捉下侧中心线左端为移动基点并单击，再捕捉左侧垂直基准线段上端点并单击，则左侧平键三维实体已精准地安装在输出轴三维实体的左侧键槽中。

单击右键，选择重复移动，根据提示：先单击右侧平键三维实体，回车，结束选择。捕捉下侧中心线右端为移动基点并单击，再捕捉右侧垂直基准线段上端点并单击，则右侧平键三维实体也精准地安装在输出轴三维实体的右侧键槽中，如图 5-1-9 所示。

图 5-1-9

四、创建紧固螺栓、弹簧垫圈及垫圈三维实体

1. 绘制螺栓二维图

选择螺栓层，单击直线按钮，根据提示：捕捉下侧中心线左端点，不点击。向右移动鼠标，当出现沿 X 轴追踪虚线时，输入长度 27，回车。向上移动鼠标，输入长度 11，回车。向右移动鼠标，输入长度 8，回车。向下移动鼠标，输入长度 5，回车。向右移动鼠标，输入长度 50，回车。向下移动鼠标，捕捉在下侧中心线上出现的垂足并单击，输入 C，回车，则图形自动封闭，二维图绘制完毕，并对其倒角如下：

单击倒角按钮，输入 D，回车，输入 1.5，回车，输入 1.5，回车。先单击右上角垂直边，再单击水平边，回车。单击右键，选择距离，输入 2，回车。输入 1.2，回车。先单击左上角垂直边，再单击水平边，则二维图倒角完毕，并绘制示意螺纹如下：

先将上侧 50 长线段删除，并在此处绘制示意螺纹。单击直线按钮，根据提示：捕捉左侧垂直线段下端点并单击，向右移动鼠标，输入长度 10，回车。右键单击极轴按钮，选择设置，弹出草图设置对话框，输入增量角 60°，选择启用极轴追踪，单击确定退出。移动鼠标，当鼠标标签角度显示为 300°时，输入长度 1.5，回车。移动鼠标，当鼠标标签角度显示为 60°时，输入长度 1.5，回车。并相继对其进行以上的绘制操作，至最后一条斜线与倒角斜边相交并单击，回车，并对其进行剪切，则示意螺纹绘制完毕。

2. 绘制矩形

单击矩形按钮，捕捉二维图一内角顶点，不点击。向上移动鼠标，当出现沿 Y 轴追踪虚线时，输入长度 0.15，回车。输入（@2.5，3.5），回车。单击右键，选择重复矩形，根据提示：捕捉矩形右下角顶点，不点击。向上移动鼠标，当出现沿 Y 轴追踪虚线时，输入长度 0.1，回车。输入（@1.5，6.25），回车，则两矩形绘制完毕。

3. 绘制辅助正六边形及圆

单击正多边形按钮，根据提示：输入边数 6，回车。捕捉一虚线下端点并单击，单击右键，选择内接于圆，输入半径 11，回车，结束命令，则辅助正六边形绘制完毕。

单击圆按钮，根据提示：捕捉辅助正六边形中心点并单击，单击右键，选择直径，输入 25，回车，则辅助圆绘制完毕，并删除左、右侧垂直基准线段，如图 5-1-10 所示。

图 5-1-10

4. 创建螺栓二维图及矩形面域并旋转为三维实体

单击面域按钮，根据提示：框取螺栓二维图及其两矩形，回车，结束命令，命令行提示：已创建 3 个面域。不显示面域的中间过程，直接将其旋转为三维实体如下：

单击旋转按钮，根据提示：分别单击螺栓及其两矩形面域，回车，结束选择。单击右键，选择对象，单击下侧中心线使其成为旋转轴，回车，默认回旋角为 360°，则面域已旋转为螺栓、弹簧垫圈及垫圈组合三维实体。

5. 拉伸辅助圆及正六边形

单击拉伸按钮，框取辅助圆及正六边形，回车。将拉伸体向右上侧拉伸，输入拉伸高度 8，回车，结束命令，则对象被拉伸为辅助圆形及正六方合并三维实体。

6. 绘制辅助矩形

选择截面层，单击矩形按钮，根据提示：捕捉右侧辅助虚线下端点并单击，输入(@15，15)，回车，结束命令，则辅助矩形绘制完毕，如图 5-1-11 所示。

图 5-1-11

7. 对辅助圆形及正六方合并三维实体进行布尔运算并对其进行复制

单击差集命令按钮，根据提示：先单击辅助圆形体，回车。再单击辅助正六方体，回车。则从辅助圆形体内减去一个辅助正六方体，便获得一辅助内六角圆形体。

单击复制按钮，根据提示：单击辅助内六角圆形体，回车，结束选择。捕捉其左侧圆心为移动基点并单击，再捕捉螺栓三维实体左侧圆心并单击，回车，结束命令。则对象复制完毕，并与螺栓合并在一起，构成合并三维实体，原对象则成为观察图。

8. 拉伸辅助矩形

单击拉伸命令按钮，根据提示：单击辅助矩形，回车。输入拉伸高度 1.2，回车，则对象被拉伸为辅助方形体，如图 5-1-12 所示。

图 5-1-12

9. 对合并三维实体进行布尔运算

单击布尔差集按钮，根据提示：先单击螺栓三维实体，回车，结束选择。再单击辅助内六角圆形体，回车，结束命令。则从螺栓三维实体中减去一个辅助内六角圆形体，螺栓三维实体的六角头创建完毕。

10. 改变弹簧垫圈及垫圈三维实体的颜色

单击弹簧垫圈三维实体，再单击图层管理下拉按钮，在弹出的图层信息中选择弹簧垫圈层，按 Esc 键退出，则弹簧垫圈三维实体的颜色已变为弹簧垫圈层。同理，改变垫圈三维实体的颜色为垫圈层。

11. 三维旋转辅助方形体

单击修改下拉菜单，选择三维操作中的三维旋转命令，根据提示：单击辅助方形体，回车，结束选择。捕捉右侧辅助虚线下端点并单击，单击垂直于 Y 轴的环带，输入旋转角 20°，回车，结束命令，则对象按指定的角度进行了三维旋转。

12. 将辅助方形体与螺栓组合三维实体合并在一起

单击复制按钮，根据提示：单击辅助方形体，回车，结束选择。捕捉右侧辅助虚线下端为移动基点并单击，再捕捉螺栓三维实体左侧圆心并单击，回车，结束命令。则对象复制完毕，并与螺栓组合三维实体合并在一起，构成合并三维实体，为下一步布尔运算做准备，原对象则成为观察图，如图 5-1-13 所示。

图 5-1-13

13. 对弹簧垫圈与辅助方形三维实体进行布尔运算

单击差集按钮，根据提示：先单击弹簧垫圈三维实体，回车，结束选择。再单击辅助方形体，回车，结束命令。则从弹簧垫圈三维实体内减去一个辅助方形体，便在弹簧垫圈三维实体上开斜口完毕，并对其进行复制如下：

单击复制命令按钮，根据提示：单击弹簧垫圈三维实体，回车，结束选择。捕捉下侧中心线左端为移动基点并单击，再捕捉右侧辅助虚线下端点并单击，回车，结束命令，则弹簧垫圈三维实体复制完毕。为能清楚地观察到所开出的斜口，对其进行了三维旋转，使斜口旋转 90°，从此角度观察其在压紧状态下斜口的状态，三维旋转操作方法可参照相关内容，如图 5-1-14 所示。

图 5-1-14

五、攻制示意螺纹并对螺栓组合三维实体进行安装

1. 复制螺栓三维实体

单击复制按钮，根据提示：单击螺栓三维实体，回车，结束选择。捕捉下侧中心线左端为移动基点并单击，再捕捉中心线左端点并单击，回车，结束命令。则螺栓与输出轴合并在一起，并已准确进入左端的 C 型中心孔的底孔中，构成合并三维实体，为下一步对其攻制螺纹做准备，并删除右侧两个观察图，如图 5-1-15 所示。

图 5-1-15

2. 对输出轴和螺栓三维实体进行布尔运算

单击差集按钮，根据提示：先单击输出轴三维实体，回车，结束选择。再单击螺栓三维实体，回车，结束命令。则从输出轴三维实体内减去一个螺栓三维实体，示意内螺纹攻制完毕。

3. 将螺栓组合三维实体安装在输出轴三维实体的 C 型中心孔中

单击移动按钮，根据提示：框选螺栓组合三维实体，回车，结束选择。捕捉下侧中心线右端为移动基点并单击，再捕捉中心线右端点并单击，则螺栓组合三维实体已准确地安装在输出轴三维实体的 C 型中心孔中。为以下绘制方便，对装配虚线右侧的四条辅助虚线进行了编号，如图 5-1-16 所示。

图 5-1-16

第二节　创建球轴承三维实体

一、绘制轴承二维图及其辅助圆

1. 绘制内、外圈二维图、同心半圆弧及支架二维图

1）绘制矩形

选择轴承层，单击矩形按钮，根据提示：捕捉第一条辅助虚线下端点，不点击。向上移动鼠标，当出现沿 Y 轴追踪虚线时，输入长度 40，回车，输入（@26，10），回车，结束命令，则矩形绘制完毕。

2）绘制圆

单击圆按钮，根据提示：捕捉第二条辅助虚线与复制中心线的交点并单击，单击右键，选择直径，输入18，回车，结束命令，则圆绘制完毕，并与矩形上一条边相交。

3）对矩形倒圆角

单击圆角按钮，根据提示：单击右键，选择半径，输入半径值3，回车。分别单击右下角相互垂直边，回车。重复其圆角命令，再分别单击左下角相互垂直边，则矩形下侧两外角倒圆角完毕。

4）三维镜像下侧矩形

单击修改下拉菜单，选择三维操作中的三维镜像命令，单击下侧矩形，回车，结束选择。单击右键，选择 *ZX* 平面，捕捉复制中心线一端点并单击，回车，默认不删除原对象，则下侧矩形产生镜像，上侧矩形出现，其下一条边与圆相交，如图5-2-1所示。

图5-2-1

5）剪切圆及与其相交的上、下侧矩形

单击修剪按钮，根据提示：分别单击圆与上、下侧矩形，使其相互成为剪切边，回车，结束选择。再分别单击上、下侧弦及圆的左、右侧部分，回车，结束命令，则两矩形及圆均被剪切，形成内、外圈二维图。

6）绘制同心半圆弧、偏移复制中心线及绘制矩形

选择支架层，单击绘图菜单下圆弧选项中的起点、圆心、角度命令，根据提示：捕捉第三条辅助虚线与复制中心线的交点，不点击。向上移动鼠标，当出现沿 *Y* 轴追踪虚线时，输入半径 9，回车，确定了圆弧起点。再捕捉其与复制中心线的交点为圆心并单击，输入 180°，回车，结束命令，则半圆弧绘制完毕。

单击偏移按钮，根据提示：输入偏移距离 1.2，回车。单击半圆弧，在左侧单击一点，回车，结束命令，则偏移半圆弧出现，并与原对象组成同心半圆弧。

单击偏移按钮，根据提示：输入偏移距离 4，回车。单击复制中心线，在上侧单击一点，回车。单击右键，选择重复偏移，输入偏移距离 5，回车。单击复制中心线，于下侧单击一点，回车，则上、下侧偏移中心线出现，并分别与同心半圆弧相交。

单击矩形按钮，根据提示：捕捉上侧偏移中心线与左侧辅助虚线的交点并单击，输入（@ -1.2，-8），回车，结束命令，则矩形（支架二维图）绘制完毕，如图 5-2-2 所示。

图 5-2-2

2. 绘制球体

选择滚珠层，单击球体按钮，根据提示：捕捉装配虚线与复制中心线的交点并单击。单击右键，选择直径，输入直径值 18，回车，结束命令，则球体绘制完毕。

3. 绘制辅助圆及辅助同心圆

选择截面层，单击圆按钮，根据提示：捕捉复制中心线左端点并单击，单击右键，选择直径，输入 20，回车。单击右键，选择重复圆，根据提示：捕捉第四条辅助虚线下端点并单击，单击右键，选择直径，输入 125，回车。同理，再绘制 ϕ118 及 ϕ102 两圆，则辅助圆及三个辅助同心圆绘制完毕，如图 5-2-3 所示。

图 5-2-3

二、创建球轴承三维实体

1. 读者完成创建过程

前面已将内、外圈、球体（滚珠）、支架矩形、滚珠框的剪切图及各辅助圆均已绘制在预先设计好的辅助虚线、复制中心线、偏移中心线的下端点及交点上。读者可参照前两例进行绘制，其颜色也可以自行设置。除圆、矩形外，其他的二维图则均需先创建其面域，才能创建为三维实体。在创建三维实体时，该转就转，该拉就拉。需要进行三维阵列、三维旋转时就使用其相关命令来进行操作。由于绘图环境总在发生变化，遇上不能剪切时就旋转 ucs 图标，问题就会迎刃而解。将创建的各种三维实体零件图，按照结构的要求，安装在第二条辅助虚线的下端点上，组装成球轴承三维实体。其实作者并没有省去创建的过程，只压缩了一些篇幅而已，如图 5-2-4 所示。

图 5-2-4

2. 安装球轴承三维实体

单击移动按钮，根据提示：框选球轴承三维实体，回车，结束选择。捕捉下侧中心线左端为移动基点并单击，再捕捉中心线左端点并单击，则对象已精准地安装在输出轴三维实体上，完成其输出轴三维实体装配图的绘制过程。并删除部分辅助虚线及中心线如下：

单击删除按钮，根据提示：分别单击第一、二、三、四、左侧辅助虚线、下侧中心线及复制中心线，回车，结束命令，则对象已被删除。而图中标记了“装”字的装配虚线不删除，用于在进行总装配时的基准线，如图 5-2-5 所示。

图 5-2-5

第三篇　创建控制装置并进行总装配

第六章　创建控制装置三维实体

第一节　复制圆盘套三维实体装配图

一、复制圆盘套三维实体装配图并绘制中心线圆

将图 4-3-8 复制到下侧位置处。选择中心线层，单击圆按钮，捕捉左侧偏移虚线与中心线的交点并单击，单击右键，选择直径，输入 240，回车，结束命令，则中心线圆绘制完毕，如图 6-1-1 所示。

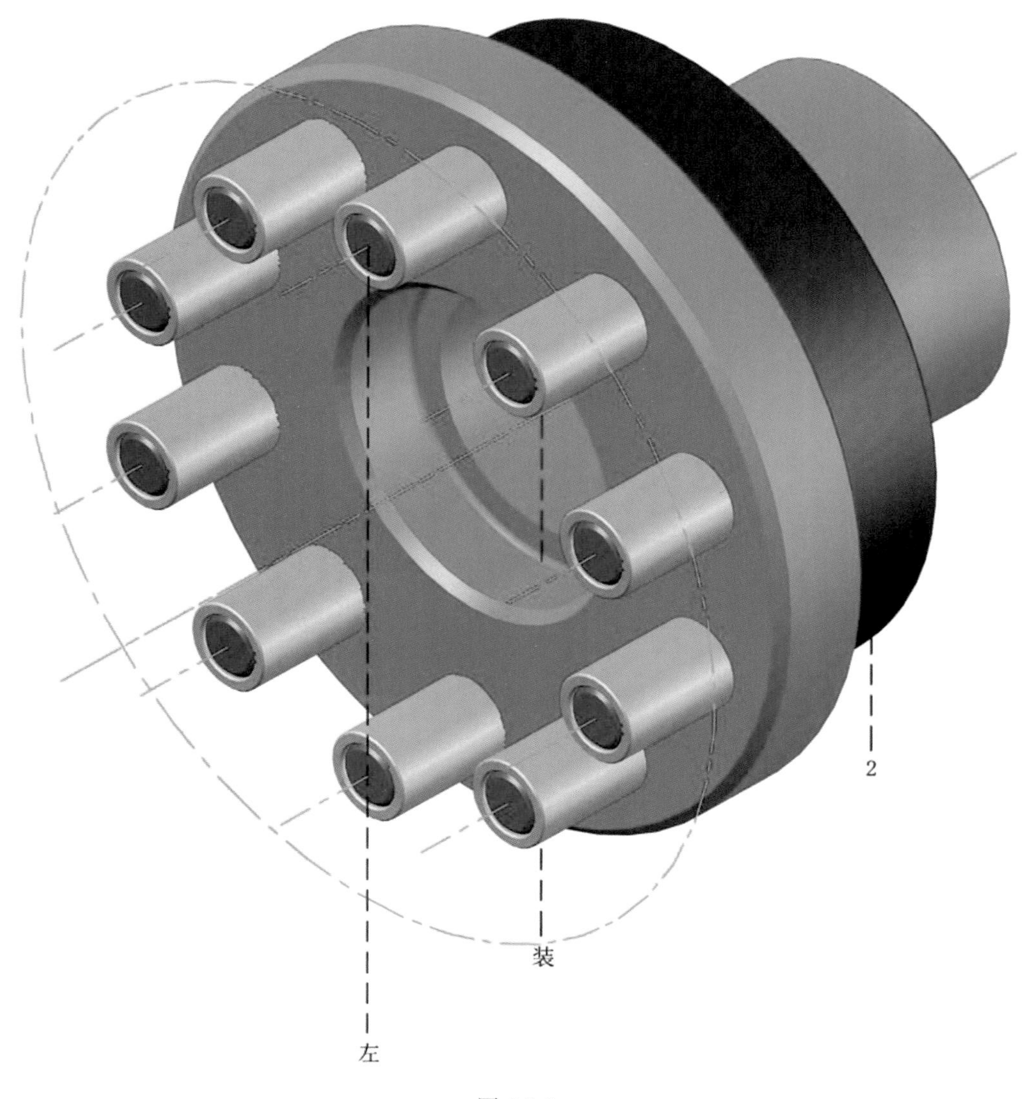

图 6-1-1

二、偏移输出销轴中心线及绘制圆

单击偏移按钮，根据提示：输入偏移距离 37. 5，回车。单击与左侧虚线相交的输出销轴中心线，于上侧单击一点，回车，结束命令，则偏移出一条控制销轴中心线，并与中心线圆相交。

选择控制销轴层，单击圆按钮，根据提示：捕捉中心线圆与控制销轴中心线的交点并单击，单击右键，选择直径，输入 10，回车，则圆绘制完毕，如图 6-1-2 所示。

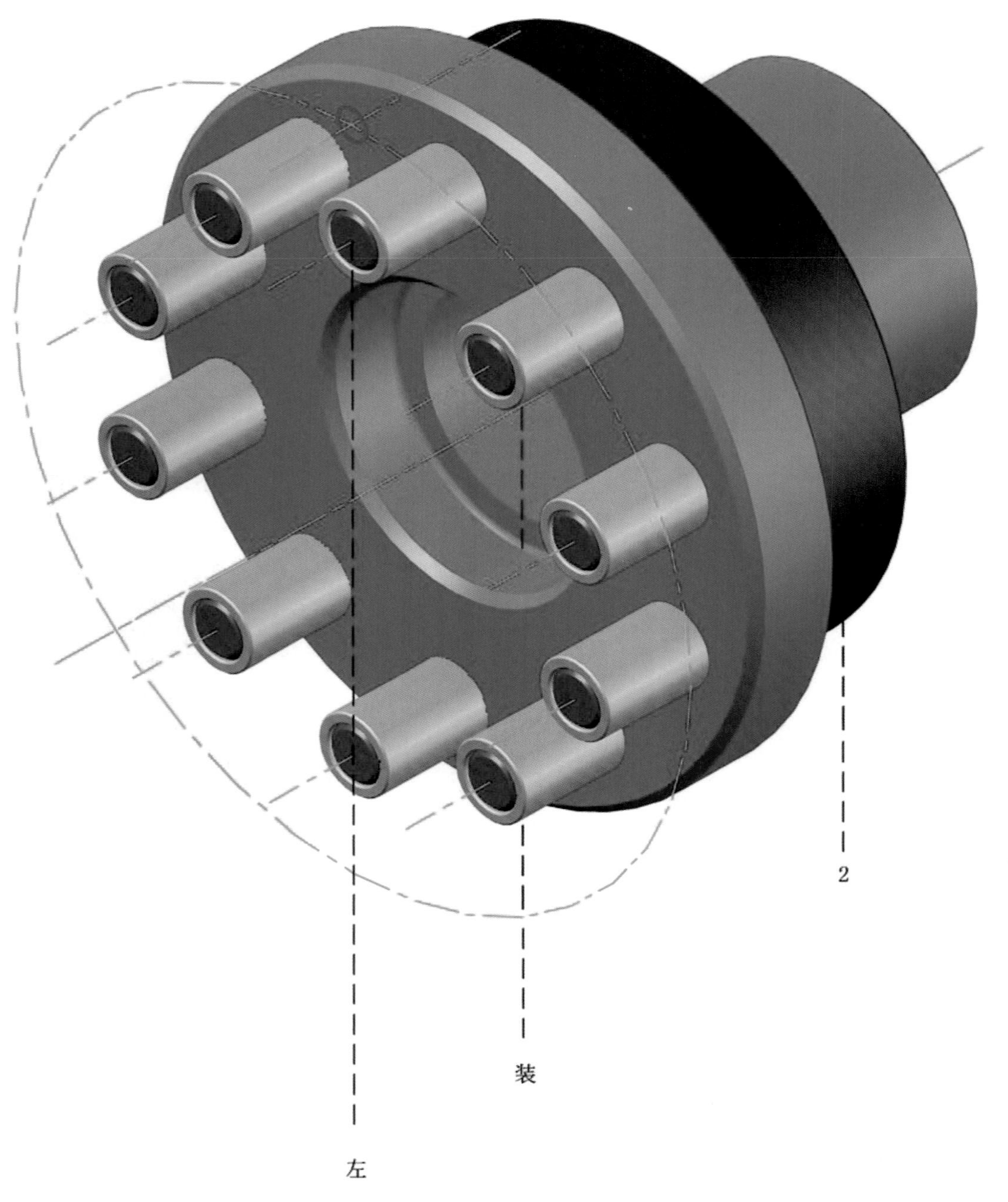

图 6-1-2

第二节　创建控制装置三维实体

一、创建控制销轴、控制套组合三维实体

1. 拉伸圆为圆柱体并绘制矩形

单击拉伸命令按钮，根据提示：单击圆，回车，结束选择。将拉伸体向右上侧拉伸，输入拉伸高度48，回车，结束命令，则圆被拉伸为圆柱体。

选择控制套图层，单击矩形按钮，根据提示：捕捉中心线圆与控制销轴中心线的交点，不点击。向上移动鼠标，当出现沿 Y 轴追踪虚线时，输入长度5，回车。输入(@38，2.5)，回车，结束命令，则矩形绘制完毕，如图6-2-1所示。

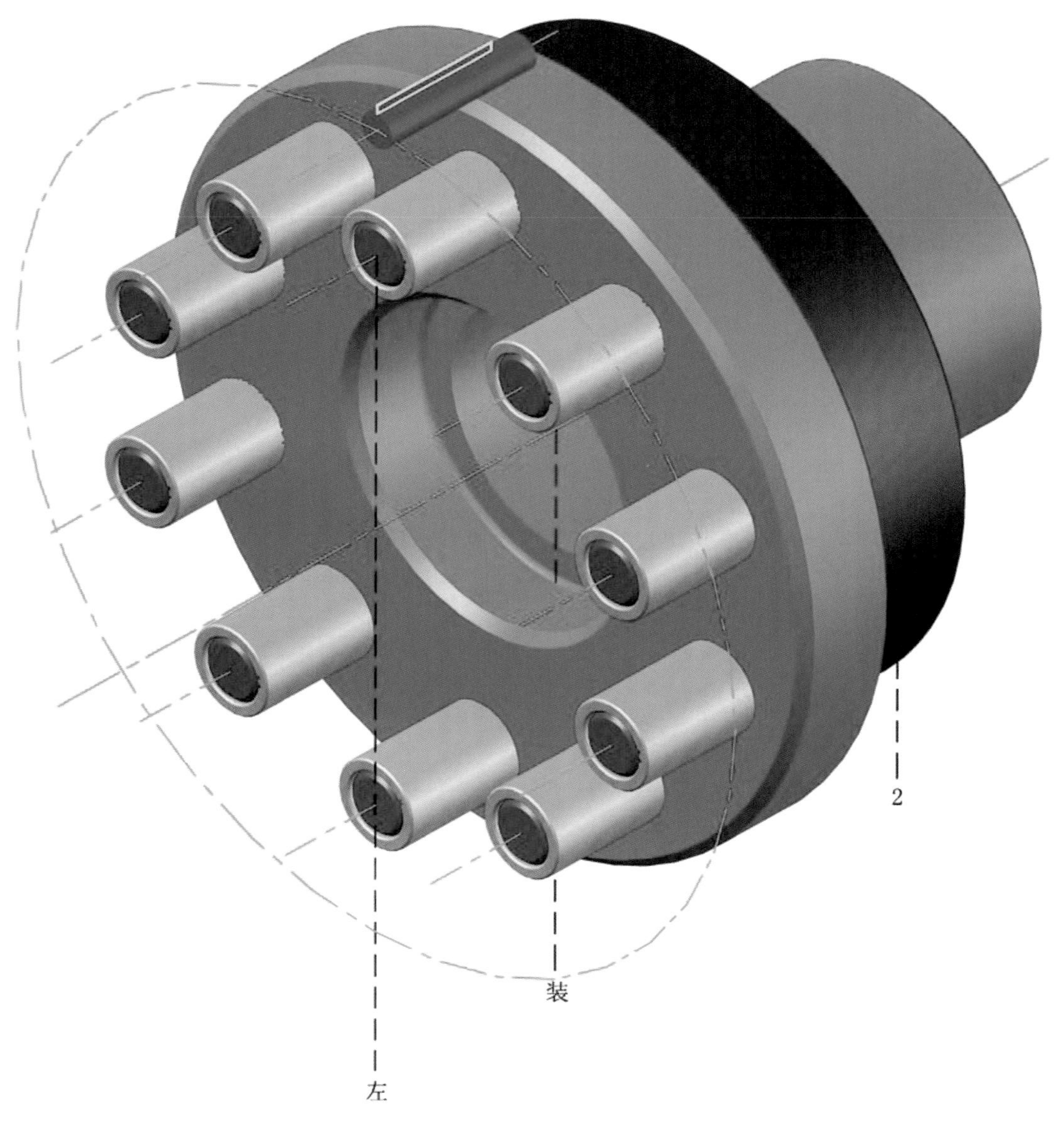

图6-2-1

2. 旋转矩形为环形套三维实体

单击旋转按钮，根据提示：单击矩形，回车，结束选择。单击右键，选择对象，单击控制销轴中心线，使其成为旋转轴，回车，默认回旋角为360°，则矩形已旋转为圆环套三维实体，并对其左端面拉伸如下：

单击拉伸面按钮，根据提示：单击圆环套三维实体左端环面使其左端环面变色，回车，结束选择。输入拉伸高2，回车，默认拉伸的倾斜角为0°，回车，回车，回车，结束命令，则圆环套三维实体左端面已向左侧拉伸出一部分，其总长度为40，成为控制套三维实体，如图6-2-2所示。

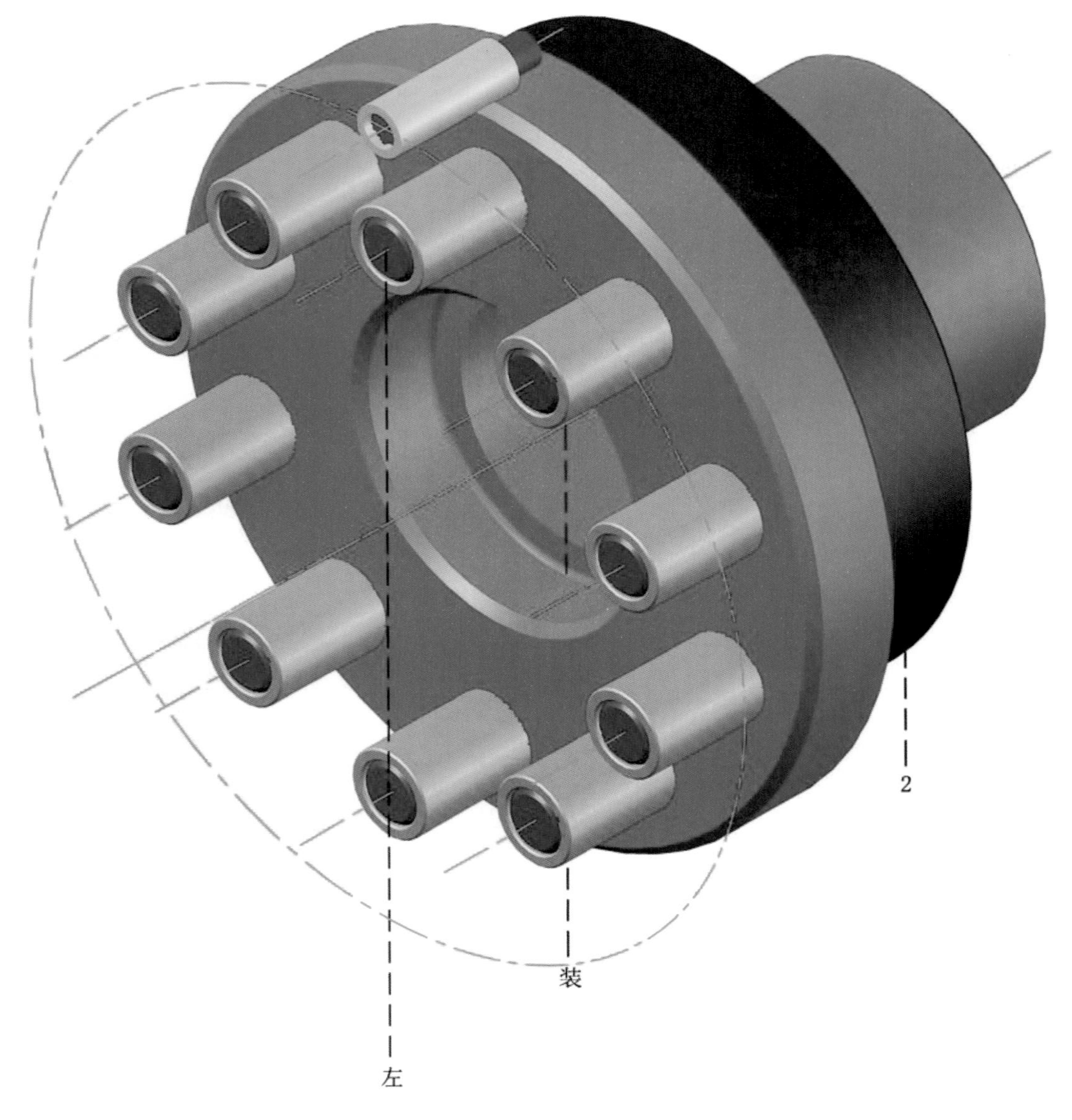

图6-2-2

3. 拉伸圆柱体左端面

单击右键，选择重复拉伸面，根据提示：单击圆柱体左端面使其左端面变色，回车，结束选择。输入拉伸高度 12，回车，默认拉伸的倾斜角为 0°，回车，回车，回车，结束命令，则圆柱体左端面已向左侧拉伸出一部分，其总长度为 60，成为控制销轴，并与控制套构成组合三维实体。

4. 分别对控制销轴及控制套组合三维实体进行倒角

单击倒角按钮，根据提示：单击右键，选择距离，输入第一个倒角距离 0.5，回车，输入第二个倒角距离 0.5，回车。单击控制销轴三维实体左端面边环，三次回车，再单击此边环，回车，回车。重复倒角命令，单击其右端面边环，三次回车，再单击此边环，回车，回车。重复倒角命令，单击控制套三维实体左端面内边环，三次回车，再单击此内边环，回车，回车。重复倒角命令，并对其外边环及右侧内、外边环进行相同距离的倒角操作，则控制销轴、控制套组合三维实体两端面边环分别倒角完毕，如图 6-2-3 所示。

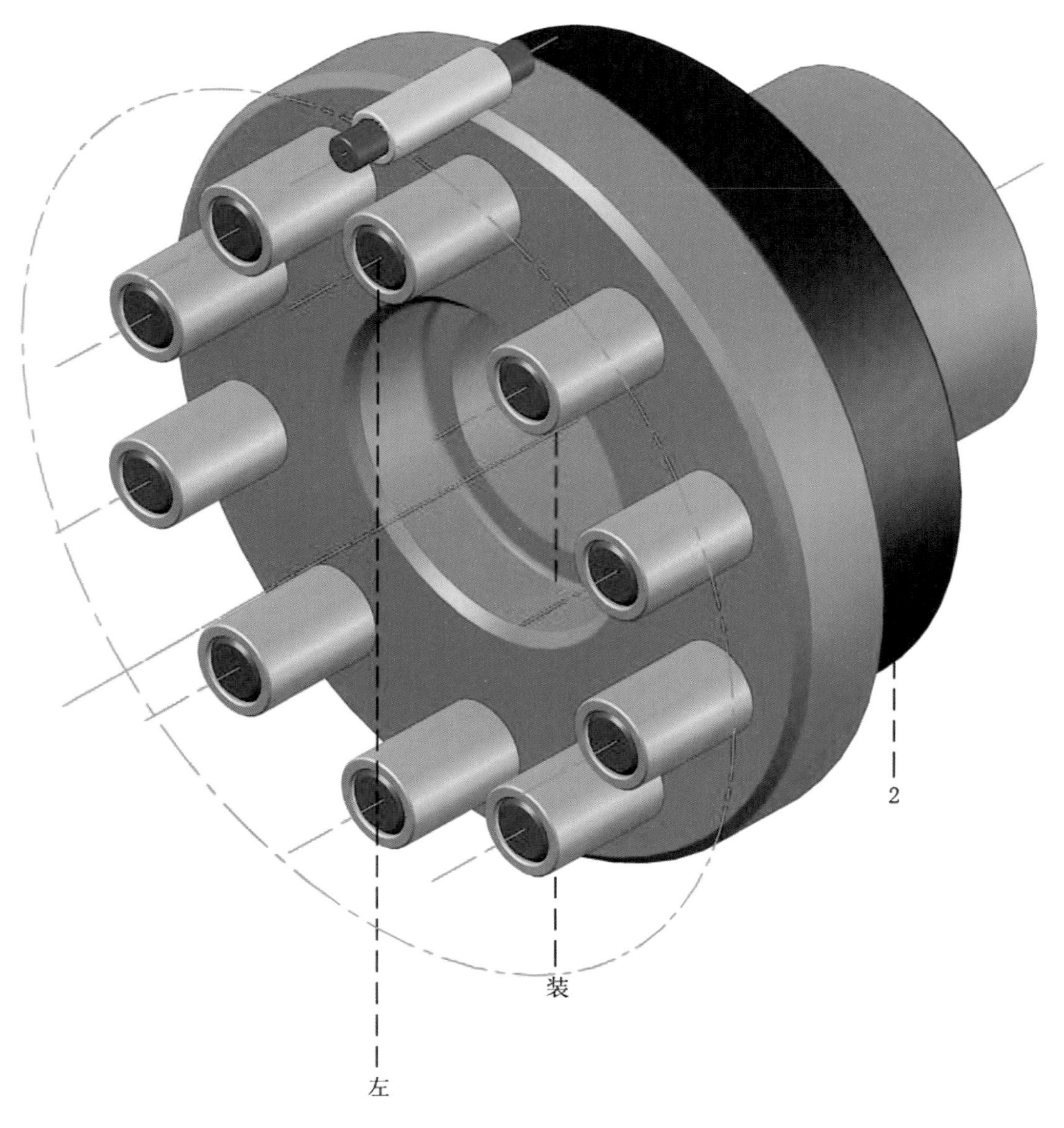

图 6-2-3

二、三维阵列控制销轴及控制套形成控制装置三维实体

单击修改下拉菜单，选择三维操作中的三维阵列命令，根据提示：分别单击控制销轴及控制套三维实体，回车，结束选择。单击右键，选择环形，输入项目数30，回车，默认填充角为360°，回车，默认其旋转阵列对象，回车。捕捉中心线一端为阵列旋转轴的第一点并单击，捕捉其另一端为阵列旋转轴的第二点并单击，则对象进行了阵列并产生了旋转，且均布在中心线圆上，控制装置三维实体创建完毕，并删除其控制销轴、输出销轴中心线及左侧虚线如下：

单击删除按钮，根据提示：分别单击控制销轴、输出销轴中心线及左侧虚线，回车，结束命令，则对象已被删除，如图6-2-4所示。

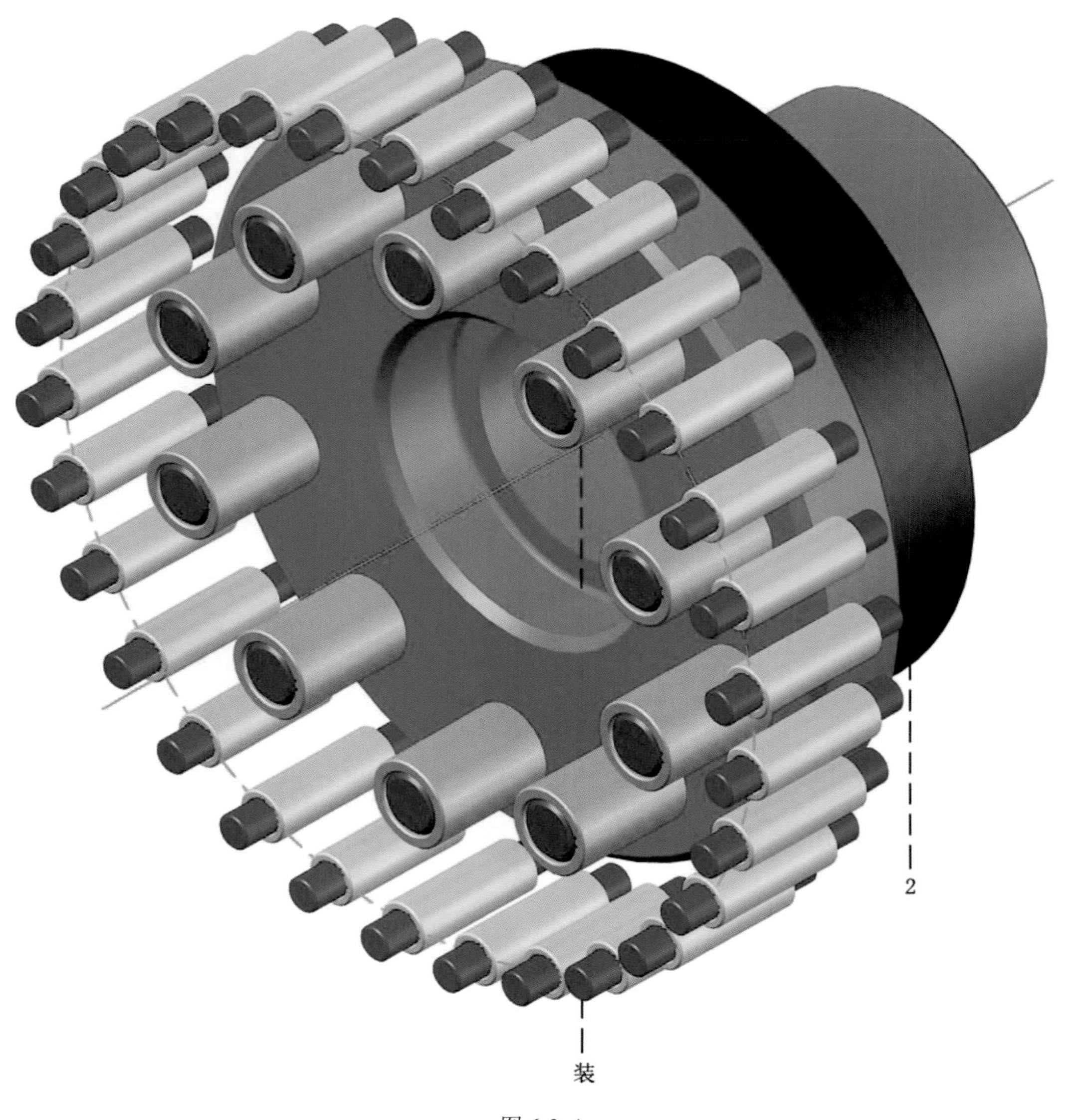

图6-2-4

第七章　总 装 配

第一节　对输入端及输出端进行装配

一、将输入端三维实体装配图（图 3-3-2）复制到下侧位置处并对其进行三维旋转

用复制命令对图 3-3-2 进行复制，其复制操作过程可参照相关内容。

单击修改下拉菜单，选择三维操作中的三维旋转命令，根据提示：框取输入端三维实体装配图，回车，结束选择。捕捉第一条辅助虚线下端点并单击，单击垂直于 *Y* 轴的环带，输入旋转角 180°，回车，则对象进行了 180°三维旋转，如图 7-1-1 所示。

图 7-1-1

二、将圆盘套及其控制装置与输入端装配在一起

单击复制按钮，根据提示：框取图 6-2-4 圆盘套、控制装置三维实体装配图、中心线圆及其第二条辅助虚线，回车，结束选择。捕捉其装配虚线上端为移动基点并单击，再捕捉输入端第一条辅助虚线上端点并单击，回车，结束命令，则两对象已精准地装配在一起。在图中观察到输出套及控制套三维实体与摆线齿轮三维实体已精密地接合在一起，而圆盘套三维实体上的轴承孔也与偏心轴右侧的球轴承三维实体精密地配合在一起，这将在下面的剖视图中观察到，如图 7-1-2 所示。

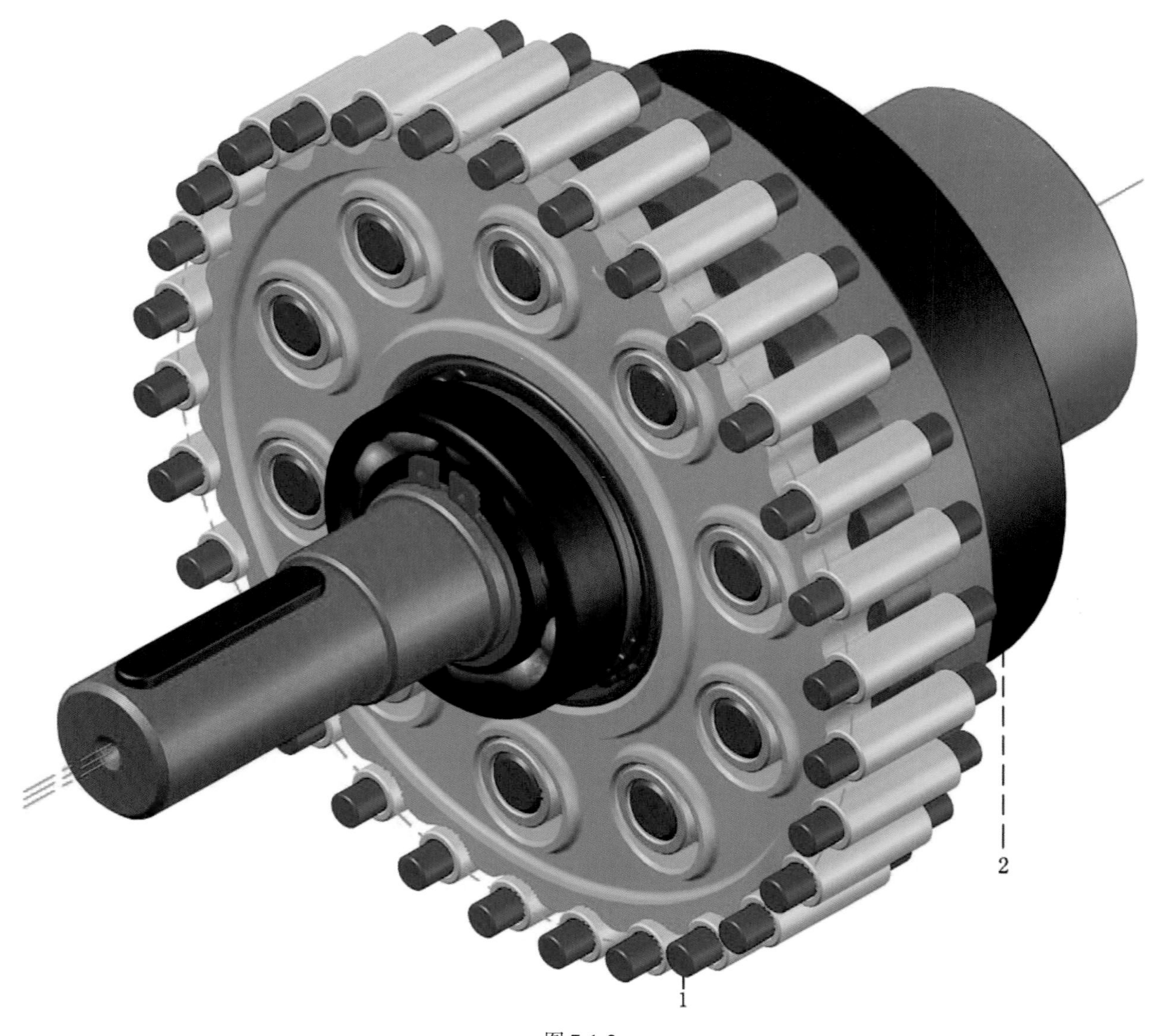

图 7-1-2

三、完成传动部分总装配

单击复制按钮，根据提示：框取图 5-2-5 输出轴三维实体装配图，回车。捕捉其装配虚线上端为移动基点并单击，再捕捉第二条辅助虚线上端点并单击，回车。则行星摆线齿轮减速机三维实体装配图的传动部分已精准地总装配在一起，其创建的全过程已圆满完成。并删除第一条、第二条辅助虚线及中心线圆，如图 7-1-3 所示。

图7-1-3

第二节　切换视角

一、切换视角观察装配图

单击左视图按钮，则视图切换为此方向位置，并关闭多孔隔片层，就可观察到前后两个摆线齿轮的圆形驱动孔中恰好分别插入 $\phi25$ 的十个输出套。外圈则是 30 个均布在直径为 240 的圆周上的控制套，以及其外柱面与 29 个齿面的啮合状态。

偏心轴每旋转 360°，前后两个摆线齿轮反向转动一个轮齿。观察前偏心轮顺时针转动时，偏心向左上方运动，超过 180°时，则向右下方运动，其上的摆线齿轮在控制套的控制之下形成逆向旋转。并分别驱动 10 个输出套、输出销轴及圆盘套、输出轴旋转一个对应的角度。当偏心轴旋转完 29 圈时，输出轴便旋转一整圈，减速比则为 1/29，这便是行星摆线齿轮减速机的基本结构及工作原理，如图7-2-1所示。

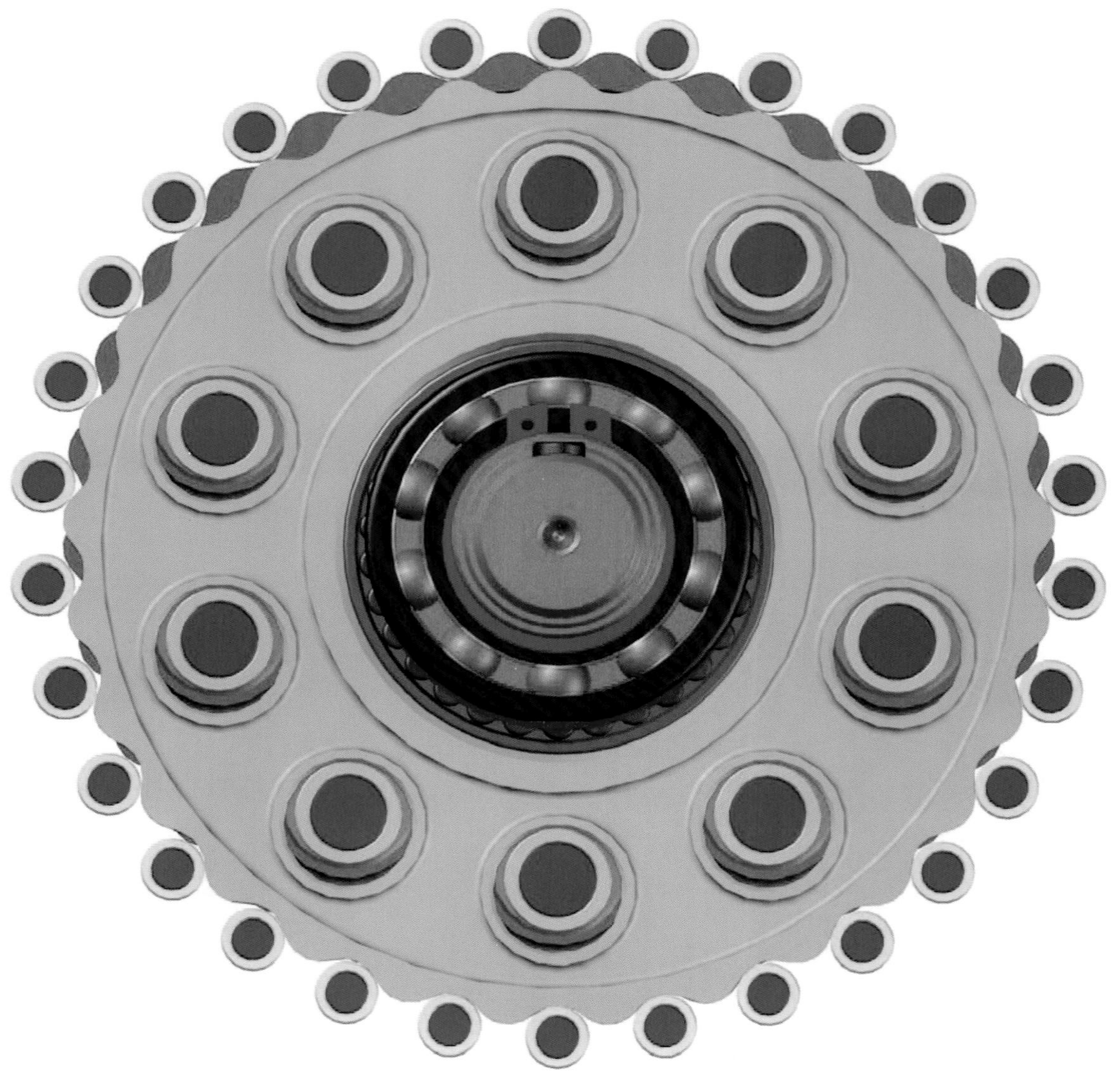

图 7-2-1

二、还原左视图并对其进行剖切

打开多孔隔片层，单击西南等轴测按钮，则视图还原成原来的方向。单击剖切按钮，框取三维实体装配图，回车。单击右键，选择YZ平面，捕捉一中心线端点并单击，单击后半部一实体上出现的最近点，则三维实体装配图剖切完毕。后半部保留，前半部已被删除，便可观察其内部结构及装配效果，如图7-2-2所示。

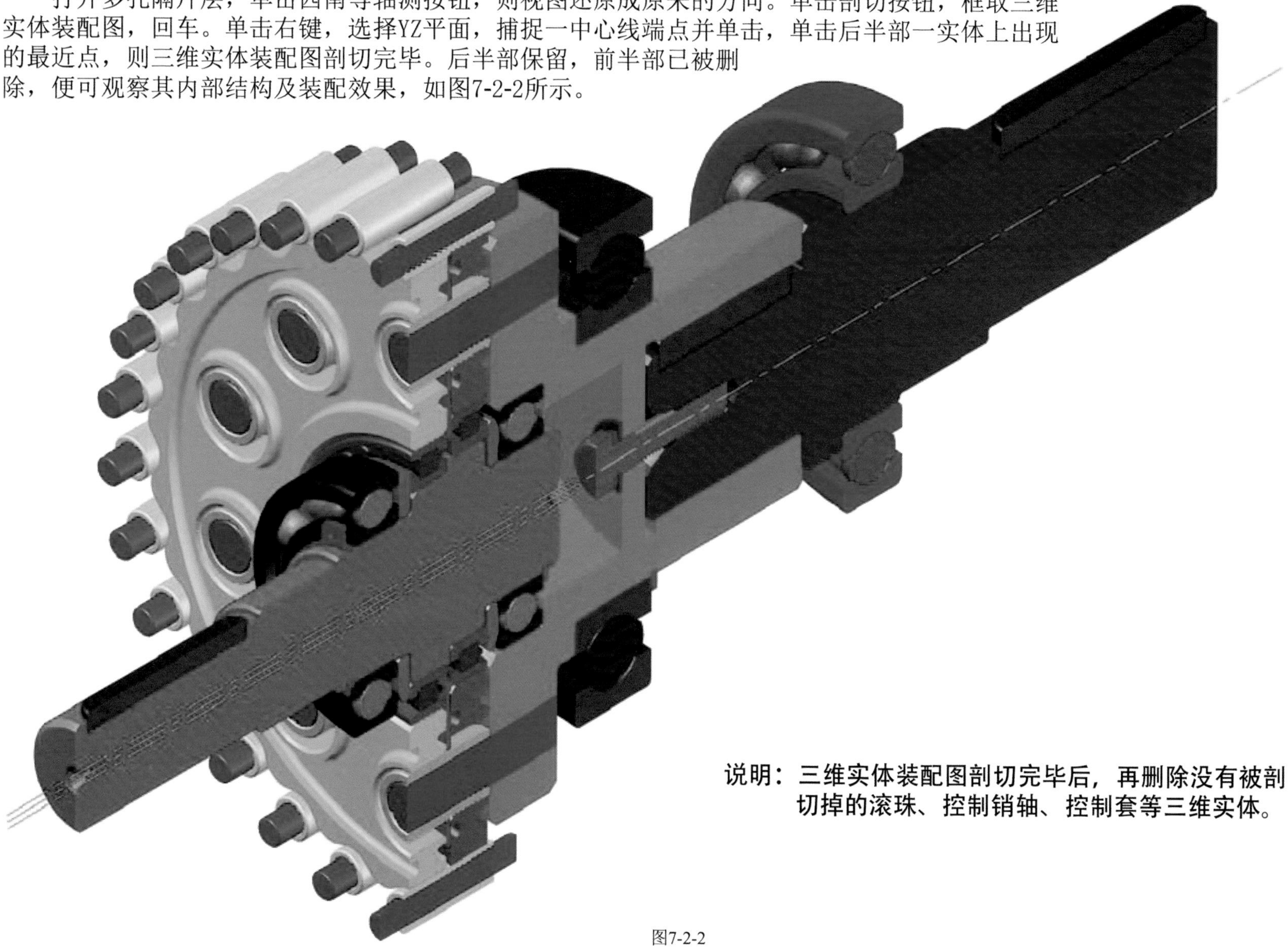

说明：三维实体装配图剖切完毕后，再删除没有被剖切掉的滚珠、控制销轴、控制套等三维实体。

图7-2-2

参 考 文 献

1　王帆，曾昭僖　主编．中外机械图样简化应用图册．北京：机械工业出版社．1988。

2　《机械设计手册》联合编写组编：《机械设计手册》（中册）北京：燃料化学工业出版社．1971。

3　广东金碟电脑软件有限公司开发制作．AutoCAD 2000 实用大全（多媒体教学光盘）．北京：高等教育出版社出版。